Schlömilch

Fünfstellige logarithmische und trigonometrische Tafeln

Vieweg
Best.-Nr. **4873**

ISBN 978-3-528-44873-8   ISBN 978-3-322-84211-4 (eBook)
DOI 10.1007/ 978-3-322-84211-4

Inhaltsverzeichnis

Zehnerlogarithmen der natürlichen Zahlen von 1 bis 10909	1
Zehnerlogarithmen und natürliche Logarithmen oft vorkommender Zahlen	35
Siebenstellige Logarithmen einiger Zinsfaktoren	35
Länge der Kreisbögen für den Halbmesser Eins	36
Natürliche goniometrische Funktionen	38
Tafeln zur Verwandlung der Minuten und Sekunden in Dezimalteile eines Grades und umgekehrt	47
Sinus- und Tangenslogarithmen für die ersten 60 Sekunden	47
Logarithmen der goniometrischen Funktionen	48
Verwandlung der Briggsschen Logarithmen in natürliche und umgekehrt	138
Natürliche Logarithmen der Zahlen von 1 bis 100	138
Reziproke Werte der Zahlen von 1 bis 100	138
Die ersten 8 Potenzen der Zahlen von 1 bis 20	139
Die 9. bis 12. Potenzen und die Fakultäten der Zahlen von 2 bis 9	139
Binomialkoeffizienten	140
Primzahlen zwischen 1 und 1000	140
Pythagoreische Zahlen	141
Quadratzahlen	142
Quadratwurzeln	145
Kubikzahlen	148
Kubikwurzeln	151
Aufzinsungsfaktoren	154
Abzinsungsfaktoren	155
e-Funktionswerte	156
Fakultäten $n!$ $n = 0, \ldots, 75$	158
Dichte der Normalverteilung	159
Binomialverteilung kumulativ	160
Normalverteilung	162
Physikalische Größen und Formeln	163
Periodensystem der Elemente	170
Chemische Elemente	174
Zeichenerklärungen	

Zehnerlogarithmen der natürlichen Zahlen von 1 bis 10909

N.	L.	N.	L.	N.	L.	N.	L.
1	0,00 000	26	1,41 497	51	1,70 757	76	1,88 081
2	0,30 103	27	1,43 136	52	1,71 600	77	1,88 649
3	0,47 712	28	1,44 716	53	1,72 428	78	1,89 209
4	0,60 206	29	1,46 240	54	1,73 239	79	1,89 763
5	0,69 897	30	1,47 712	55	1,74 036	80	1,90 309
6	0,77 815	31	1,49 136	56	1,74 819	81	1,90 849
7	0,84 510	32	1,50 515	57	1,75 587	82	1,91 381
8	0,90 309	33	1,51 851	58	1,76 343	83	1,91 908
9	0,95 424	34	1,53 148	59	1,77 085	84	1,92 428
10	1,00 000	35	1,54 407	60	1,77 815	85	1,92 942
11	1,04 139	36	1,55 630	61	1,78 533	86	1,93 450
12	1,07 918	37	1,56 820	62	1,79 239	87	1,93 952
13	1,11 394	38	1,57 978	63	1,79 934	88	1,94 448
14	1,14 613	39	1,59 106	64	1,80 618	89	1,94 939
15	1,17 609	40	1,60 206	65	1,81 291	90	1,95 424
16	1,20 412	41	1,61 278	66	1,81 954	91	1,95 904
17	1,23 045	42	1,62 325	67	1,82 607	92	1,96 379
18	1,25 527	43	1,63 347	68	1,83 251	93	1,96 848
19	1,27 875	44	1,64 345	69	1,83 885	94	1,97 313
20	1,30 103	45	1,65 321	70	1,84 510	95	1,97 772
21	1,32 222	46	1,66 276	71	1,85 126	96	1,98 227
22	1,34 242	47	1,67 210	72	1,85 733	97	1,98 677
23	1,36 173	48	1,68 124	73	1,86 332	98	1,99 123
24	1,38 021	49	1,69 020	74	1,86 923	99	1,99 564
25	1,39 794	50	1,69 897	75	1,87 506	100	2,00 000

N.	0	1	2	3	4	5	6	7	8	9
100	00 000	043	087	130	173	217	260	303	346	389
101	432	475	518	561	604	647	689	732	775	817
102	860	903	945	988	*030	*072	*115	*157	*199	*242
103	01 284	326	368	410	452	494	536	578	620	662
104	703	745	787	828	870	912	953	995	*036	*078
105	02 119	160	202	243	284	325	366	407	449	490
106	531	572	612	653	694	735	776	816	857	898
107	938	979	*019	*060	*100	*141	*181	*222	*262	*302
108	03 342	383	423	463	503	543	583	623	663	703
109	743	782	822	862	902	941	981	*021	*060	*100
110	04 139	179	218	258	297	336	376	415	454	493
111	532	571	610	650	689	727	766	805	844	883
112	922	961	999	*038	*077	*115	*154	*192	*231	*269
113	05 308	346	385	423	461	500	538	576	614	652
114	690	729	767	805	843	881	918	956	994	*032
115	06 070	108	145	183	221	258	296	333	371	408
116	446	483	521	558	595	633	670	707	744	781
117	819	856	893	930	967	*004	*041	*078	*115	*151
118	07 188	225	262	298	335	372	408	445	482	518
119	555	591	628	664	700	737	773	809	846	882
120	918	954	990	*027	*063	*099	*135	*171	*207	*243
121	08 279	314	350	386	422	458	493	529	565	600
122	636	672	707	743	778	814	849	884	920	955
123	991	*026	*061	*096	*132	*167	*202	*237	*272	*307
124	09 342	377	412	447	482	517	552	587	621	656
125	691	726	760	795	830	864	899	934	968	*003
126	10 037	072	106	140	175	209	243	278	312	346
127	380	415	449	483	517	551	585	619	653	687
128	721	755	789	823	857	890	924	958	992	*025
129	11 059	093	126	160	193	227	261	294	327	361
130	394	428	461	494	528	561	594	628	661	694
N.	0	1	2	3	4	5	6	7	8	9

P. P.

	44	43	42
1	4,4	4,3	4,2
2	8,8	8,6	8,4
3	13,2	12,9	12,6
4	17,6	17,2	16,8
5	22,0	21,5	21,0
6	26,4	25,8	25,2
7	30,8	30,1	29,4
8	35,2	34,4	33,6
9	39,6	38,7	37,8

	41	40	39
1	4,1	4,0	3,9
2	8,2	8,0	7,8
3	12,3	12,0	11,7
4	16,4	16,0	15,6
5	20,5	20,0	19,5
6	24,6	24,0	23,4
7	28,7	28,0	27,3
8	32,8	32,0	31,2
9	36,9	36,0	35,1

	38	37	36
1	3,8	3,7	3,6
2	7,6	7,4	7,2
3	11,4	11,1	10,8
4	15,2	14,8	14,4
5	19,0	18,5	18,0
6	22,8	22,2	21,6
7	26,6	25,9	25,2
8	30,4	29,6	28,8
9	34,2	33,3	32,4

	35	34	33
1	3,5	3,4	3,3
2	7,0	6,8	6,6
3	10,5	10,2	9,9
4	14,0	13,6	13,2
5	17,5	17,0	16,5
6	21,0	20,4	19,8
7	24,5	23,8	23,1
8	28,0	27,2	26,4
9	31,5	30,6	29,7

P. P.

Zehnerlogarithmen

N.	0	1	2	3	4	5	6	7	8	9	P. P.	
130	11 394	42<u>8</u>	461	494	52<u>8</u>	561	594	62<u>8</u>	66<u>1</u>	69<u>4</u>	**34**	**33**
131	727	760	793	826	86<u>0</u>	89<u>3</u>	92<u>6</u>	95<u>9</u>	99<u>2</u>	*024	1 3,4	3,3
132	12 057	090	123	15<u>6</u>	18<u>9</u>	22<u>2</u>	254	287	32<u>0</u>	352	2 6,8	6,6
133	385	41<u>8</u>	450	483	51<u>6</u>	548	58<u>1</u>	613	64<u>6</u>	678	3 10,2	9,9
134	710	74<u>3</u>	775	80<u>8</u>	84<u>0</u>	872	90<u>5</u>	937	96<u>9</u>	*001	4 13,6	13,2
											5 17,0	16,5
135	13 033	066	09<u>8</u>	13<u>0</u>	162	19<u>4</u>	226	25<u>8</u>	290	322	6 20,4	19,8
136	35<u>4</u>	386	41<u>8</u>	450	481	513	545	57<u>7</u>	60<u>9</u>	640	7 23,8	23,1
137	672	70<u>4</u>	735	767	79<u>9</u>	830	86<u>2</u>	893	92<u>5</u>	956	8 27,2	26,4
138	98<u>8</u>	*019	*05<u>1</u>	*08<u>2</u>	*11<u>4</u>	*14<u>5</u>	*176	*208	*239	*270	9 30,6	29,7
139	14 301	333	36<u>4</u>	395	426	457	48<u>9</u>	52<u>0</u>	55<u>1</u>	58<u>2</u>		
140	613	644	675	706	737	768	799	829	860	891	**32**	**31**
141	922	95<u>3</u>	98<u>3</u>	*014	*04<u>5</u>	*076	*106	*13<u>7</u>	*16<u>8</u>	*198	1 3,2	3,1
142	15 229	259	29<u>0</u>	320	35<u>1</u>	381	41<u>2</u>	442	473	503	2 6,4	6,2
143	53<u>4</u>	564	594	625	65<u>5</u>	685	715	74<u>6</u>	776	806	3 9,6	9,3
144	836	866	897	927	957	98<u>7</u>	*01<u>7</u>	*04<u>7</u>	*07<u>7</u>	*10<u>7</u>	4 12,8	12,4
											5 16,0	15,5
145	16 13<u>7</u>	167	19<u>7</u>	227	256	286	316	34<u>6</u>	376	40<u>6</u>	6 19,2	18,6
146	435	465	49<u>5</u>	524	554	58<u>4</u>	613	643	67<u>3</u>	702	7 22,4	21,7
147	73<u>2</u>	761	79<u>1</u>	820	85<u>0</u>	879	909	938	967	997	8 25,6	24,8
148	<u>17</u> 026	056	085	114	143	173	202	231	260	289	9 28,8	27,9
149	31<u>9</u>	348	377	406	435	464	493	522	551	580		
150	609	638	667	696	725	75<u>4</u>	782	811	840	86<u>9</u>		
151	898	926	955	98<u>4</u>	*013	*041	*070	*09<u>9</u>	*127	*156	**30**	**29**
152	18 184	21<u>3</u>	241	270	29<u>8</u>	327	355	38<u>4</u>	412	44<u>1</u>	1 3,0	2,9
153	469	49<u>8</u>	52<u>6</u>	554	58<u>3</u>	61<u>1</u>	639	667	69<u>6</u>	72<u>4</u>	2 6,0	5,8
154	752	780	808	83<u>7</u>	86<u>5</u>	89<u>3</u>	92<u>1</u>	949	977	*005	3 9,0	8,7
											4 12,0	11,6
											5 15,0	14,5
155	19 033	061	089	117	145	173	20<u>1</u>	22<u>9</u>	257	285	6 18,0	17,4
156	312	340	368	39<u>6</u>	42<u>4</u>	451	479	507	53<u>5</u>	562	7 21,0	20,3
157	59<u>0</u>	618	645	67<u>3</u>	700	728	756	78<u>3</u>	81<u>1</u>	838	8 24,0	23,2
158	866	893	921	948	976	*003	*030	*05<u>8</u>	*08<u>5</u>	*112	9 27,0	26,1
159	20 14<u>0</u>	167	19<u>4</u>	222	24<u>9</u>	276	30<u>3</u>	330	35<u>8</u>	38<u>5</u>		
											28	**27**
											1 2,8	2,7
											2 5,6	5,4
											3 8,4	8,1
											4 11,2	10,8
											5 14,0	13,5
											6 16,8	16,2
											7 19,6	18,9
											8 22,4	21,6
											9 25,2	24,3
160	41<u>2</u>	439	466	493	520	54<u>8</u>	575	60<u>2</u>	62<u>9</u>	656		
N.	0	1	2	3	4	5	6	7	8	9	P. P.	

Zehnerlogarithmen

N.	0	1	2	3	4	5	6	7	8	9	P. P.
160	20 412	439	466	493	520	548	575	602	629	656	
161	683	710	737	763	790	817	844	871	898	925	
162	952	978	*005	*032	*059	*085	*112	*139	*165	*192	
163	21 219	245	272	299	325	352	378	405	431	458	28 27
164	484	511	537	564	590	617	643	669	696	722	1| 2,8 2,7 2| 5,6 5,4 3| 8,4 8,1 4|11,2 10,8 5|14,0 13,5 6|16,8 16,2 7|19,6 18,9 8|22,4 21,6 9|25,2 24,3
165	748	775	801	827	854	880	906	932	958	985	
166	22 011	037	063	089	115	141	167	194	220	246	
167	272	298	324	350	376	401	427	453	479	505	
168	531	557	583	608	634	660	686	712	737	763	
169	789	814	840	866	891	917	943	968	994	*019	
170	23 045	070	096	121	147	172	198	223	249	274	
171	300	325	350	376	401	426	452	477	502	528	
172	553	578	603	629	654	679	704	729	754	779	26 25
173	805	830	855	880	905	930	955	980	*005	*030	1| 2,6 2,5 2| 5,2 5,0 3| 7,8 7,5 4|10,4 10,0 5|13,0 12,5 6|15,6 15,0 7|18,2 17,5 8|20,8 20,0 9|23,4 22,5
174	24 055	080	105	130	155	180	204	229	254	279	
175	304	329	353	378	403	428	452	477	502	527	
176	551	576	601	625	650	674	699	724	748	773	
177	797	822	846	871	895	920	944	969	993	*018	
178	25 042	066	091	115	139	164	188	212	237	261	
179	285	310	334	358	382	406	431	455	479	503	
180	527	551	575	600	624	648	672	696	720	744	
181	768	792	816	840	864	888	912	935	959	983	
182	26 007	031	055	079	102	126	150	174	198	221	24 23
183	245	269	293	316	340	364	387	411	435	458	1| 2,4 2,3 2| 4,8 4,6 3| 7,2 6,9 4| 9,6 9,2 5|12,0 11,5 6|14,4 13,8 7|16,8 16,1 8|19,2 18,4 9|21,6 20,7
184	482	505	529	553	576	600	623	647	670	694	
185	717	741	764	788	811	834	858	881	905	928	
186	951	975	998	*021	*045	*068	*091	*114	*138	*161	
187	27 184	207	231	254	277	300	323	346	370	393	
188	416	439	462	485	508	531	554	577	600	623	
189	646	669	692	715	738	761	784	807	830	852	
190	875	898	921	944	967	989	*012	*035	*058	*081	
N.	0	1	2	3	4	5	6	7	8	9	P. P.

Zehnerlogarithmen

N.	0	1	2	3	4	5	6	7	8	9	P. P.
190	27 875	898	921	944	967	989	*012	*035	*058	*081	
191	28 103	126	149	171	194	217	240	262	285	307	23
192	330	353	375	398	421	443	466	488	511	533	1|2,3 2|4,6
193	556	578	601	623	646	668	691	713	735	758	3|6,9 4|9,2
194	780	803	825	847	870	892	914	937	959	981	5|11,5 6|13,8
195	29 003	026	048	070	092	115	137	159	181	203	7|16,1 8|18,4
196	226	248	270	292	314	336	358	380	403	425	9|20,7
197	447	469	491	513	535	557	579	601	623	645	
198	667	688	710	732	754	776	798	820	842	863	
199	885	907	929	951	973	994	*016	*038	*060	*081	22
200	30 103	125	146	168	190	211	233	255	276	298	1|2,2 2|4,4
201	320	341	363	384	406	428	449	471	492	514	3|6,6 4|8,8
202	535	557	578	600	621	643	664	685	707	728	5|11,0 6|13,2
203	750	771	792	814	835	856	878	899	920	942	7|15,4 8|17,6
204	963	984	*006	*027	*048	*069	*091	*112	*133	*154	9|19,8
205	31 175	197	218	239	260	281	302	323	345	366	
206	387	408	429	450	471	492	513	534	555	576	21
207	597	618	639	660	681	702	723	744	765	785	1|2,1 2|4,2
208	806	827	848	869	890	911	931	952	973	994	3|6,3 4|8,4
209	32 015	035	056	077	098	118	139	160	181	201	5|10,5 6|12,6
210	222	243	263	284	305	325	346	366	387	408	7|14,7 8|16,8
211	428	449	469	490	510	531	552	572	593	613	9|18,9
212	634	654	675	695	715	736	756	777	797	818	
213	838	858	879	899	919	940	960	980	*001	*021	
214	33 041	062	082	102	122	143	163	183	203	224	20 | 19
215	244	264	284	304	325	345	365	385	405	425	1|2,0 1,9 2|4,0 3,8
216	445	465	486	506	526	546	566	586	606	626	3|6,0 5,7 4|8,0 7,6
217	646	666	686	706	726	746	766	786	806	826	5|10,0 9,5 6|12,0 11,4
218	846	866	885	905	925	945	965	985	*005	*025	7|14,0 13,3 8|16,0 15,2
219	34 044	064	084	104	124	143	163	183	203	223	9|18,0 17,1
220	242	262	282	301	321	341	361	380	400	420	
N.	0	1	2	3	4	5	6	7	8	9	P. P.

Zehnerlogarithmen

N.	0	1	2	3	4	5	6	7	8	9	P. P.
220	34 242	262	282	301	321	341	361	380	400	420	
221	439	459	479	498	518	537	557	577	596	616	**20**
222	635	655	674	694	713	733	753	772	792	811	1|2,0
223	830	850	869	889	908	928	947	967	986	*005	2|4,0
224	35 025	044	064	083	102	122	141	160	180	199	3|6,0 4|8,0
225	218	238	257	276	295	315	334	353	372	392	5|10,0 6|12,0
226	411	430	449	468	488	507	526	545	564	583	7|14,0 8|16,0
227	603	622	641	660	679	698	717	736	755	774	9|18,0
228	793	813	832	851	870	889	908	927	946	965	
229	984	*003	*021	*040	*059	*078	*097	*116	*135	*154	**19**
230	36 173	192	211	229	248	267	286	305	324	342	1|1,9 2|3,8
231	361	380	399	418	436	455	474	493	511	530	3|5,7 4|7,6
232	549	568	586	605	624	642	661	680	698	717	5|9,5 6|11,4
233	736	754	773	791	810	829	847	866	884	903	7|13,3 8|15,2
234	922	940	959	977	996	*014	*033	*051	*070	*088	9|17,1
235	37 107	125	144	162	181	199	218	236	254	273	
236	291	310	328	346	365	383	401	420	438	457	**18**
237	475	493	511	530	548	566	585	603	621	639	1|1,8
238	658	676	694	712	731	749	767	785	803	822	2|3,6 3|5,4
239	840	858	876	894	912	931	949	967	985	*003	4|7,2 5|9,0
240	38 021	039	057	075	093	112	130	148	166	184	6|10,8 7|12,6
241	202	220	238	256	274	292	310	328	346	364	8|14,4 9|16,2
242	382	399	417	435	453	471	489	507	525	543	
243	561	578	596	614	632	650	668	686	703	721	
244	739	757	775	792	810	828	845	863	881	899	**17**
245	917	934	952	970	987	*005	*023	*041	*058	*076	1|1,7 2|3,4
246	39 094	111	129	146	164	182	199	217	235	252	3|5,1 4|6,8
247	270	287	305	322	340	358	375	393	410	428	5|8,5 6|10,2
248	445	463	480	498	515	533	550	568	585	602	7|11,9 8|13,6
249	620	637	655	672	690	707	724	742	759	777	9|15,3
250	794	811	829	846	863	881	898	915	933	950	
N.	0	1	2	3	4	5	6	7	8	9	P. P.

Zehnerlogarithmen

N.	0	1	2	3	4	5	6	7	8	9	P. P.
250	39 794	811	829	846	863	881	898	915	933	950	
251		967	985	*002	*019	*037	*054	*071	*088	*106	*123	**18**
252	40 140	157	175	192	209	226	243	261	278	295	1|1,8
253		312	329	346	364	381	398	415	432	449	466	2|3,6
254		483	500	518	535	552	569	586	603	620	637	3|5,4 4|7,2 5|9,0 6|10,8
255		654	671	688	705	722	739	756	773	790	807	7|12,6
256		824	841	858	875	892	909	926	943	960	976	8|14,4 9|16,2
257		993	*010	*027	*044	*061	*078	*095	*111	*128	*145	
258	41 162	179	196	212	229	246	263	280	296	313	
259		330	347	363	380	397	414	430	447	464	481	**17**
260		497	514	531	547	564	581	597	614	631	647	1|1,7 2|3,4
261		664	681	697	714	731	747	764	780	797	814	3|5,1 4|6,8
262		830	847	863	880	896	913	929	946	963	979	5|8,5 6|10,2
263		996	*012	*029	*045	*062	*078	*095	*111	*127	*144	7|11,9 8|13,6
264	42 160	177	193	210	226	243	259	275	292	308	9|15,3
265		325	341	357	374	390	406	423	439	455	472	
266		488	504	521	537	553	570	586	602	619	635	**16**
267		651	667	684	700	716	732	749	765	781	797	1|1,6
268		813	830	846	862	878	894	911	927	943	959	2|3,2 3|4,8
269		975	991	*008	*024	*040	*056	*072	*088	*104	*120	4|6,4 5|8,0
270	43 136	152	169	185	201	217	233	249	265	281	6|9,6 7|11,2
271		297	313	329	345	361	377	393	409	425	441	8|12,8 9|14,4
272		457	473	489	505	521	537	553	569	584	600	
273		616	632	648	664	680	696	712	727	743	759	
274		775	791	807	823	838	854	870	886	902	917	**15**
275		933	949	965	981	996	*012	*028	*044	*059	*075	1|1,5
276	44 091	107	122	138	154	170	185	201	217	232	2|3,0 3|4,5
277		248	264	279	295	311	326	342	358	373	389	4|6,0 5|7,5
278		404	420	436	451	467	483	498	514	529	545	6|9,0 7|10,5
279		560	576	592	607	623	638	654	669	685	700	8|12,0 9|13,5
280		716	731	747	762	778	793	809	824	840	855	
N.	0	1	2	3	4	5	6	7	8	9	P. P.

N.	0	1	2	3	4	5	6	7	8	9	P. P.
280	44 716	731	747	762	778	793	809	824	840	855	
281	871	886	902	917	932	948	963	979	994	*010	
282	45 025	040	056	071	086	102	117	133	148	163	
283	179	194	209	225	240	255	271	286	301	317	16
284	332	347	362	378	393	408	423	439	454	469	1|1,6 2|3,2 3|4,8
285	484	500	515	530	545	561	576	591	606	621	4|6,4 5|8,0
286	637	652	667	682	697	712	728	743	758	773	6|9,6 7|11,2
287	788	803	818	834	849	864	879	894	909	924	8|12,8 9|14,4
288	939	954	969	984	*000	*015	*030	*045	*060	*075	
289	46 090	105	120	135	150	165	180	195	210	225	
290	240	255	270	285	300	315	330	345	359	374	
291	389	404	419	434	449	464	479	494	509	523	
292	538	553	568	583	598	613	627	642	657	672	15
293	687	702	716	731	746	761	776	790	805	820	1|1,5 2|3,0
294	835	850	864	879	894	909	923	938	953	967	3|4,5 4|6,0
295	982	997	*012	*026	*041	*056	*070	*C85	*100	*114	5|7,5 6|9,0
296	47 129	144	159	173	188	202	217	232	246	261	7|10,5 8|12,0
297	276	290	305	319	334	349	363	378	392	407	9|13,5
298	422	436	451	465	480	494	509	524	538	553	
299	567	582	596	611	625	640	654	669	683	698	
300	712	727	741	756	770	784	799	813	828	842	
301	857	871	885	900	914	929	943	958	972	986	
302	48 001	015	029	044	058	073	087	101	116	130	14
303	144	159	173	187	202	216	230	244	259	273	1|1,4 2|2,8
304	287	302	316	330	344	359	373	387	401	416	3|4,2 4|5,6
305	430	444	458	473	487	501	515	530	544	558	5|7,0 6|8,4
306	572	586	601	615	629	643	657	671	686	700	7|9,8 8|11,2
307	714	728	742	756	770	785	799	813	827	841	9|12,6
308	855	869	883	897	911	926	940	954	968	982	
309	996	*010	*024	*038	*052	*066	*080	*094	*108	*122	
310	49 136	150	164	178	192	206	220	234	248	262	
N.	0	1	2	3	4	5	6	7	8	9	P. P.

Zehnerlogarithmen

N.	0	1	2	3	4	5	6	7	8	9	P. P.
310	49 136	150	164	178	192	206	220	234	248	262	
311	276	290	304	318	332	346	360	374	388	402	
312	415	429	443	457	471	485	499	513	527	541	
313	554	568	582	596	610	624	638	651	665	679	**14**
314	693	707	721	734	748	762	776	790	803	817	1 | 1,4
											2 | 2,8
315	831	845	859	872	886	900	914	927	941	955	3 | 4,2
316	969	982	996	*010	*024	*037	*051	*065	*079	*092	4 | 5,6
317	50 106	120	133	147	161	174	188	202	215	229	5 | 7,0
318	243	256	270	284	297	311	325	338	352	365	6 | 8,4
319	379	393	406	420	433	447	461	474	488	501	7 | 9,8
											8 | 11,2
											9 | 12,6
320	515	529	542	556	569	583	596	610	623	637	
321	651	664	678	691	705	718	732	745	759	772	
322	786	799	813	826	840	853	866	880	893	907	**13**
323	920	934	947	961	974	987	*001	*014	*028	*041	1 | 1,3
324	51 055	068	081	095	108	121	135	148	162	175	2 | 2,6
											3 | 3,9
325	188	202	215	228	242	255	268	282	295	308	4 | 5,2
326	322	335	348	362	375	388	402	415	428	441	5 | 6,5
327	455	468	481	495	508	521	534	548	561	574	6 | 7,8
328	587	601	614	627	640	654	667	680	693	706	7 | 9,1
329	720	733	746	759	772	786	799	812	825	838	8 | 10,4
											9 | 11,7
330	851	865	878	891	904	917	930	943	957	970	
331	983	996	*009	*022	*035	*048	*061	*075	*088	*101	
332	52 114	127	140	153	166	179	192	205	218	231	**12**
333	244	257	270	284	297	310	323	336	349	362	1 | 1,2
334	375	388	401	414	427	440	453	466	479	492	2 | 2,4
											3 | 3,6
											4 | 4,8
335	504	517	530	543	556	569	582	595	608	621	5 | 6,0
336	634	647	660	673	686	699	711	724	737	750	6 | 7,2
337	763	776	789	802	815	827	840	853	866	879	7 | 8,4
338	892	905	917	930	943	956	969	982	994	*007	8 | 9,6
339	53 020	033	046	058	071	084	097	110	122	135	9 | 10,8
340	148	161	173	186	199	212	224	237	250	263	
N.	0	1	2	3	4	5	6	7	8	9	P. P.

Zehnerlogarithmen

N.	0	1	2	3	4	5	6	7	8	9	P. P.
340	53 148	16_1_	173	186	19_9_	21_2_	224	237	25_0_	263	
341	275	288	30_1_	31_4_	326	339	35_2_	364	377	39_0_	
342	40_3_	415	428	44_1_	453	466	47_9_	491	504	51_7_	
343	529	542	55_5_	567	580	59_3_	605	61_8_	63_1_	643	**13**
344	65_6_	668	681	69_4_	706	71_9_	732	744	75_7_	769	1|1,3
											2|2,6
345	78_2_	794	807	82_0_	832	84_5_	857	87_0_	882	895	3|3,9
346	90_8_	920	93_3_	945	95_8_	970	98_3_	995	*00_8_	*020	4|5,2
347	54 033	045	05_8_	070	08_3_	095	10_8_	120	13_3_	145	5|6,5
348	15_8_	170	18_3_	195	20_8_	220	23_3_	245	25_8_	270	6|7,8
349	28_3_	29_5_	307	32_0_	332	34_5_	357	37_0_	38_2_	394	7|9,1
											8|10,4
											9|11,7
350	407	419	43_2_	444	456	469	481	49_4_	506	518	
351	53_1_	543	555	56_8_	580	59_3_	605	617	63_0_	64_2_	
352	654	66_7_	679	691	70_4_	71_6_	728	74_1_	753	765	**12**
353	777	79_0_	802	814	82_7_	83_9_	851	86_4_	87_6_	888	1|1,2
354	900	913	925	937	949	96_2_	974	986	998	*01_1_	2|2,4
											3|3,6
355	55 02_3_	035	047	06_0_	072	08_4_	096	108	12_1_	133	4|4,8
356	14_5_	157	169	18_2_	19_4_	20_6_	218	230	242	25_5_	5|6,0
357	26_7_	279	291	303	315	32_8_	34_0_	35_2_	364	376	6|7,2
358	388	40_0_	41_3_	42_5_	43_7_	44_9_	461	473	485	497	7|8,4
359	509	52_2_	53_4_	54_6_	55_8_	57_0_	582	594	606	618	8|9,6
											9|10,8
360	630	642	654	666	678	69_1_	703	715	727	73_9_	
361	75_1_	76_3_	77_5_	787	79_9_	81_1_	823	835	847	85_9_	
362	87_1_	883	89_5_	907	919	93_1_	94_3_	955	967	979	**11**
363	991	*00_3_	*01_5_	*02_7_	*03_8_	*050	*06_2_	*07_4_	*086	*098	1|1,1
364	56 110	122	13_4_	14_6_	158	17_0_	18_2_	19_4_	205	217	2|2,2
											3|3,3
365	229	241	253	26_5_	277	289	30_1_	312	324	336	4|4,4
366	348	36_0_	37_2_	38_4_	396	407	419	431	44_3_	455	5|5,5
367	46_7_	478	490	502	51_4_	526	53_8_	549	56_1_	57_3_	6|6,6
368	58_5_	59_7_	608	620	63_2_	64_4_	65_6_	667	679	69_1_	7|7,7
369	70_3_	714	726	73_8_	750	761	773	78_5_	797	808	8|8,8
											9|9,9
370	820	83_2_	84_4_	855	867	87_9_	89_1_	902	91_4_	92_6_	
N.	0	1	2	3	4	5	6	7	8	9	P. P.

N.		0	1	2	3	4	5	6	7	8	9	P. P.
370	56	820	832	844	855	867	879	891	902	914	926	
371		937	949	961	972	984	996	*008	*019	*031	*043	
372	57	054	066	078	089	101	113	124	136	148	159	
373		171	183	194	206	217	229	241	252	264	276	
374		287	299	310	322	334	345	357	368	380	392	12 1 1,2 2 2,4 3 3,6 4 4,8 5 6,0 6 7,2 7 8,4 8 9,6 9 10,8
375		403	415	426	438	449	461	473	484	496	507	
376		519	530	542	553	565	576	588	600	611	623	
377		634	646	657	669	680	692	703	715	726	738	
378		749	761	772	784	795	807	818	830	841	852	
379		864	875	887	898	910	921	933	944	955	967	
380		978	990	*001	*013	*024	*035	*047	*058	*070	*081	
381	58	092	104	115	127	138	149	161	172	184	195	
382		206	218	229	240	252	263	274	286	297	309	
383		320	331	343	354	365	377	388	399	410	422	11 1 1,1 2 2,2 3 3,3 4 4,4 5 5,5 6 6,6 7 7,7 8 8,8 9 9,9
384		433	444	456	467	478	490	501	512	524	535	
385		546	557	569	580	591	602	614	625	636	647	
386		659	670	681	692	704	715	726	737	749	760	
387		771	782	794	805	816	827	838	850	861	872	
388		883	894	906	917	928	939	950	961	973	984	
389		995	*006	*017	*028	*040	*051	*062	*073	*084	*095	
390	59	106	118	129	140	151	162	173	184	195	207	
391		218	229	240	251	262	273	284	295	306	318	
392		329	340	351	362	373	384	395	406	417	428	10 1 1,0 2 2,0 3 3,0 4 4,0 5 5,0 6 6,0 7 7,0 8 8,0 9 9,0
393		439	450	461	472	483	494	506	517	528	539	
394		550	561	572	583	594	605	616	627	638	649	
395		660	671	682	693	704	715	726	737	748	759	
396		770	780	791	802	813	824	835	846	857	868	
397		879	890	901	912	923	934	945	956	966	977	
398		988	999	*010	*021	*032	*043	*054	*065	*076	*086	
399	60	097	108	119	130	141	152	163	173	184	195	
400		206	217	228	239	249	260	271	282	293	304	
N.		0	1	2	3	4	5	6	7	8	9	P. P.

N.		0	1	2	3	4	5	6	7	8	9
400	60	206	217	228	239	249	260	271	282	293	304
401		314	325	336	347	358	369	379	390	401	412
402		423	433	444	455	466	477	487	498	509	520
403		531	541	552	563	574	584	595	606	617	627
404		638	649	660	670	681	692	703	713	724	735
405		746	756	767	778	788	799	810	821	831	842
406		853	863	874	885	895	906	917	927	938	949
407		959	970	981	991	*002	*013	*023	*034	*045	*055
408	61	066	077	087	098	109	119	130	140	151	162
409		172	183	194	204	215	225	236	247	257	268
410		278	289	300	310	321	331	342	352	363	374
411		384	395	405	416	426	437	448	458	469	479
412		490	500	511	521	532	542	553	563	574	584
413		595	606	616	627	637	648	658	669	679	690
414		700	711	721	731	742	752	763	773	784	794
415		805	815	826	836	847	857	868	878	888	899
416		909	920	930	941	951	962	972	982	993	*003
417	62	014	024	034	045	055	066	076	086	097	107
418		118	128	138	149	159	170	180	190	201	211
419		221	232	242	252	263	273	284	294	304	315
420		325	335	346	356	366	377	387	397	408	418
421		428	439	449	459	469	480	490	500	511	521
422		531	542	552	562	572	583	593	603	613	624
423		634	644	655	665	675	685	696	706	716	726
424		737	747	757	767	778	788	798	808	818	829
425		839	849	859	870	880	890	900	910	921	931
426		941	951	961	972	982	992	*002	*012	*022	*033
427	63	043	053	063	073	083	094	104	114	124	134
428		144	155	165	175	185	195	205	215	225	236
429		246	256	266	276	286	296	306	317	327	337
430		347	357	367	377	387	397	407	417	428	438
N.		0	1	2	3	4	5	6	7	8	9

P. P.

	11
1	1,1
2	2,2
3	3,3
4	4,4
5	5,5
6	6,6
7	7,7
8	8,8
9	9,9

	10
1	1,0
2	2,0
3	3,0
4	4,0
5	5,0
6	6.0
7	7,0
8	8,0
9	9,0

	9
1	0,9
2	1,8
3	2,7
4	3,6
5	4,5
6	5,4
7	6,3
8	7,2
9	8,1

P. P.

N.	0	1	2	3	4	5	6	7	8	9	P. P.
430	63 347	357	367	377	387	397	407	417	428	438	
431	448	458	468	478	488	498	508	518	528	538	
432	548	558	568	579	589	599	609	619	629	639	
433	649	659	669	679	689	699	709	719	729	739	
434	749	759	769	779	789	799	809	819	829	839	
435	849	859	869	879	889	899	909	919	929	939	
436	949	959	969	979	988	998	*008	*018	*028	*038	
437	64 048	058	068	078	088	098	108	118	128	137	
438	147	157	167	177	187	197	207	217	227	237	
439	246	256	266	276	286	296	306	316	326	335	
440	345	355	365	375	385	395	404	414	424	434	
441	444	454	464	473	483	493	503	513	523	532	
442	542	552	562	572	582	591	601	611	621	631	
443	640	650	660	670	680	689	699	709	719	729	
444	738	748	758	768	777	787	797	807	816	826	
445	836	846	856	865	875	885	895	904	914	924	
446	933	943	953	963	972	982	992	*002	*011	*021	
447	65 031	040	050	060	070	079	089	099	108	118	
448	128	137	147	157	167	176	186	196	205	215	
449	225	234	244	254	263	273	283	292	302	312	
450	321	331	341	350	360	369	379	389	398	408	
451	418	427	437	447	456	466	475	485	495	504	
452	514	523	533	543	552	562	571	581	591	600	
453	610	619	629	639	648	658	667	677	686	696	
454	706	715	725	734	744	753	763	772	782	792	
455	801	811	820	830	839	849	858	868	877	887	
456	896	906	916	925	935	944	954	963	973	982	
457	992	*001	*011	*020	*030	*039	*049	*058	*068	*077	
458	66 087	096	106	115	124	134	143	153	162	172	
459	181	191	200	210	219	229	238	247	257	266	
460	276	285	295	304	314	323	332	342	351	361	
N.	0	1	2	3	4	5	6	7	8	9	P. P.

P. P.

	10
1	1,0
2	2,0
3	3,0
4	4,0
5	5,0
6	6,0
7	7,0
8	8,0
9	9,0

	9
1	0,9
2	1,8
3	2,7
4	3,6
5	4,5
6	5,4
7	6,3
8	7,2
9	8,1

N.	0	1	2	3	4	5	6	7	8	9
460	66 276	285	295	304	314	323	332	342	351	361
461	370	380	389	398	408	417	427	436	445	455
462	464	474	483	492	502	511	521	530	539	549
463	558	567	577	586	596	605	614	624	633	642
464	652	661	671	680	689	699	708	717	727	736
465	745	755	764	773	783	792	801	811	820	829
466	839	848	857	867	876	885	894	904	913	922
467	932	941	950	960	969	978	987	997	*006	*015
468	67 025	034	043	052	062	071	080	089	099	108
469	117	127	136	145	154	164	173	182	191	201
470	210	219	228	237	247	256	265	274	284	293
471	302	311	321	330	339	348	357	367	376	385
472	394	403	413	422	431	440	449	459	468	477
473	486	495	504	514	523	532	541	550	560	569
474	578	587	596	605	614	624	633	642	651	660
475	669	679	688	697	706	715	724	733	742	752
476	761	770	779	788	797	806	815	825	834	843
477	852	861	870	879	888	897	906	916	925	934
478	943	952	961	970	979	988	997	*006	*015	*024
479	68 034	043	052	061	070	079	088	097	106	115
480	124	133	142	151	160	169	178	187	196	205
481	215	224	233	242	251	260	269	278	287	296
482	305	314	323	332	341	350	359	368	377	386
483	395	404	413	422	431	440	449	458	467	476
484	485	494	502	511	520	529	538	547	556	565
485	574	583	592	601	610	619	628	637	646	655
486	664	673	681	690	699	708	717	726	735	744
487	753	762	771	780	789	797	806	815	824	833
488	842	851	860	869	878	886	895	904	913	922
489	931	940	949	958	966	975	984	993	*002	*011
490	69 020	028	037	046	055	064	073	082	090	099
N.	0	1	2	3	4	5	6	7	8	9

P. P.

	10	9
1	1,0	0,9
2	2,0	1,8
3	3,0	2,7
4	4,0	3,6
5	5,0	4,5
6	6,0	5,4
7	7,0	6,3
8	8,0	7,2
9	9,0	8,1

N.	0	1	2	3	4	5	6	7	8	9	P. P.
490	69 020	028	037	046	055	064	073	082	090	099	
491	108	117	126	135	144	152	161	170	179	188	
492	197	205	214	223	232	241	249	258	267	276	
493	285	294	302	311	320	329	338	346	355	364	
494	373	381	390	399	408	417	425	434	443	452	
495	461	469	478	487	496	504	513	522	531	539	
496	548	557	566	574	583	592	601	609	618	627	
497	636	644	653	662	671	679	688	697	705	714	
498	723	732	740	749	758	767	775	784	793	801	
499	810	819	827	836	845	854	862	871	880	888	
500	897	906	914	923	932	940	949	958	966	975	
501	984	992	*001	*010	*018	*027	*036	*044	*053	*062	
502	70 070	079	088	096	105	114	122	131	140	148	
503	157	165	174	183	191	200	209	217	226	234	
504	243	252	260	269	278	286	295	303	312	321	
505	329	338	346	355	364	372	381	389	398	406	
506	415	424	432	441	449	458	467	475	484	492	
507	501	509	518	526	535	544	552	561	569	578	
508	586	595	603	612	621	629	638	646	655	663	
509	672	680	689	697	706	714	723	731	740	749	
510	757	766	774	783	791	800	808	817	825	834	
511	842	851	859	868	876	885	893	902	910	919	
512	927	935	944	952	961	969	978	986	995	*003	
513	71 012	020	029	037	046	054	063	071	079	088	
514	096	105	113	122	130	139	147	155	164	172	
515	181	189	198	206	214	223	231	240	248	257	
516	265	273	282	290	299	307	315	324	332	341	
517	349	357	366	374	383	391	399	408	416	425	
518	433	441	450	458	466	475	483	492	500	508	
519	517	525	533	542	550	559	567	575	584	592	
520	600	609	617	625	634	642	650	659	667	675	
N.	0	1	2	3	4	5	6	7	8	9	P. P.

P. P.

	9
1	0,9
2	1,8
3	2,7
4	3,6
5	4,5
6	5,4
7	6,3
8	7,2
9	8,1

	8
1	0,8
2	1,6
3	2,4
4	3,2
5	4,0
6	4,8
7	5,6
8	6,4
9	7,2

N.	0	1	2	3	4	5	6	7	8	9
520	71 600	609	617	625	634	642	650	659	667	675
521	684	692	700	709	717	725	734	742	750	759
522	767	775	784	792	800	809	817	825	834	842
523	850	858	867	875	883	892	900	908	917	925
524	933	941	950	958	966	975	983	991	999	*008
525	72 016	024	032	041	049	057	066	074	082	090
526	099	107	115	123	132	140	148	156	165	173
527	181	189	198	206	214	222	230	239	247	255
528	263	272	280	288	296	304	313	321	329	337
529	346	354	362	370	378	387	395	403	411	419
530	428	436	444	452	460	469	477	485	493	501
531	509	518	526	534	542	550	558	567	575	583
532	591	599	607	616	624	632	640	648	656	665
533	673	681	689	697	705	713	722	730	738	746
534	754	762	770	779	787	795	803	811	819	827
535	835	843	852	860	868	876	884	892	900	908
536	916	925	933	941	949	957	965	973	981	989
537	997	*006	*014	*022	*030	*038	*046	*054	*062	*070
538	73 078	086	094	102	111	119	127	135	143	151
539	159	167	175	183	191	199	207	215	223	231
540	239	247	255	263	272	280	288	296	304	312
541	320	328	336	344	352	360	368	376	384	392
542	400	408	416	424	432	440	448	456	464	472
543	480	488	496	504	512	520	528	536	544	552
544	560	568	576	584	592	600	608	616	624	632
545	640	648	656	664	672	679	687	695	703	711
546	719	727	735	743	751	759	767	775	783	791
547	799	807	815	823	830	838	846	854	862	870
548	878	886	894	902	910	918	926	933	941	949
549	957	965	973	981	989	997	*005	*013	*020	*028
550	74 036	044	052	060	068	076	084	092	099	107
N.	0	1	2	3	4	5	6	7	8	9

P. P.

	9
1	0,9
2	1,8
3	2,7
4	3,6
5	4,5
6	5,4
7	6,3
8	7,2
9	8,1

	8
1	0,8
2	1,6
3	2,4
4	3,2
5	4,0
6	4,8
7	5,6
8	6,4
9	7,2

N.	0	1	2	3	4	5	6	7	8	9
550	74 036	044	052	060	068	076	084	092	099	107
551	115	123	131	139	147	155	162	170	178	186
552	194	202	210	218	225	233	241	249	257	265
553	273	280	288	296	304	312	320	327	335	343
554	351	359	367	374	382	390	398	406	414	421
555	429	437	445	453	461	468	476	484	492	500
556	507	515	523	531	539	547	554	562	570	578
557	586	593	601	609	617	624	632	640	648	656
558	663	671	679	687	695	702	710	718	726	733
559	741	749	757	764	772	780	788	796	803	811
560	819	827	834	842	850	858	865	873	881	889
561	896	904	912	920	927	935	943	950	958	966
562	974	981	989	997	*005	*012	*020	*028	*035	*043
563	75 051	059	066	074	082	089	097	105	113	120
564	128	136	143	151	159	166	174	182	189	197
565	205	213	220	228	236	243	251	259	266	274
566	282	289	297	305	312	320	328	335	343	351
567	358	366	374	381	389	397	404	412	420	427
568	435	442	450	458	465	473	481	488	496	504
569	511	519	526	534	542	549	557	565	572	580
570	587	595	603	610	618	626	633	641	648	656
571	664	671	679	686	694	702	709	717	724	732
572	740	747	755	762	770	778	785	793	800	808
573	815	823	831	838	846	853	861	868	876	884
574	891	899	906	914	921	929	937	944	952	959
575	967	974	982	989	997	*005	*012	*020	*027	*035
576	76 042	050	057	065	072	080	087	095	103	110
577	118	125	133	140	148	155	163	170	178	185
578	193	200	208	215	223	230	238	245	253	260
579	268	275	283	290	298	305	313	320	328	335
580	343	350	358	365	373	380	388	395	403	410
N.	0	1	2	3	4	5	6	7	8	9

P. P.

8	
1	0,8
2	1,6
3	2,4
4	3,2
5	4,0
6	4,8
7	5,6
8	6,4
9	7,2

7	
1	0,7
2	1,4
3	2,1
4	2,8
5	3,5
6	4,2
7	4,9
8	5,6
9	6,3

P. P.

N.	0	1	2	3	4	5	6	7	8	9
580	76 343	350	358	365	373	380	388	395	403	410
581	418	425	433	440	448	455	462	470	477	485
582	492	500	507	515	522	530	537	545	552	559
583	567	574	582	589	597	604	612	619	626	634
584	641	649	656	664	671	678	686	693	701	708
585	716	723	730	738	745	753	760	768	775	782
586	790	797	805	812	819	827	834	842	849	856
587	864	871	879	886	893	901	908	916	923	930
588	938	945	953	960	967	975	982	989	997	*004
589	77 012	019	026	034	041	048	056	063	070	078
590	085	093	100	107	115	122	129	137	144	151
591	159	166	173	181	188	195	203	210	217	225
592	232	240	247	254	262	269	276	283	291	298
593	305	313	320	327	335	342	349	357	364	371
594	379	386	393	401	408	415	422	430	437	444
595	452	459	466	474	481	488	495	503	510	517
596	525	532	539	546	554	561	568	576	583	590
597	597	605	612	619	627	634	641	648	656	663
598	670	677	685	692	699	706	714	721	728	735
599	743	750	757	764	772	779	786	793	801	808
600	815	822	830	837	844	851	859	866	873	880
601	887	895	902	909	916	924	931	938	945	952
602	960	967	974	981	988	996	*003	*010	*017	*025
603	78 032	039	046	053	061	068	075	082	089	097
604	104	111	118	125	132	140	147	154	161	168
605	176	183	190	197	204	211	219	226	233	240
606	247	254	262	269	276	283	290	297	305	312
607	319	326	333	340	347	355	362	369	376	383
608	390	398	405	412	419	426	433	440	447	455
609	462	469	476	483	490	497	504	512	519	526
610	533	540	547	554	561	569	576	583	590	597
N.	0	1	2	3	4	5	6	7	8	9

P. P.

	6	7	8
1	0,6	0,7	0,8
2	1,2	1,4	1,6
3	1,8	2,1	2,4
4	2,4	2,8	3,2
5	3,0	3,5	4,0
6	3,6	4,2	4,8
7	4,2	4,9	5,6
8	4,8	5,6	6,4
9	5,4	6,3	7,2

N.	0	1	2	3	4	5	6	7	8	9
610	78 533	540	547	554	561	569	576	583	590	597
611	604	611	618	625	633	640	647	654	661	668
612	675	682	689	696	704	711	718	725	732	739
613	746	753	760	767	774	781	789	796	803	810
614	817	824	831	838	845	852	859	866	873	880
615	888	895	902	909	916	923	930	937	944	951
616	958	965	972	979	986	993	*000	*007	*014	*021
617	79 029	036	043	050	057	064	071	078	085	092
618	099	106	113	120	127	134	141	148	155	162
619	169	176	183	190	197	204	211	218	225	232
620	239	246	253	260	267	274	281	288	295	302
621	309	316	323	330	337	344	351	358	365	372
622	379	386	393	400	407	414	421	428	435	442
623	449	456	463	470	477	484	491	498	505	511
624	518	525	532	539	546	553	560	567	574	581
625	588	595	602	609	616	623	630	637	644	650
626	657	664	671	678	685	692	699	706	713	720
627	727	734	741	748	754	761	768	775	782	789
628	796	803	810	817	824	831	837	844	851	858
629	865	872	879	886	893	900	906	913	920	927
630	934	941	948	955	962	969	975	982	989	996
631	80 003	010	017	024	030	037	044	051	058	065
632	072	079	085	092	099	106	113	120	127	134
633	140	147	154	161	168	175	182	188	195	202
634	209	216	223	229	236	243	250	257	264	271
635	277	284	291	298	305	312	318	325	332	339
636	346	353	359	366	373	380	387	393	400	407
637	414	421	428	434	441	448	455	462	468	475
638	482	489	496	502	509	516	523	530	536	543
639	550	557	564	570	577	584	591	598	604	611
640	618	625	632	638	645	652	659	665	672	679

N. 0 1 2 3 4 5 6 7 8 9 P. P.

P. P.

6	
1	0,6
2	1,2
3	1,8
4	2,4
5	3,0
6	3,6
7	4,2
8	4,8
9	5,4

7	
1	0,7
2	1,4
3	2,1
4	2,8
5	3,5
6	4,2
7	4,9
8	5,6
9	6,3

8	
1	0,8
2	1,6
3	2,4
4	3,2
5	4,0
6	4,8
7	5,6
8	6,4
9	7,2

N.	0	1	2	3	4	5	6	7	8	9
640	80 618	625	632	638	645	652	659	665	672	679
641	686	693	699	706	713	720	726	733	740	747
642	754	760	767	774	781	787	794	801	808	814
643	821	828	835	841	848	855	862	868	875	882
644	889	895	902	909	916	922	929	936	943	949
645	956	963	969	976	983	990	996	*003	*010	*017
646	81 023	030	037	043	050	057	064	070	077	084
647	090	097	104	111	117	124	131	137	144	151
648	158	164	171	178	184	191	198	204	211	218
649	224	231	238	245	251	258	265	271	278	285
650	291	298	305	311	318	325	331	338	345	351
651	358	365	371	378	385	391	398	405	411	418
652	425	431	438	445	451	458	465	471	478	485
653	491	498	505	511	518	525	531	538	544	551
654	558	564	571	578	584	591	598	604	611	617
655	624	631	637	644	651	657	664	671	677	684
656	690	697	704	710	717	723	730	737	743	750
657	757	763	770	776	783	790	796	803	809	816
658	823	829	836	842	849	856	862	869	875	882
659	889	895	902	908	915	921	928	935	941	948
660	954	961	968	974	981	987	994	*000	*007	*014
661	82 020	027	033	040	046	053	060	066	073	079
662	086	092	099	105	112	119	125	132	138	145
663	151	158	164	171	178	184	191	197	204	210
664	217	223	230	236	243	249	256	263	269	276
665	282	289	295	302	308	315	321	328	334	341
666	347	354	360	367	373	380	387	393	400	406
667	413	419	426	432	439	445	452	458	465	471
668	478	484	491	497	504	510	517	523	530	536
669	543	549	556	562	569	575	582	588	595	601
670	607	614	620	627	633	640	646	653	659	666
N.	0	1	2	3	4	5	6	7	8	9

P. P.

	7
1	0,7
2	1,4
3	2,1
4	2,8
5	3,5
6	4,2
7	4,9
8	5,6
9	6,3

	6
1	0,6
2	1,2
3	1,8
4	2,4
5	3,0
6	3,6
7	4,2
8	4,8
9	5,4

N.	0	1	2	3	4	5	6	7	8	9	P. P.
670	82 607	614	620	627	633	640	646	653	659	666	
671	672	679	685	692	698	705	711	718	724	730	
672	737	743	750	756	763	769	776	782	789	795	
673	802	808	814	821	827	834	840	847	853	860	
674	866	872	879	885	892	898	905	911	918	924	
675	930	937	943	950	956	963	969	975	982	988	
676	995	*001	*008	*014	*020	*027	*033	*040	*046	*052	
677	83 059	065	072	078	085	091	097	104	110	117	
678	123	129	136	142	149	155	161	168	174	181	
679	187	193	200	206	213	219	225	232	238	245	
680	251	257	264	270	276	283	289	296	302	308	
681	315	321	327	334	340	347	353	359	366	372	
682	378	385	391	398	404	410	417	423	429	436	
683	442	448	455	461	467	474	480	487	493	499	
684	506	512	518	525	531	537	544	550	556	563	
685	569	575	582	588	594	601	607	613	620	626	
686	632	639	645	651	658	664	670	677	683	689	
687	696	702	708	715	721	727	734	740	746	753	
688	759	765	771	778	784	790	797	803	809	816	
689	822	828	835	841	847	853	860	866	872	879	
690	885	891	897	904	910	916	923	929	935	942	
691	948	954	960	967	973	979	985	992	998	*004	
692	84 011	017	023	029	036	042	048	055	061	067	
693	073	080	086	092	098	105	111	117	123	130	
694	136	142	148	155	161	167	173	180	186	192	
695	198	205	211	217	223	230	236	242	248	255	
696	261	267	273	280	286	292	298	305	311	317	
697	323	330	336	342	348	354	361	367	373	379	
698	386	392	398	404	410	417	423	429	435	442	
699	448	454	460	466	473	479	485	491	497	504	
700	510	516	522	528	535	541	547	553	559	566	
N.	0	1	2	3	4	5	6	7	8	9	P. P.

P. P.:

	6
1	0,6
2	1,2
3	1,8
4	2,4
5	3,0
6	3,6
7	4,2
8	4,8
9	5,4

N.	0	1	2	3	4	5	6	7	8	9
700	84 510	516	522	528	535	541	547	553	559	566
701	572	578	584	590	597	603	609	615	621	628
702	634	640	646	652	658	665	671	677	683	689
703	696	702	708	714	720	726	733	739	745	751
704	757	763	770	776	782	788	794	800	807	813
705	819	825	831	837	844	850	856	862	868	874
706	880	887	893	899	905	911	917	924	930	936
707	942	948	954	960	967	973	979	985	991	997
708	85 003	009	016	022	028	034	040	046	052	058
709	065	071	077	083	089	095	101	107	114	120
710	126	132	138	144	150	156	163	169	175	181
711	187	193	199	205	211	217	224	230	236	242
712	248	254	260	266	272	278	285	291	297	303
713	309	315	321	327	333	339	345	352	358	364
714	370	376	382	388	394	400	406	412	418	425
715	431	437	443	449	455	461	467	473	479	485
716	491	497	503	509	516	522	528	534	540	546
717	552	558	564	570	576	582	588	594	600	606
718	612	618	625	631	637	643	649	655	661	667
719	673	679	685	691	697	703	709	715	721	727
720	733	739	745	751	757	763	769	775	781	788
721	794	800	806	812	818	824	830	836	842	848
722	854	860	866	872	878	884	890	896	902	908
723	914	920	926	932	938	944	950	956	962	968
724	974	980	986	992	998	•004	•010	•016	•022	•028
725	86 034	040	046	052	058	064	070	076	082	088
726	094	100	106	112	118	124	130	136	141	147
727	153	159	165	171	177	183	189	195	201	207
728	213	219	225	231	237	243	249	255	261	267
729	273	279	285	291	297	303	308	314	320	326
730	332	338	344	350	356	362	368	374	380	386
N.	0	1	2	3	4	5	6	7	8	9

P. P.

	5	6	7
1	0,5	0,6	0,7
2	1,0	1,2	1,4
3	1,5	1,8	2,1
4	2,0	2,4	2,8
5	2,5	3,0	3,5
6	3,0	3,6	4,2
7	3,5	4,2	4,9
8	4,0	4,8	5,6
9	4,5	5,4	6,3

N.		0	1	2	3	4	5	6	7	8	9
730	86	332	338	344	350	356	362	368	374	380	386
731		392	398	404	410	415	421	427	433	439	445
732		451	457	463	469	475	481	487	493	499	504
733		510	516	522	528	534	540	546	552	558	564
734		570	576	581	587	593	599	605	611	617	623
735		629	635	641	646	652	658	664	670	676	682
736		688	694	700	705	711	717	723	729	735	741
737		747	753	759	764	770	776	782	788	794	800
738		806	812	817	823	829	835	841	847	853	859
739		864	870	876	882	888	894	900	906	911	917
740		923	929	935	941	947	953	958	964	970	976
741		982	988	994	999	*005	*011	*017	*023	*029	*035
742	87	040	046	052	058	064	070	075	081	087	093
743		099	105	111	116	122	128	134	140	146	151
744		157	163	169	175	181	186	192	198	204	210
745		216	221	227	233	239	245	251	256	262	268
746		274	280	286	291	297	303	309	315	320	326
747		332	338	344	349	355	361	367	373	379	384
748		390	396	402	408	413	419	425	431	437	442
749		448	454	460	466	471	477	483	489	495	500
750		506	512	518	523	529	535	541	547	552	558
751		564	570	576	581	587	593	599	604	610	616
752		622	628	633	639	645	651	656	662	668	674
753		679	685	691	697	703	708	714	720	726	731
754		737	743	749	754	760	766	772	777	783	789
755		795	800	806	812	818	823	829	835	841	846
756		852	858	864	869	875	881	887	892	898	904
757		910	915	921	927	933	938	944	950	955	961
758		967	973	978	984	990	996	*001	*007	*013	*018
759	88	024	030	036	041	047	053	058	064	070	076
760		081	087	093	098	104	110	116	121	127	133
N.		0	1	2	3	4	5	6	7	8	9

P. P.

	5	6	7
1	0,5	0,6	0,7
2	1,0	1,2	1,4
3	1,5	1,8	2,1
4	2,0	2,4	2,8
5	2,5	3,0	3,5
6	3,0	3,6	4,2
7	3,5	4,2	4,9
8	4,0	4,8	5,6
9	4,5	5,4	6,3

Zehnerlogarithmen

N.	0	1	2	3	4	5	6	7	8	9	P. P.
760	88 081	087	093	098	104	110	116	121	127	133	
761	138	144	150	156	161	167	173	178	184	190	
762	195	201	207	213	218	224	230	235	241	247	
763	252	258	264	270	275	281	287	292	298	304	
764	309	315	321	326	332	338	343	349	355	360	
765	366	372	377	383	389	395	400	406	412	417	
766	423	429	434	440	446	451	457	463	468	474	**6**
767	480	485	491	497	502	508	513	519	525	530	1|0,6 2|1,2
768	536	542	547	553	559	564	570	576	581	587	3|1,8 4|2,4
769	593	598	604	610	615	621	627	632	638	643	5|3,0 6|3,6
770	649	655	660	666	672	677	683	689	694	700	7|4,2 8|4,8
771	705	711	717	722	728	734	739	745	750	756	9|5,4
772	762	767	773	779	784	790	795	801	807	812	
773	818	824	829	835	840	846	852	857	863	868	
774	874	880	885	891	897	902	908	913	919	925	
775	930	936	941	947	953	958	964	969	975	981	
776	986	992	997	*003	*009	*014	*020	*025	*031	*037	
777	89 042	048	053	059	064	070	076	081	087	092	
778	098	104	109	115	120	126	131	137	143	148	
779	154	159	165	170	176	182	187	193	198	204	**5**
780	209	215	221	226	232	237	243	248	254	260	1|0,5 2|1,0
781	265	271	276	282	287	293	298	304	310	315	3|1,5 4|2,0
782	321	326	332	337	343	348	354	360	365	371	5|2,5 6|3,0
783	376	382	387	393	398	404	409	415	421	426	7|3,5 8|4,0
784	432	437	443	448	454	459	465	470	476	481	9|4,5
785	487	492	498	504	509	515	520	526	531	537	
786	542	548	553	559	564	570	575	581	586	592	
787	597	603	609	614	620	625	631	636	642	647	
788	653	658	664	669	675	680	686	691	697	702	
789	708	713	719	724	730	735	741	746	752	757	
790	763	768	774	779	785	790	796	801	807	812	
N.	0	1	2	3	4	5	6	7	8	9	P. P.

Zehnerlogarithmen

N.	0	1	2	3	4	5	6	7	8	9	P. P.
790	89 76<u>3</u>	768	77<u>4</u>	779	78<u>5</u>	790	79<u>6</u>	801	80<u>7</u>	812	
791	81<u>8</u>	823	82<u>9</u>	834	84<u>0</u>	845	85<u>1</u>	856	86<u>2</u>	867	
792	87<u>3</u>	878	883	88<u>9</u>	894	90<u>0</u>	905	91<u>1</u>	916	92<u>2</u>	
793	927	93<u>3</u>	938	94<u>4</u>	949	95<u>5</u>	960	96<u>6</u>	971	97<u>7</u>	
794	982	98<u>8</u>	99<u>3</u>	998	*00<u>4</u>	*009	*01<u>5</u>	*020	*02<u>6</u>	*031	
795	90 037	042	04<u>8</u>	053	05<u>9</u>	064	069	07<u>5</u>	080	08<u>6</u>	
796	091	09<u>7</u>	102	10<u>8</u>	113	11<u>9</u>	124	129	13<u>5</u>	140	
797	14<u>6</u>	151	15<u>7</u>	162	16<u>8</u>	173	17<u>9</u>	18<u>4</u>	189	19<u>5</u>	
798	200	20<u>6</u>	211	217	222	227	23<u>3</u>	238	24<u>4</u>	249	
799	25<u>5</u>	260	26<u>6</u>	27<u>1</u>	276	28<u>2</u>	287	29<u>3</u>	298	30<u>4</u>	
800	309	314	32<u>0</u>	325	33<u>1</u>	336	34<u>2</u>	347	352	35<u>8</u>	
801	363	36<u>9</u>	374	38<u>0</u>	38<u>5</u>	39<u>0</u>	39<u>6</u>	401	40<u>7</u>	412	
802	417	42<u>3</u>	428	43<u>4</u>	439	44<u>5</u>	45<u>0</u>	455	46<u>1</u>	466	
803	47<u>2</u>	477	482	48<u>8</u>	493	49<u>9</u>	50<u>4</u>	509	51<u>5</u>	520	5
804	52<u>6</u>	531	536	5<u>4</u>2	547	55<u>3</u>	558	563	56<u>9</u>	574	1 0,5
805	58<u>0</u>	58<u>5</u>	590	59<u>6</u>	601	607	61<u>2</u>	617	62<u>3</u>	628	2 1,0 3 1,5
806	63<u>4</u>	63<u>9</u>	644	65<u>0</u>	655	660	66<u>6</u>	671	67<u>7</u>	68<u>2</u>	4 2,0 5 2,5
807	687	69<u>3</u>	698	703	70<u>9</u>	714	72<u>0</u>	725	730	73<u>6</u>	6 3,0 7 3,5
808	741	74<u>7</u>	752	757	76<u>3</u>	768	773	77<u>9</u>	78<u>4</u>	789	8 4,0 9 4,5
809	795	800	80<u>6</u>	81<u>1</u>	816	82<u>2</u>	827	832	83<u>8</u>	843	
810	849	854	859	86<u>5</u>	870	875	88<u>1</u>	886	891	89<u>7</u>	
811	902	907	91<u>3</u>	918	92<u>4</u>	92<u>9</u>	934	94<u>0</u>	945	950	
812	956	961	966	97<u>2</u>	977	98<u>2</u>	98<u>8</u>	993	998	*00<u>4</u>	
813	91 009	014	02<u>0</u>	025	030	03<u>6</u>	041	046	05<u>2</u>	057	
814	062	06<u>8</u>	073	078	08<u>4</u>	089	094	10<u>0</u>	105	110	
815	11<u>6</u>	121	126	132	137	142	14<u>8</u>	153	158	16<u>4</u>	
816	169	174	18<u>0</u>	185	190	19<u>6</u>	201	206	212	217	
817	222	22<u>8</u>	23<u>3</u>	238	243	24<u>9</u>	254	259	26<u>5</u>	270	
818	275	28<u>1</u>	286	291	29<u>7</u>	30<u>2</u>	307	312	31<u>8</u>	323	
819	328	33<u>4</u>	339	344	35<u>0</u>	35<u>5</u>	360	365	37<u>1</u>	376	
820	381	38<u>7</u>	39<u>2</u>	397	40<u>3</u>	40<u>8</u>	413	418	42<u>4</u>	429	
N.	0	1	2	3	4	5	6	7	8	9	P. P.

Zehnerlogarithmen

N.	0	1	2	3	4	5	6	7	8	9	P. P.
820	91 381	387	392	397	403	408	413	418	424	429	
821	434	440	445	450	455	461	466	471	477	482	
822	487	492	498	503	508	514	519	524	529	535	
823	540	545	551	556	561	566	572	577	582	587	
824	593	598	603	609	614	619	624	630	635	640	
825	645	651	656	661	666	672	677	682	687	693	
826	698	703	709	714	719	724	730	735	740	745	**5**
827	751	756	761	766	772	777	782	787	793	798	1 | 0,5
828	803	808	814	819	824	829	834	840	845	850	2 | 1,0 3 | 1,5
829	855	861	866	871	876	882	887	892	897	903	4 | 2,0 5 | 2,5
830	908	913	918	924	929	934	939	944	950	955	6 | 3,0 7 | 3,5
831	960	965	971	976	981	986	991	997	•002	•007	8 | 4,0 9 | 4,5
832	92 012	018	023	028	033	038	044	049	054	059	
833	065	070	075	080	085	091	096	101	106	111	
834	117	122	127	132	137	143	148	153	158	163	
835	169	174	179	184	189	195	200	205	210	215	
836	221	226	231	236	241	247	252	257	262	267	
837	273	278	283	288	293	298	304	309	314	319	
838	324	330	335	340	345	350	355	361	366	371	
839	376	381	387	392	397	402	407	412	418	423	**6**
840	428	433	438	443	449	454	459	464	469	474	1 | 0,6
841	480	485	490	495	500	505	511	516	521	526	2 | 1,2 3 | 1,8
842	531	536	542	547	552	557	562	567	572	578	4 | 2,4 5 | 3,0
843	583	588	593	598	603	609	614	619	624	629	6 | 3,6 7 | 4,2
844	634	639	645	650	655	660	665	670	675	681	8 | 4,8 9 | 5,4
845	686	691	696	701	706	711	716	722	727	732	
846	737	742	747	752	758	763	768	773	778	783	
847	788	793	799	804	809	814	819	824	829	834	
848	840	845	850	855	860	865	870	875	881	886	
849	891	896	901	906	911	916	921	927	932	937	
850	942	947	952	957	962	967	973	978	983	988	
N.	0	1	2	3	4	5	6	7	8	9	P. P.

Zehnerlogarithmen

N.	0	1	2	3	4	5	6	7	8	9	P. P.
850	92 942	947	952	957	962	967	973	978	983	988	
851	993	998	*003	*008	*013	*018	*024	*029	*034	*039	
852	93 044	049	054	059	064	069	075	080	085	090	
853	095	100	105	110	115	120	125	131	136	141	
854	146	151	156	161	166	171	176	181	186	192	
855	197	202	207	212	217	222	227	232	237	242	
856	247	252	258	263	268	273	278	283	288	293	5
857	298	303	308	313	318	323	328	334	339	344	1 | 0,5
858	349	354	359	364	369	374	379	384	389	394	2 | 1,0
859	399	404	409	414	420	425	430	435	440	445	3 | 1,5
860	450	455	460	465	470	475	480	485	490	495	4 | 2,0 5 | 2,5 6 | 3,0
861	500	505	510	515	520	526	531	536	541	546	7 | 3,5
862	551	556	561	566	571	576	581	586	591	596	8 | 4,0
863	601	606	611	616	621	626	631	636	641	646	9 | 4,5
864	651	656	661	666	671	676	682	687	692	697	
865	702	707	712	717	722	727	732	737	742	747	
866	752	757	762	767	772	777	782	787	792	797	
867	802	807	812	817	822	827	832	837	842	847	
868	852	857	862	867	872	877	882	887	892	897	
869	902	907	912	917	922	927	932	937	942	947	6
870	952	957	962	967	972	977	982	987	992	997	1 | 0,6 2 | 1,2
871	94 002	007	012	017	022	027	032	037	042	047	3 | 1,8 4 | 2,4
872	052	057	062	067	072	077	082	086	091	096	5 | 3,0 6 | 3,6
873	101	106	111	116	121	126	131	136	141	146	7 | 4,2
874	151	156	161	166	171	176	181	186	191	196	8 | 4,8 9 | 5,4
875	201	206	211	216	221	226	231	236	240	245	
876	250	255	260	265	270	275	280	285	290	295	
877	300	305	310	315	320	325	330	335	340	345	
878	349	354	359	364	369	374	379	384	389	394	
879	399	404	409	414	419	424	429	433	438	443	
880	448	453	458	463	468	473	478	483	488	493	
N.	0	1	2	3	4	5	6	7	8	9	P. P.

Zehnerlogarithmen

N.	0	1	2	3	4	5	6	7	8	9	P. P.
880	94 448	453	458	463	468	473	478	483	488	493	
881	498	503	507	512	517	522	527	532	537	542	
882	547	552	557	562	567	571	576	581	586	591	
883	596	601	606	611	616	621	626	630	635	640	
884	645	650	655	660	665	670	675	680	685	689	
885	694	699	704	709	714	719	724	729	734	738	
886	743	748	753	758	763	768	773	778	783	787	**4**
887	792	797	802	807	812	817	822	827	832	836	1| 0,4
888	841	846	851	856	861	866	871	876	880	885	2| 0,8
889	890	895	900	905	910	915	919	924	929	934	3| 1,2
											4| 1,6
890	939	944	949	954	959	963	968	973	978	983	5| 2,0
891	988	993	998	•002	•007	•012	•017	•022	•027	•032	6| 2,4
892	95 036	041	046	051	056	061	066	071	075	080	7| 2,8
893	085	090	095	100	105	109	114	119	124	129	8| 3,2
894	134	139	143	148	153	158	163	168	173	177	9| 3,6
895	182	187	192	197	202	207	211	216	221	226	
896	231	236	240	245	250	255	260	265	270	274	
897	279	284	289	294	299	303	308	313	318	323	
898	328	332	337	342	347	352	357	361	366	371	
899	376	381	386	390	395	400	405	410	415	419	**5**
900	424	429	434	439	444	448	453	458	463	468	1| 0,5
901	472	477	482	487	492	497	501	506	511	516	2| 1,0
902	521	525	530	535	540	545	550	554	559	564	3| 1,5
903	569	574	578	583	588	593	598	602	607	612	4| 2,0
904	617	622	626	631	636	641	646	650	655	660	5| 2,5
											6| 3,0
905	665	670	674	679	684	689	694	698	703	708	7| 3,5
906	713	718	722	727	732	737	742	746	751	756	8| 4,0
907	761	766	770	775	780	785	789	794	799	804	9| 4,5
908	809	813	818	823	828	832	837	842	847	852	
909	856	861	866	871	875	880	885	890	895	899	
910	904	909	914	918	923	928	933	938	942	947	
N.	0	1	2	3	4	5	6	7	8	9	P. P.

Zehnerlogarithmen

N.	0	1	2	3	4	5	6	7	8	9	P. P.
910	95 904	909	914	918	923	928	933	938	942	947	
911		952	957	961	966	971	976	980	985	990	995	
912		999	*004	*009	*014	*019	*023	*028	*033	*038	*042	
913	96 047	052	057	061	066	071	076	080	085	090	
914		095	099	104	109	114	118	123	128	133	137	
915		142	147	152	156	161	166	171	175	180	185	
916		190	194	199	204	209	213	218	223	227	232	
917		237	242	246	251	256	261	265	270	275	280	**4** 1 0,4 2 0,8 3 1,2 4 1,6 5 2,0 6 2,4 7 2,8 8 3,2 9 3,6
918		284	289	294	298	303	308	313	317	322	327	
919		332	336	341	346	350	355	360	365	369	374	
920		379	384	388	393	398	402	407	412	417	421	
921		426	431	435	440	445	450	454	459	464	468	
922		473	478	483	487	492	497	501	506	511	515	
923		520	525	530	534	539	544	548	553	558	562	
924		567	572	577	581	586	591	595	600	605	609	
925		614	619	624	628	633	638	642	647	652	656	
926		661	666	670	675	680	685	689	694	699	703	
927		708	713	717	722	727	731	736	741	745	750	
928		755	759	764	769	774	778	783	788	792	797	
929		802	806	811	816	820	825	830	834	839	844	**5** 1 0,5 2 1,0 3 1,5 4 2,0 5 2,5 6 3,0 7 3,5 8 4,0 9 4,5
930		848	853	858	862	867	872	876	881	886	890	
931		895	900	904	909	914	918	923	928	932	937	
932		942	946	951	956	960	965	970	974	979	984	
933		988	993	997	*002	*007	*011	*016	*021	*025	*030	
934	97 035	039	044	049	053	058	063	067	072	077	
935		081	086	090	095	100	104	109	114	118	123	
936		128	132	137	142	146	151	155	160	165	169	
937		174	179	183	188	192	197	202	206	211	216	
938		220	225	230	234	239	243	248	253	257	262	
939		267	271	276	280	285	290	294	299	304	308	
940		313	317	322	327	331	336	340	345	350	354	
N.	0	1	2	3	4	5	6	7	8	9	P. P.

30 Zehnerlogarithmen

N.	0	1	2	3	4	5	6	7	8	9	P. P.
940	97 313̲	317	322	327̲	331	336̲	340	345	350̲	354	
941	359̲	364̲	368	373̲	377	382	387̲	391	396̲	400	
942	405	410̲	414	419̲	424̲	428	433̲	437	442̲	447̲	
943	451	456̲	460	465̲	470̲	474	479̲	483	488̲	493̲	
944	497	502̲	506	511̲	516̲	520	525̲	529	534̲	539̲	
945	543	548̲	552	557̲	562̲	566	571̲	575	580̲	585̲	
946	589	594̲	598	603̲	607	612̲	617	621	626̲	630	**5**
947	635̲	640̲	644	649̲	653	658̲	663	667	672̲	676	1 | 0,5
948	681̲	685	690̲	695̲	699	704̲	708	713̲	717	722	2 | 1,0
949	727̲	731	736̲	740	745̲	749	754	759̲	763	768̲	3 | 1,5
											4 | 2,0
											5 | 2,5
950	772	777̲	782̲	786	791̲	795	800	804	809	813	6 | 3,0
951	818	823̲	827	832̲	836	841̲	845	850	855̲	859	7 | 3,5
952	864̲	868	873̲	877	882̲	886	891	896̲	900	905̲	8 | 4,0
953	909	914̲	918	923̲	928̲	932	937	941	946̲	950	9 | 4,5
954	955̲	959	964̲	968	973	978	982	987̲	991	996̲	
955	98 000	005̲	009	014̲	019̲	023	028	032	037̲	041	
956	046̲	050	055̲	059	064̲	068	073	078̲	082	087̲	
957	091	096̲	100	105̲	109	114̲	118	123̲	127	132	
958	137̲	141	146̲	150	155̲	159	164̲	168	173̲	177	
959	182̲	186	191̲	195	200̲	204	209	214̲	218	223	**4**
960	227	232	236	241̲	245	250̲	254	259	263	268	1 | 0,4
961	272	277̲	281	286̲	290	295̲	299	304̲	308	313	2 | 0,8
962	318̲	322	327̲	331	336	340	345̲	349	354̲	358	3 | 1,2
963	363̲	367	372̲	376	381̲	385	390̲	394	399̲	403	4 | 1,6
964	408̲	412	417̲	421	426̲	430	435̲	439	444̲	448	5 | 2,0
											6 | 2,4
965	453̲	457	462̲	466	471̲	475	480	484	489̲	493	7 | 2,8
966	498̲	502	507̲	511	516̲	520	525	529	534̲	538	8 | 3,2
967	543̲	547	552̲	556	561̲	565	570	574	579̲	583	9 | 3,6
968	588̲	592	597̲	601̲	605	610̲	614	619̲	623	628̲	
969	632	637̲	641	646̲	650	655	659	664̲	668	673̲	
970	677	682̲	686	691̲	695	700̲	704	709̲	713̲	717	
N.	0	1	2	3	4	5	6	7	8	9	P. P.

N.	0	1	2	3	4	5	6	7	8	9	P. P.
970	98 677	682	686	691	695	700	704	709	713	717	
971	722	726	731	735	740	744	749	753	758	762	
972	767	771	776	780	784	789	793	798	802	807	
973	811	816	820	825	829	834	838	843	847	851	
974	856	860	865	869	874	878	883	887	892	896	
975	900	905	909	914	918	923	927	932	936	941	
976	945	949	954	958	963	967	972	976	981	985	
977	989	994	998	*003	*007	*012	*016	*021	*025	*029	
978	99 034	038	043	047	052	056	061	065	069	074	
979	078	083	087	092	096	100	105	109	114	118	
980	123	127	131	136	140	145	149	154	158	162	
981	167	171	176	180	185	189	193	198	202	207	
982	211	216	220	224	229	233	238	242	247	251	
983	255	260	264	269	273	277	282	286	291	295	
984	300	304	308	313	317	322	326	330	335	339	
985	344	348	352	357	361	366	370	374	379	383	
986	388	392	396	401	405	410	414	419	423	427	
987	432	436	441	445	449	454	458	463	467	471	
988	476	480	484	489	493	498	502	506	511	515	
989	520	524	528	533	537	542	546	550	555	559	
990	564	568	572	577	581	585	590	594	599	603	
991	607	612	616	621	625	629	634	638	642	647	
992	651	656	660	664	669	673	677	682	686	691	
993	695	699	704	708	712	717	721	726	730	734	
994	739	743	747	752	756	760	765	769	774	778	
995	782	787	791	795	800	804	808	813	817	822	
996	826	830	835	839	843	848	852	856	861	865	
997	870	874	878	883	887	891	896	900	904	909	
998	913	917	922	926	930	935	939	944	948	952	
999	957	961	965	970	974	978	983	987	991	996	
1000	00 000	004	009	013	017	022	026	030	035	039	
N.	0	1	2	3	4	5	6	7	8	9	P. P.

P. P.:

	4
1	0,4
2	0,8
3	1,2
4	1,6
5	2,0
6	2,4
7	2,8
8	3,2
9	3,6

N.		0	1	2	3	4	5	6	7	8	9
1000	000	000	043	087	130	174	217	260	304	347	391
1001		434	477	521	564	608	651	694	738	781	824
1002		868	911	954	998	*041	*084	*128	*171	*214	*258
1003	001	301	344	388	431	474	517	561	604	647	690
1004		734	777	820	863	907	950	993	*036	*080	*123
1005	002	166	209	252	296	339	382	425	468	512	555
1006		598	641	684	727	771	814	857	900	943	986
1007	003	029	073	116	159	202	245	288	331	374	417
1008		461	504	547	590	633	676	719	762	805	848
1009		891	934	977	*020	*063	*106	*149	*192	*235	*278
1010	004	321	364	407	450	493	536	579	622	665	708
1011		751	794	837	880	923	966	*009	*052	*095	*138
1012	005	181	223	266	309	352	395	438	481	524	567
1013		609	652	695	738	781	824	867	909	952	995
1014	006	038	081	124	166	209	252	295	338	380	423
1015		466	509	552	594	637	680	723	765	808	851
1016		894	936	979	*022	*065	*107	*150	*193	*236	*278
1017	007	321	364	406	449	492	534	577	620	662	705
1018		748	790	833	876	918	961	*004	*046	*089	*132
1019	008	174	217	259	302	345	387	430	472	515	558
1020		600	643	685	728	770	813	856	898	941	983
1021	009	026	068	111	153	196	238	281	323	366	408
1022		451	493	536	578	621	663	706	748	791	833
1023		876	918	961	*003	*045	*088	*130	*173	*215	*258
1024	010	300	342	385	427	470	512	554	597	639	681
1025		724	766	809	851	893	936	978	*020	*063	*105
1026	011	147	190	232	274	317	359	401	444	486	528
1027		570	613	655	697	740	782	824	866	909	951
1028		993	*035	*078	*120	*162	*204	*247	*289	*331	*373
1029	012	415	458	500	542	584	626	669	711	753	795
1030		837	879	922	964	*006	*048	*090	*132	*174	*217
N.		0	1	2	3	4	5	6	7	8	9

P. P.

	44
1	4,4
2	8,8
3	13,2
4	17,6
5	22,0
6	26,4
7	30,8
8	35,2
9	39,6

	43
1	4,3
2	8,6
3	12,9
4	17,2
5	21,5
6	25,8
7	30,1
8	34,4
9	38,7

	42
1	4,2
2	8,4
3	12,6
4	16,8
5	21,0
6	25,2
7	29,4
8	33,6
9	37,8

N.	0	1	2	3	4	5	6	7	8	9	P. P.
1030	012 837	879	922	964	•006	•048	•090	•132	•174	•217	
1031	013 259	301	343	385	427	469	511	553	596	638	
1032	680	722	764	806	848	890	932	974	•016	•058	
1033	014 100	142	184	226	268	310	353	395	437	479	
1034	521	563	605	647	689	730	772	814	856	898	
1035	940	982	•024	•066	•108	•150	•192	•234	•276	•318	
1036	015 360	402	444	485	527	569	611	653	695	737	
1037	779	821	863	904	946	988	•030	•072	•114	•156	
1038	016 197	239	281	323	365	407	448	490	532	574	
1039	616	657	699	741	783	824	866	908	950	992	
1040	017 033	075	117	159	200	242	284	326	367	409	
1041	451	492	534	576	618	659	701	743	784	826	
1042	868	909	951	993	•034	•076	•118	•159	•201	•243	
1043	018 284	326	368	409	451	492	534	576	617	659	
1044	700	742	784	825	867	908	950	992	•033	•075	
1045	019 116	158	199	241	282	324	366	407	449	490	
1046	532	573	615	656	698	739	781	822	864	905	
1047	947	988	•030	•071	•113	•154	•195	•237	•278	•320	
1048	020 361	403	444	486	527	568	610	651	693	734	
1049	775	817	858	900	941	982	•024	•065	•107	•148	
1050	021 189	231	272	313	355	396	437	479	520	561	
1051	603	644	685	727	768	809	851	892	933	974	
1052	022 016	057	098	140	181	222	263	305	346	387	
1053	428	470	511	552	593	635	676	717	758	799	
1054	841	882	923	964	•005	•047	•088	•129	•170	•211	
1055	023 252	294	335	376	417	458	499	541	582	623	
1056	664	705	746	787	828	870	911	952	993	•034	
1057	024 075	116	157	198	239	280	321	363	404	445	
1058	486	527	568	609	650	691	732	773	814	855	
1059	896	937	978	•019	•060	•101	•142	•183	•224	•265	
1060	025 306	347	388	429	470	511	552	593	634	674	
N.	0	1	2	3	4	5	6	7	8	9	P. P.

P. P.

	42	41	40
1	4,2	4,1	4,0
2	8,4	8,2	8,0
3	12,6	12,3	12,0
4	16,8	16,4	16,0
5	21,0	20,5	20,0
6	25,2	24,6	24,0
7	29,4	28,7	28,0
8	33,6	32,8	32,0
9	37,8	36,9	36,0

N.	0	1	2	3	4	5	6	7	8	9
1060	025 306	347	388	429	470	511	552	593	634	674
1061	715	756	797	838	879	920	961	*002	*043	*084
1062	026 125	165	206	247	288	329	370	411	452	492
1063	533	574	615	656	697	737	778	819	860	901
1064	942	982	*023	*064	*105	*146	*186	*227	*268	*309
1065	027 350	390	431	472	513	553	594	635	676	716
1066	757	798	839	879	920	961	*002	*042	*083	*124
1067	028 164	205	246	287	327	368	409	449	490	531
1068	571	612	653	693	734	775	815	856	896	937
1069	978	*018	*059	*100	*140	*181	*221	*262	*303	*343
1070	029 384	424	465	506	546	587	627	668	708	749
1071	789	830	871	911	952	992	*033	*073	*114	*154
1072	030 195	235	276	316	357	397	438	478	519	559
1073	600	640	681	721	762	802	843	883	923	964
1074	031 004	045	085	126	166	206	247	287	328	368
1075	408	449	489	530	570	610	651	691	732	772
1076	812	853	893	933	974	*014	*054	*095	*135	*175
1077	032 216	256	296	337	377	417	458	498	538	578
1078	619	659	699	740	780	820	860	901	941	981
1079	033 021	062	102	142	182	223	263	303	343	384
1080	424	464	504	544	585	625	665	705	745	786
1081	826	866	906	946	986	*027	*067	*107	*147	*187
1082	034 227	267	308	348	388	428	468	508	548	588
1083	628	669	709	749	789	829	869	909	949	989
1084	035 029	069	109	149	190	230	270	310	350	390
1085	430	470	510	550	590	630	670	710	750	790
1086	830	870	910	950	990	*030	*070	*110	*150	*190
1087	036 230	269	309	349	389	429	469	509	549	589
1088	629	669	709	749	789	828	868	908	948	988
1089	037 028	068	108	148	187	227	267	307	347	387
1090	426	466	506	546	586	626	665	705	745	785
N.	0	1	2	3	4	5	6	7	8	9

P. P.

	41
1	4,1
2	8,2
3	12,3
4	16,4
5	20,5
6	24,6
7	28,7
8	32,8
9	36,9

	40
1	4,0
2	8,0
3	12,0
4	16,0
5	20,0
6	24,0
7	28,0
8	32,0
9	36,0

	39
1	3,9
2	7,8
3	11,7
4	15,6
5	19,5
6	23,4
7	27,3
8	31,2
9	35,1

P. P.

Zehnerlogarithmen

Zehnerlogarithmen und natürliche Logarithmen oft vorkommender Zahlen

z	z	lg z	ln z	z	z	lg z	ln z
e	2,718 28	0,434 29	1	$\frac{1}{e}$	0,367 88	0,565 7<u>1</u>–1	0,000 00–1
π	3,141 59	0,497 1<u>5</u>	1,144 73	$\frac{1}{\pi}$	0,318 31	0,502 85–1	0.855 27–2
2π	6,283 19	0,798 1<u>8</u>	1,837 8<u>8</u>	$\frac{1}{2\pi}$	0,159 15	0,201 82–1	0,162 12–2
$\frac{4}{3}\pi$	4,188 79	0,622 0<u>9</u>	1,432 41	$\frac{3}{4\pi}$	0,238 73	0,377 91–1	0,567 5<u>9</u>–2
$\frac{\pi}{2}$	1,570 80	0,196 1<u>2</u>	0,451 58	$\frac{2}{\pi}$	0,636 62	0,803 88–1	0,548 4<u>2</u>–1
$\frac{\pi}{3}$	1,047 20	0,020 0<u>3</u>	0,046 1<u>2</u>	$\frac{3}{\pi}$	0,954 93	0,979 97–1	0,953 88–1
$\frac{6}{\pi}$	1,909 86	0,281 00	0,647 0<u>3</u>	$\frac{\pi}{6}$	0,523 60	0,719 0<u>0</u>–1	0,352 97–1
π^2	9,869 60	0,994 3<u>0</u>	2,289 4<u>6</u>	$\frac{1}{\pi^2}$	0,101 32	0,005 70–1	0,710 54–3
$\sqrt{\pi}$	1,772 45	0,248 57	0,572 36	$\frac{1}{\sqrt{\pi}}$	0,564 19	0,751 4<u>3</u>–1	0,427 6<u>4</u>–1
$\sqrt[3]{\pi}$	1,464 59	0,165 7<u>2</u>	0,381 5<u>8</u>	$\frac{1}{\sqrt[3]{\pi}}$	0,682 78	0,834 28–1	0,618 42–1

Der dem Halbmesser gleiche Bogen:

$57°\ 17'\ 44,8'' = 57,29578°$	1,758 12	4,048 2<u>3</u>
in Minuten $= 3437,74\underline{7}'$	3,536 27	8,142 57
in Sekunden $= 206\ 264,\overline{8}''$	5,314 4<u>3</u>	12,236 9<u>2</u>

Siebenstellige Logarithmen einiger Zinsfaktoren

$q = 1 + \frac{p}{100}$	00	25	33...	50	66...	75
1,00	000 0000	001 0844	001 4452	002 1661	002 8857	003 2451
1,01	004 3214	005 3950	005 7523	006 4660	007 1786	007 5344
1,02	008 6002	009 6633	010 0171	010 7239	011 4295	011 7818
1,03	012 8372	013 8901	014 2404	014 9403	015 6391	015 9881
1,04	017 0333	018 0761	018 4231	019 1163	019 8084	020 1540
1,05	021 1893	022 2221	022 5658	023 2525	023 9380	024 2804
1,06	025 3059	026 3289	026 6694	027 3496	028 0287	028 3679
1,07	029 3838	030 3973	030 7346	031 4085	032 0813	032 4173
1,08	033 4238	034 4279	034 7621	035 4297	036 0963	036 4293
1,09	037 4265	038 4214	038 7526	039 4141	040 0746	040 4045
1,10	041 3927	042 3786	042 7067	043 3623	044 0168	044 3437

Länge der Kreisbögen für den Halbmesser Eins

Grade				Minuten		Sekunden	
0	0,00 000	30	0,52 36̱0	0	0,00 000	0	0,00 000
1	0,01 745	31	0,54 105	1	0,00 029	1	0,00 000
2	0,03 49̱1	32	0,55 85̱1	2	0,00 058	2	0,00 00̱1
3	0,05 23̱6	33	0,57 59̱6	3	0,00 087	3	0,00 001
4	0,06 981	34	0,59 341	4	0,00 116	4	0,00 00̱2
5	0,08 72̱7	35	0,61 08̱7	5	0,00 145	5	0,00 002
6	0,10 47̱2	36	0,62 83̱2	6	0,00 17̱5	6	0,00 00̱3
7	0,12 217	37	0,64 577	7	0,00 20̱4	7	0,00 003
8	0,13 96̱3	38	0,66 32̱3	8	0,00 23̱3	8	0,00 00̱4
9	0,15 70̱8	39	0,68 06̱8	9	0,00 26̱2	9	0,00 004
10	0,17 453	40	0,69 813	10	0,00 29̱1	10	0,00 00̱5
11	0,19 19̱9	41	0,71 558	11	0,00 32̱0	11	0,00 005
12	0,20 94̱4	42	0,73 30̱4	12	0,00 349	12	0,00 00̱6
13	0,22 689	43	0,75 049	13	0,00 378	13	0,00 006
14	0,24 43̱5	44	0,76 794	14	0,00 407	14	0,00 00̱7
15	0,26 18̱0	45	0,78 54̱0	15	0,00 436	15	0,00 007
16	0,27 925	46	0,80 285	16	0,00 465	16	0,00 00̱8
17	0,29 67̱1	47	0,82 030	17	0,00 49̱5	17	0,00 008
18	0,31 41̱6	48	0,83 77̱6	18	0,00 52̱4	18	0,00 00̱9
19	0,33 161	49	0,85 521	19	0,00 55̱3	19	0,00 009
20	0,34 90̱7	50	0,87 266	20	0,00 58̱2	20	0,00 01̱0
21	0,36 65̱2	51	0,89 01̱2	21	0,00 61̱1	21	0,00 010
22	0,38 307	52	0,90 757	22	0,00 64̱0	22	0,00 01̱1
23	0,40 14̱3	53	0,92 502	23	0,00 669	23	0,00 011
24	0,41 88̱8	54	0,94 24̱8	24	0,00 698	24	0,00 01̱2
25	0,43 633	55	0,95 993	25	0,00 727	25	0,00 012
26	0,45 37̱9	56	0,97 738	26	0,00 756	26	0,00 01̱3
27	0,47 12̱4	57	0,99 48̱4	27	0,00 785	27	0,00 013
28	0,48 869	58	1,01 229	28	0,00 814	28	0,00 01̱4
29	0,50 61̱5	59	1,02 974	29	0,00 84̱4	29	0,00 014
30	0,52 36̱0	60	1,04 72̱0	30	0,00 87̱3	30	0,00 01̱5
Grade				Minuten		Sekunden	

Länge der Kreisbögen für den Halbmesser Eins 37

Grade				Minuten		Sekunden	
60	1,04 720	90	1,57 080	30	0,00 873	30	0,00 015
61	1,06 465	91	1,58 825	31	0,00 902	31	0,00 015
62	1,08 210	92	1,60 570	32	0,00 931	32	0,00 016
63	1,09 956	93	1,62 316	33	0,00 960	33	0,00 016
64	1,11 701	94	1,64 061	34	0,00 989	34	0,00 016
65	1,13 446	95	1,65 806	35	0,01 018	35	0,00 017
66	1,15 192	96	1,67 552	36	0,01 047	36	0,00 017
67	1,16 937	97	1,69 297	37	0,01 076	37	0,00 018
68	1,18 682	98	1,71 042	38	0,01 105	38	0,00 018
69	1,20 428	99	1,72 788	39	0,01 134	39	0,00 019
70	1,22 173	100	1,74 533	40	0,01 164	40	0,00 019
71	1,23 918	110	1,91 986	41	0,01 193	41	0,00 020
72	1,25 664	120	2,09 440	42	0,01 222	42	0,00 020
73	1,27 409	130	2,26 893	43	0,01 251	43	0,00 021
74	1,29 154	140	2,44 346	44	0,01 280	44	0,00 021
75	1,30 900	150	2,61 799	45	0,01 309	45	0,00 022
76	1,32 645	160	2,79 253	46	0,01 338	46	0,00 022
77	1,34 390	170	2,96 706	47	0,01 367	47	0,00 023
78	1,36 136	180	3,14 159	48	0,01 396	48	0,00 023
79	1,37 881	190	3,31 613	49	0,01 425	49	0,00 024
80	1,39 626	200	3,49 066	50	0,01 454	50	0,00 024
81	1,41 372	210	3,66 519	51	0,01 484	51	0,00 025
82	1,43 117	220	3,83 972	52	0,01 513	52	0,00 025
83	1,44 862	230	4,01 426	53	0,01 542	53	0,00 026
84	1,46 608	240	4,18 879	54	0,01 571	54	0,00 026
85	1,48 353	250	4,36 332	55	0,01 600	55	0,00 027
86	1,50 098	260	4,53 786	56	0,01 629	56	0,00 027
87	1,51 844	270	4,71 239	57	0,01 658	57	0,00 028
88	1,53 589	300	5,23 599	58	0,01 687	58	0,00 028
89	1,55 334	330	5,75 959	59	0,01 716	59	0,00 029
90	1,57 080	360	6,28 319	60	0,01 745	60	0,00 029
Grade				Minuten		Sekunden	

Natürliche goniometrische Funktionen

Gr.	M.	sin	D/1'	tan	D/1'	cot	cos	D/1'	'	°
0	0	0,000 0000		0,000 0000		+ ∞	1,00 000		0	90
	10	0,002 908_9	2908,9	0,002 908_9	2908,9	343,7737	1,00 00_0	0,0	50	
	20	0,005 8177	2908,9	0,005 8178	2908,9	171,8854	0,99 998	0,1	40	
	30	0,008 7265	2908,8	0,008 726_9	2909,0	114,5887	0,99 996	0,2	30	
	40	0,011 635_3	2908,7	0,011 636_1	2909,2	85,939_8	0,99 993	0,3	20	
	50	0,014 5439	2908,6	0,014 5454	2909,4	68,750_1	0,99 989	0,4	10	
			2908,5		2909,6			0,5		
1	0	0,01 7452		0,01 7455		57,29_0	0,99 98_5		0	89
	10	0,02 036_1	290,8	0,02 036_5	291,0	49,10_4	0,99 979	0,5	50	
	20	0,02 326_9	290,8	0,02 3275	291,0	42,964	0,99 97_3	0,6	40	
	30	0.02 617_7	290,8	0,02 618_6	291,1	38,188	0,99 966	0,7	30	
	40	0,02 908_5	290,8	0,02 9097	291,1	34,36_8	0,99 95_8	0,8	20	
	50	0,03 1992	290,8	0,03 200_9	291,2	31,24_2	0,99 94_9	0,9	10	
			290,7		291,2			1,0		
2	0	0,03 490_0		0,03 492_1		28,636	0,99 939		0	88
	10	0,03 7806	290,7	0,03 783_4	291,3	26,43_2	0,99 92_9	1,1	50	
	20	0,04 0713	290,7	0,04 074_7	291,3	24,54_2	0,99 917	1,1	40	
	30	0,04 3619	290,6	0,04 366_1	291,4	22,90_4	0,99 90_5	1,2	30	
	40	0,04 6525	290,6	0,04 657_6	291,5	21,470	0,99 892	1,3	20	
	50	0,04 943_1	290,6	0,04 9491	291,6	20,20_6	0,99 87_8	1,4	10	
			290,5		291,6			1,5		
3	0	0,05 233_6		0,05 240_8		19,081	0,99 86_3		0	87
	10	0,05 524_1	290,5	0,05 5325	291,7	18,075	0,99 847	1.6	50	
	20	0,05 814_5	290,4	0,05 8243	291,8	17,169	0,99 83_1	1,6	40	
	30	0,06 104_9	290,4	0,06 116_3	291,9	16,35_0	0,99 813	1,7	30	
	40	0,06 395_2	290,3	0,06 408_3	292,0	15,605	0,99 795	1,8	20	
	50	0,06 6854	290,3	0,06 7004	292,1	14,924	0,99 776	1,9	10	
			290,2		292,3			2,0		
4	0	0.06 9756		0,06 9927		14,30_1	0,99 756		0	86
	10	0,07 265_8	290,1	0,07 285_1	292,4	13,72_7	0,99 73_6	2,1	50	
	20	0,07 555_9	290,1	0,07 5775	292,5	13,19_7	0,99 714	2,2	40	
	30	0,07 8459	290,0	0,07 8702	292,6	12,706	0,99 69_2	2,2	30	
	40	0,08 135_9	290,0	0,08 1629	292,8	12,251	0,99 668	2,3	20	
	50	0,08 425_8	289,9	0,08 4558	292,9	11,826	0,99 644	2,4	10	
			289,8		293,0			2,5		

| ° | ' | cos | D/1' | cot | D/1' | tan | sin | D/1' | M. | Gr. |

Natürliche goniometrische Funktionen

Gr.	M.	sin	D/1'	tan	D/1'	cot	D/1'	cos	D/1'	'	°
5	0	0,08 71<u>6</u>	29,0	0,08 74<u>9</u>	29,3	11,430	37,1	0,99 619	2,6	0	85
	10	0,09 005	29,0	0,09 042	29,3	11,059	34,8	0,99 59<u>4</u>	2,7	50	
	20	0,09 29<u>5</u>	29,0	0,09 335	29,4	10,71<u>2</u>	32,7	0,99 567	2,7	40	
	30	0,09 58<u>5</u>	29,0	0,09 629	29,4	10,385	30,7	0,99 54<u>0</u>	2,8	30	
	40	0,09 874	28,9	0,09 92<u>3</u>	29,4	10,078	29,0	0,99 511	2,9	20	
	50	0,10 16<u>4</u>	28,9	0,10 216	29,4	9,788<u>2</u>	273,8	0,99 482	3,0	10	
6	0	0,10 453	28,9	0,10 510	29,4	9,514<u>4</u>	259,1	0,99 452	3,1	0	84
	10	0,10 742	28,9	0,10 80<u>5</u>	29,4	9,2553	245,5	0,99 421	3,2	50	
	20	0,11 031	28,9	0,11 09<u>9</u>	29,5	9.0098	232,9	0,99 39<u>0</u>	3,3	40	
	30	0,11 320	28,9	0,11 39<u>4</u>	29,5	8.7769	221,3	0,99 357	3,3	30	
	40	0,11 609	28,9	0,11 688	29,5	8,5555	210,6	0,99 32<u>4</u>	3,4	20	
	50	0,11 898	28,9	0,11 983	29,5	8,345<u>0</u>	200,6	0,99 29<u>0</u>	3,5	10	
7	0	0,12 18<u>7</u>	28,9	0,12 278	29.5	8.1443	191,3	0,99 25<u>5</u>	3,6	0	83
	10	0,12 47<u>6</u>	28,9	0,12 57<u>4</u>	29.6	7,9530	182,7	0,99 21<u>9</u>	3,7	50	
	20	0,12 764	28,8	0,12 869	29,6	7,770<u>4</u>	174,6	0,99 182	3,8	40	
	30	0,13 05<u>3</u>	28,8	0,13 165	29,6	7,595<u>8</u>	167,0	0,99 144	3,8	30	
	40	0,13 34<u>1</u>	28,8	0,13 461	29,6	7,4287	160,0	0,99 106	3,9	20	
	50	0,13 629	28,8	0,13 75<u>8</u>	29,7	7,2687	153,4	0,99 06<u>7</u>	4,0	10	
8	0	0,13 917	28,8	0,14 054	29,7	7,115<u>4</u>	147,1	0,99 02<u>7</u>	4,1	0	82
	10	0,14 205	28,8	0,14 35<u>1</u>	29,7	6,9682	141.3	0,98 98<u>6</u>	4,2	50	
	20	0.14 493	28,8	0,14 64<u>8</u>	29,7	6,8269	135,8	0,98 94<u>4</u>	4,3	40	
	30	0,14 78<u>1</u>	28,8	0,14 945	29,8	6,691<u>2</u>	130,6	0,98 90<u>2</u>	4,3	30	
	40	0,15 06<u>9</u>	28,8	0,15 24<u>3</u>	29,8	6,560<u>6</u>	125,7	0,98 858	4,4	20	
	50	0,15 356	28,7	0,15 540	29,8	6,4348	121,1	0,98 81<u>4</u>	4,5	10	
9	0	0,15 643	28,7	0,15 838	29,8	6,313<u>8</u>	116,7	0,98 769	4,6	0	81
	10	0,15 93<u>1</u>	28,7	0,16 13<u>7</u>	29,9	6,1970	112,6	0,98 72<u>3</u>	4,7	50	
	20	0,16 21<u>8</u>	28,7	0,16 435	29,9	6,0844	108,7	0,98 676	4,8	40	
	30	0,16 50<u>5</u>	28,7	0,16 734	29,9	5,9758	105,0	0,98 62<u>9</u>	4,8	30	
	40	0,16 79<u>2</u>	28,7	0,17 033	29,9	5,8708	101,4	0,98 580	4,9	20	
	50	0,17 078	28,7	0,17 33<u>3</u>	30,0	5,769<u>4</u>	98,1	0,98 53<u>1</u>	5,0	10	
°	'	cos	D/1'	cot	D/1'	tan	D/1'	sin	D/1'	M.	Gr.

Natürliche goniometrische Funktionen

Gr.	M.	sin	D/1'	tan	D/1'	cot	D/1'	cos	D/1'	'	°
10	0	0,17 365	28,6	0,17 633	30,0	5,6713	94,9	0,98 481	5,1	0	80
	10	0,17 651	28,6	0,17 933	30,0	5,5764	91,9	0,98 430	5,2	50	
	20	0,17 937	28,6	0,18 233	30,1	5,4845	89,0	0,98 378	5,3	40	
	30	0,18 224	28,6	0,18 534	30,1	5,3955	86,2	0,98 325	5,3	30	
	40	0,18 509	28,6	0,18 835	30,1	5,3093	83,6	0,98 272	5,4	20	
	50	0,18 795	28,6	0,19 136	30,2	5,2257	81,1	0,98 218	5,5	10	
11	0	0,19 081	28,5	0,19 438	30,2	5,1446	78,7	0,98 163	5,6	0	79
	10	0,19 366	28,5	0,19 740	30,2	5,0658	76,4	0,98 107	5,7	50	
	20	0,19 652	28,5	0,20 042	30,3	4,9894	74,2	0,98 050	5,8	40	
	30	0,19 937	28,5	0,20 345	30,3	4,9152	72,2	0,97 992	5,8	30	
	40	0,20 222	28,5	0,20 648	30,3	4,8430	70,1	0,97 934	5,9	20	
	50	0,20 507	28,5	0,20 952	30,4	4,7729	68,2	0,97 875	6,0	10	
12	0	0,20 791	28,4	0,21 256	30,4	4,7046	66,4	0,97 815	6,1	0	78
	10	0,21 076	28,4	0,21 560	30,5	4,6382	64,6	0,97 754	6,2	50	
	20	0,21 360	28,4	0,21 864	30,5	4,5736	62,9	0,97 692	6,3	40	
	30	0,21 644	28,4	0,22 169	30,5	4,5107	61,3	0,97 630	6,3	30	
	40	0,21 928	28,4	0,22 475	30,6	4,4494	59,7	0,97 566	6,4	20	
	50	0,22 212	28,4	0,22 781	30,6	4,3897	58,2	0,97 502	6,5	10	
13	0	0,22 495	28,3	0,23 087	30,7	4,3315	56,8	0,97 437	6,6	0	77
	10	0,22 778	28,3	0,23 393	30,7	4,2747	55,4	0,97 371	6,7	50	
	20	0,23 062	28,3	0,23 700	30,7	4,2193	54,0	0,97 304	6,7	40	
	30	0,23 345	28,3	0,24 008	30,8	4,1653	52,7	0,97 237	6,8	30	
	40	0,23 627	28,3	0,24 316	30,8	4,1126	51,5	0,97 169	6,9	20	
	50	0,23 910	28,2	0,24 624	30,9	4,0611	50,3	0,97 100	7,0	10	
14	0	0,24 192	28,2	0,24 933	30,9	4,0108	49,1	0,97 030	7,1	0	76
	10	0,24 474	28,2	0,25 242	31,0	3,9617	48,0	0,96 959	7,2	50	
	20	0,24 756	28,2	0,25 552	31,0	3,9136	46,9	0,96 887	7,2	40	
	30	0,25 038	28,2	0,25 862	31,1	3,8667	45,9	0,96 815	7,3	30	
	40	0,25 320	28,1	0,26 172	31,1	3,8208	44,9	0,96 742	7,4	20	
	50	0,25 601	28,1	0,26 483	31,2	3,7760	43,9	0,96 667	7,5	10	
°	'	cos	D/1'	cot	D/1'	tan	D/1'	sin	D/1'	M.	Gr.

Natürliche goniometrische Funktionen

Gr.	M.	sin	D/1'	tan	D/1'	cot	D/1'	cos	D/1'	'	°
15	0	0,25 882	28,1	0,26 795	31,2	3,7321	43,0	0,96 593	7,6	0	75
	10	0,26 163	28,1	0,27 107	31,3	3,6891	42,0	0,96 517	7,7	50	
	20	0,26 443	28,0	0,27 419	31,3	3,6470	41,2	0,96 440	7,7	40	
	30	0,26 724	28,0	0,27 732	31,4	3,6059	40,3	0,96 363	7,8	30	
	40	0,27 004	28,0	0,28 046	31,4	3,5656	39,5	0,96 285	7,9	20	
	50	0,27 284	28,0	0,28 360	31,5	3,5261	38,7	0,96 206	8,0	10	
16	0	0,27 564	28,0	0,28 675	31,5	3,4874	37,9	0,96 126	8,1	0	74
	10	0,27 843	27,9	0,28 990	31,6	3,4495	37,1	0,96 046	8,1	50	
	20	0,28 123	27,9	0,29 305	31,6	3,4124	36,4	0,95 964	8,2	40	
	30	0,28 402	27,9	0,29 621	31,7	3,3759	35,7	0,95 882	8,3	30	
	40	0,28 680	27,9	0,29 938	31,7	3,3402	35,0	0,95 799	8,4	20	
	50	0,28 959	27,8	0,30 255	31,8	3,3052	34,4	0,95 715	8,5	10	
17	0	0,29 237	27,8	0,30 573	31,8	3,2709	33,7	0,95 630	8,5	0	73
	10	0,29 515	27,8	0,30 891	31,9	3,2371	33,1	0,95 545	8,6	50	
	20	0,29 793	27,8	0,31 210	32,0	3,2041	32,5	0,95 459	8,7	40	
	30	0,30 071	27,7	0,31 530	32,0	3,1716	31,9	0,95 372	8,8	30	
	40	0,30 348	27,7	0,31 850	32,1	3,1397	31,3	0,95 284	8,9	20	
	50	0,30 625	27,7	0,32 171	32,1	3,1084	30,7	0,95 195	8,9	10	
18	0	0,30 902	27,7	0,32 492	32,2	3,0777	30,2	0,95 106	9,0	0	72
	10	0,31 178	27,6	0,32 814	32,3	3,0475	29,7	0,95 015	9,1	50	
	20	0,31 454	27,6	0,33 136	32,3	3,0178	29,1	0,94 924	9,2	40	
	30	0,31 730	27,6	0,33 460	32,4	2,9887	28,6	0,94 832	9,3	30	
	40	0,32 006	27,5	0,33 783	32,4	2,9600	28,2	0,94 740	9,4	20	
	50	0,32 282	27,5	0,34 108	32,5	2,9319	27,7	0,94 646	9,4	10	
19	0	0,32 557	27,5	0,34 433	32,6	2,9042	27,2	0,94 552	9,5	0	71
	10	0,32 832	27,5	0,34 758	32,6	2,8770	26,8	0,94 457	9,6	50	
	20	0,33 106	27,4	0,35 085	32,7	2,8502	26,3	0,94 361	9,7	40	
	30	0,33 381	27,4	0,35 412	32,8	2,8239	25,9	0,94 264	9,7	30	
	40	0,33 655	27,4	0,35 740	32,8	2,7980	25,5	0,94 167	9,8	20	
	50	0,33 929	27,3	0,36 068	32,9	2,7725	25,1	0,94 068	9,9	10	

| ° | ' | cos | D/1' | cot | D/1' | tan | D/1' | sin | D/1' | M. | Gr. |

Natürliche goniometrische Funktionen

Gr.	M.	sin	D/1'	tan	D/1'	cot	D/1'	cos	D/1'	'	°
20	0	0,34 202	27,3	0,36 397	33,0	2,747̲5	24,7	0,93 969	10,0	0	**70**
	10	0,34 475	27,3	0,36 72̲7	33,0	2,7228	24,3	0,93 869	10,1	50	
	20	0,34 748	27,3	0,37 057	33,1	2.6985	23,9	0,93 76̲9	10,1	40	
	30	0,35 02̲1	27,2	0,37 388	33,2	2,6746	23,5	0,93 667	10.2	30	
	40	0,35 293	27,2	0,37 720	33,3	2,651̲1	23,2	0,93 56̲5	10,3	20	
	50	0,35 565	27,2	0,38 053	33,3	2,6279	22,8	0,93 46̲2	10,4	10	
21	0	0,35 83̲7	27,1	0,38 386	33,4	2,605̲1	22,5	0,93 358	10.5	0	**69**
	10	0,36 108	27,1	0,38 72̲1	33,5	2,5826	22,1	0,93 25̲3	10,5	50	
	20	0,36 37̲9	27,1	0,39 055	33,6	2,560̲5	21,8	0,93 14̲8	10,6	40	
	30	0,36 650	27,0	0,39 391	33,6	2,5386	21,5	0,93 04̲2	10,7	30	
	40	0,36 92̲1	27,0	0,39 727	33,7	2,5172	21,2	0,92 93̲5	10,8	20	
	50	0,37 19̲1	27,0	0,40 06̲5	33,8	2,496̲0	20,9	0,92 827	10,9	10	
22	0	0,37 46̲1	27,0	0,40 40̲3	33,9	2,475̲1	20,6	0,92 718	10,9	0	**68**
	10	0,37 730	26,9	0,40 741	34,0	2,4545	20,3	0,92 609	11,0	50	
	20	0,37 999	26,9	0,41 08̲1	34,0	2,4342	20,0	0,92 49̲9	11,1	40	
	30	0,38 268	26,9	0,41 421	34,1	2,4142	19,7	0,92 38̲8	11,2	30	
	40	0,38 53̲7	26,8	0,41 76̲3	34,2	2,394̲5	19,5	0,92 276	11,2	20	
	50	0,38 805	26,8	0,42 10̲5	34,3	2,3750	19,2	0,92 16̲4	11,3	10	
23	0	0,39 073	26,8	0,42 447	34,4	2,355̲9	18,9	0,92 050	11,4	0	**67**
	10	0,39 34̲1	26,7	0,42 791	34,5	2.3369	18,7	0,91 936	11,5	50	
	20	0,39 60̲8	26,7	0,43 13̲6	34,5	2,318̲3	18,4	0,91 82̲2	11,6	40	
	30	0,39 87̲5	26,7	0,43 48̲1	34,6	2,2998	18,2	0,91 706	11,6	30	
	40	0,40 14̲2	26,6	0,43 828	34,7	2,281̲7	17,9	0,91 59̲0	11,7	20	
	50	0,40 408	26,6	0,44 17̲5	34,8	2,2637	17,7	0,91 472	11,8	10	
24	0	0,40 67̲4	26,6	0,44 52̲3	34,9	2,2460	17,4	0,91 35̲5	11,9	0	**66**
	10	0,40 939	26,5	0,44 87̲2	35,0	2,228̲6	17,2	0,91 23̲6	11,9	50	
	20	0,41 204	26,5	0,45 22̲2	35,1	2,2113	17,0	0,91 116	12,0	40	
	30	0,41 469	26,5	0,45 57̲3	35,2	2,194̲3	16,8	0,90 996	12,1	30	
	40	0,41 73̲4	26,4	0,45 924	35,3	2,177̲5	16,6	0,90 875	12,2	20	
	50	0,41 998	26,4	0,46 277	35,4	2,160̲9	16,4	0,90 753	12,3	10	
°	'	cos	D/1'	cot	D/1'	tan	D/1'	sin	D/1'	M.	Gr.

Natürliche goniometrische Funktionen 43

Gr.	M.	sin	D/1'	tan	D/1'	cot	D/1'	cos	D/1'	'	°
25	0	0,42 262	26,3	0,46 631	35,5	2,1445	16,2	0,90 631	12,3	0	**65**
	10	0,42 525	26,3	0,46 985	35,6	2,1283	16,0	0,90 507	12,4	50	
	20	0,42 788	26,3	0,47 341	35,7	2,1123	15,8	0,90 383	12,5	40	
	30	0,43 051	26,2	0,47 698	35,8	2,0965	15,6	0,90 259	12,6	30	
	40	0,43 313	26,2	0,48 055	35,9	2,0809	15,4	0,90 133	12,6	20	
	50	0,43 575	26,2	0,48 414	36,0	2,0655	15,2	0,90 007	12,7	10	
26	0	0,43 837	26,1	0,48 773	36,1	2,0503	15,0	0,89 879	12,8	0	**64**
	10	0,44 098	26,1	0,49 134	36,2	2,0353	14,9	0,89 752	12,9	50	
	20	0,44 359	26,1	0,49 495	36,3	2,0204	14,7	0,89 623	12,9	40	
	30	0,44 620	26,0	0,49 858	36,4	2,0057	14,5	0,89 493	13,0	30	
	40	0,44 880	26,0	0,50 222	36,5	1,9912	14,4	0,89 363	13,1	20	
	50	0,45 140	25,9	0,50 587	36,6	1,9768	14,2	0,89 232	13,2	10	
27	0	0,45 399	25,9	0,50 953	36,7	1,9626	14,0	0,89 101	13,2	0	**63**
	10	0,45 658	25,9	0,51 319	36,8	1,9486	13,9	0,88 968	13,3	50	
	20	0,45 917	25,8	0,51 688	36,9	1,9347	13,7	0,88 835	13,4	40	
	30	0,46 175	25,8	0,52 057	37,0	1,9210	13,6	0,88 701	13,5	30	
	40	0,46 433	25,7	0,52 427	37,1	1,9074	13,4	0,88 566	13,5	20	
	50	0,46 690	25,7	0,52 798	37,3	1,8940	13,3	0,88 431	13,6	10	
28	0	0,46 947	25,7	0,53 171	37,4	1,8807	13,1	0,88 295	13,7	0	**62**
	10	0,47 204	25,6	0,53 545	37,5	1,8676	13,0	0,88 158	13,8	50	
	20	0,47 460	25,6	0,53 920	37,6	1,8546	12,8	0,88 020	13,8	40	
	30	0,47 716	25,5	0,54 296	37,7	1,8418	12,7	0,87 882	13,9	30	
	40	0,47 971	25,5	0,54 673	37,8	1,8291	12,6	0,87 743	14,0	20	
	50	0,48 226	25,5	0,55 051	38,0	1,8165	12,4	0,87 603	14,1	10	
29	0	0,48 481	25,4	0,55 431	38,1	1,8040	12,3	0,87 462	14,1	0	**61**
	10	0,48 735	25,4	0,55 812	38,2	1,7917	12,2	0,87 321	14,2	50	
	20	0,48 989	25,3	0,56 194	38,3	1,7796	12,1	0,87 178	14,3	40	
	30	0,49 242	25,3	0,56 577	38,5	1,7675	11,9	0,87 036	14,4	30	
	40	0,49 495	25,3	0,56 962	38,6	1,7556	11,8	0,86 892	14,4	20	
	50	0,49 748	25,2	0,57 348	38,7	1,7437	11,7	0,86 748	14,5	10	
°	'	cos	D/1'	cot	D/1'	tan	D/1'	sin	D/1'	M.	Gr.

Natürliche goniometrische Funktionen

Gr.	M.	sin	D/1'	tan	D/1'	cot	D/1'	cos	D/1'	'	°
30	0	0,50 000	25,2	0,57 735	38,9	1,7321	11,6	0,86 603	14,6	0	**60**
	10	0,50 252	25,1	0,58 124	39,0	1,7205	11,5	0,86 457	14,7	50	
	20	0,50 503	25,1	0,58 513	39,1	1,7090	11,3	0,86 310	14,7	40	
	30	0,50 754	25,0	0,58 905	39,2	1,6977	11,2	0,86 163	14,8	30	
	40	0,51 004	25,0	0,59 297	39,4	1,6864	11,1	0,86 015	14,9	20	
	50	0,51 254	25,0	0,59 691	39,5	1,6753	11,0	0,85 866	14,9	10	
31	0	0,51 504	24,9	0,60 086	39,7	1,6643	10,9	0,85 717	15,0	0	**59**
	10	0,51 753	24,9	0,60 483	39,8	1,6534	10,8	0,85 567	15,1	50	
	20	0,52 002	24,8	0,60 881	39,9	1,6426	10,7	0,85 416	15,2	40	
	30	0,52 250	24,8	0,61 280	40,1	1,6319	10,6	0,85 264	15,2	30	
	40	0,52 498	24,7	0,61 681	40,2	1,6212	10,5	0,85 112	15,3	20	
	50	0,52 745	24,7	0,62 083	40,4	1,6107	10,4	0,84 959	15,4	10	
32	0	0,52 992	24,6	0,62 487	40,5	1,6003	10,3	0,84 805	15,5	0	**58**
	10	0,53 238	24,6	0,62 892	40,7	1,5900	10,2	0,84 650	15,5	50	
	20	0,53 484	24,6	0,63 299	40,8	1,5798	10,1	0,84 495	15,6	40	
	30	0,53 730	24,5	0,63 707	41,0	1,5697	10,0	0,84 339	15,7	30	
	40	0,53 975	24,5	0,64 117	41,1	1,5597	9,9	0,84 182	15,7	20	
	50	0,54 220	24,4	0,64 528	41,3	1,5497	9,9	0,84 025	15,8	10	
33	0	0,54 464	24,4	0,64 941	41,4	1,5399	9,8	0,83 867	15,9	0	**57**
	10	0,54 708	24,3	0,65 355	41,6	1,5301	9,7	0,83 708	15,9	50	
	20	0,54 951	24,3	0,65 771	41,8	1,5204	9,6	0,83 549	16,0	40	
	30	0,55 194	24,2	0,66 189	41,9	1,5108	9,5	0,83 389	16,1	30	
	40	0,55 436	24,2	0,66 608	42,1	1,5013	9,4	0,83 228	16,2	20	
	50	0,55 678	24,1	0,67 028	42,2	1,4919	9,3	0,83 066	16,2	10	
34	0	0,55 919	24,1	0,67 451	42,4	1,4826	9,3	0,82 904	16,3	0	**56**
	10	0,56 160	24,0	0,67 875	42,6	1,4733	9,2	0,82 741	16,4	50	
	20	0,56 401	24,0	0,68 301	42,7	1,4641	9,1	0,82 577	16,4	40	
	30	0,56 641	23,9	0,68 728	42,9	1,4550	9,0	0,82 413	16,5	30	
	40	0,56 880	23,9	0,69 157	43,1	1,4460	9,0	0,82 248	16,6	20	
	50	0,57 119	23,9	0,69 588	43,3	1,4370	8,9	0,82 082	16,6	10	
°	'	cos	D/1'	cot	D/1'	tan	D/1'	sin	D/1'	M.	Gr.

Natürliche goniometrische Funktionen

Gr.	M.	sin	D/1′	tan	D/1′	cot	D/1′	cos	D/1′	′	°
35	0	0,57 358	23,8	0,70 021	43,4	1,4281	8,8	0,81 915	16,7	0	**55**
	10	0,57 596	23,8	0,70 455	43,6	1,4193	8,7	0,81 748	16,8	50	
	20	0,57 833	23,7	0,70 891	43,8	1,4106	8,7	0,81 580	16,9	40	
	30	0,58 070	23,7	0,71 329	44,0	1,4019	8,6	0,81 412	16,9	30	
	40	0,58 307	23,6	0,71 769	44,2	1,3934	8,5	0,81 242	17,0	20	
	50	0,58 543	23,6	0,72 211	44,4	1,3848	8,5	0,81 072	17,1	10	
36	0	0,58 779	23,5	0,72 654	44,5	1,3764	8,4	0,80 902	17,1	0	**54**
	10	0,59 014	23,5	0,73 100	44,7	1,3680	8,3	0,80 730	17,2	50	
	20	0,59 248	23,4	0,73 547	44,9	1,3597	8,3	0,80 558	17,3	40	
	30	0,59 482	23,4	0,73 996	45,1	1,3514	8,2	0,80 386	17,3	30	
	40	0,59 716	23,3	0,74 447	45,3	1,3432	8,1	0,80 212	17,4	20	
	50	0,59 949	23,3	0,74 900	45,5	1,3351	8,1	0,80 038	17,5	10	
37	0	0,60 182	23,2	0,75 355	45,7	1,3270	8,0	0,79 864	17,5	0	**53**
	10	0,60 414	23,2	0,75 812	45,9	1,3190	7,9	0,79 688	17,6	50	
	20	0,60 645	23,1	0,76 272	46,1	1,3111	7,9	0,79 512	17,7	40	
	30	0,60 876	23,1	0,76 733	46,3	1,3032	7,8	0,79 335	17,7	30	
	40	0,61 107	23,0	0,77 196	46,5	1,2954	7,8	0,79 158	17,8	20	
	50	0,61 337	22,9	0,77 661	46,7	1,2876	7,7	0,78 980	17,9	10	
38	0	0,61 566	22,9	0,78 129	47,0	1,2799	7,6	0,78 801	17,9	0	**52**
	10	0,61 795	22,8	0,78 598	47,2	1,2723	7,6	0,78 622	18,0	50	
	20	0,62 024	22,8	0,79 070	47,4	1,2647	7,5	0,78 442	18,1	40	
	30	0,62 251	22,7	0,79 544	47,6	1,2572	7,5	0,78 261	18,1	30	
	40	0,62 479	22,7	0,80 020	47,8	1,2497	7,4	0,78 079	18,2	20	
	50	0,62 706	22,6	0,80 498	48,1	1,2423	7,4	0,77 897	18,3	10	
39	0	0,62 932	22,6	0,80 978	48,3	1,2349	7,3	0,77 715	18,3	0	**51**
	10	0,63 158	22,5	0,81 461	48,5	1,2276	7,3	0,77 531	18,4	50	
	20	0,63 383	22,5	0,81 946	48,7	1,2203	7,2	0,77 347	18,5	40	
	30	0,63 608	22,4	0,82 434	49,0	1,2131	7,2	0,77 162	18,5	30	
	40	0,63 832	22,4	0,82 923	49,2	1,2059	7,1	0,76 977	18,6	20	
	50	0,64 056	22,3	0,83 415	49,4	1,1988	7,1	0,76 791	18,7	10	
°	′	cos	D/1′	cot	D/1′	tan	D/1′	sin	D/1′	M.	Gr.

Natürliche goniometrische Funktionen

Gr.	M.	sin	D/1'	tan	D/1'	cot	D/1'	cos	D/1'	'	o
40	0	0,64 27\underline{9}	22,3	0,83 91\underline{0}	49,7	1,191\underline{8}	7,0	0.76 604	18,7	0	**50**
	10	0,64 501	22,2	0,84 40\underline{7}	49,9	1,1847	7,0	0.76 417	18,8	50	
	20	0.64 723	22,1	0,84 906	50,2	1,177\underline{8}	6.9	0,76 229	18,9	40	
	30	0,64 94\underline{5}	22,1	0.85 408	50,4	1,1708	6,9	0,76 04\underline{1}	18,9	30	
	40	0.65 16\underline{6}	22,0	0,85 912	50,7	1,164\underline{0}	6,8	0.75 851	19,0	20	
	50	0,65 386	22,0	0.86 419	50,9	1.1571	6,8	0,75 661	19,1	10	
41	0	0,65 60\underline{6}	21,9	0,86 92\underline{9}	51,2	1,150\underline{4}	6,7	0,75 47\underline{1}	19,1	0	**49**
	10	0,65 825	21,9	0,87 44\underline{1}	51,5	1.1436	6,7	0,75 28\underline{0}	19,2	50	
	20	0,66 04\underline{4}	21,8	0,87 955	51,7	1,1369	6,6	0,75 088	19,2	40	
	30	0,66 262	21,8	0,88 47\underline{3}	52,0	1,130\underline{3}	6,6	0,74 896	19,3	30	
	40	0,66 48\underline{0}	21,7	0,88 992	52,3	1,123\underline{7}	6,6	0,74 70\underline{3}	19,4	20	
	50	0,66 69\underline{7}	21,6	0,89 515	52,5	1.1171	6,5	0,74 50\underline{9}	19,4	10	
42	0	0,66 913	21,6	0,90 040	52,8	1,1106	6,5	0,74 314	19,5	0	**48**
	10	0,67 12\underline{9}	21,5	0,90 56\underline{9}	53,1	1,1041	6,4	0,74 12\underline{0}	19,6	50	
	20	0,67 344	21,5	0,91 099	53.4	1,0977	6,4	0,73 92\underline{4}	19,6	40	
	30	0,67 559	21,4	0,91 633	53,7	1,0913	6,4	0,73 72\underline{8}	19,7	30	
	40	0,67 773	21,4	0.92 17\underline{0}	53,9	1,085\underline{0}	6,3	0,73 53\underline{1}	19,7	20	
	50	0,67 98\underline{7}	21,3	0,92 709	54,2	1,0786	6,3	0,73 333	19,8	10	
43	0	0,68 20\underline{0}	21,2	0,93 25\underline{2}	54,5	1,072\underline{4}	6,2	0,73 135	19,9	0	**47**
	10	0,68 412	21,2	0,93 79\underline{7}	54,8	1,0661	6,2	0,72 93\underline{7}	19,9	50	
	20	0,68 624	21,1	0,94 345	55,1	1,0599	6,2	0,72 737	20,0	40	
	30	0,68 835	21,1	0,94 896	55,4	1,053\underline{8}	6,1	0,72 537	20,1	30	
	40	0,69 046	21,0	0,95 45\underline{1}	55,7	1,047\underline{7}	6,1	0.72 33\underline{7}	20,1	20	
	50	0,69 256	21,0	0,96 008	56,1	1,041\underline{6}	6,0	0,72 13\underline{6}	20,2	10	
44	0	0,69 46\underline{6}	20,9	0,96 56\underline{9}	56,4	1,0355	6,0	0,71 93\underline{4}	20,2	0	**46**
	10	0,69 67\underline{5}	20,8	0,97 13\underline{3}	56,7	1,0295	6,0	0,71 73\underline{2}	20,3	50	
	20	0,69 883	20,8	0,97 70\underline{0}	57,0	1,0235	5,9	0,71 52\underline{9}	20,4	40	
	30	0,70 09\underline{1}	20,7	0,98 27\underline{0}	57,3	1,0176	5,9	0,71 325	20,4	30	
	40	0,70 298	20,7	0,98 843	57,7	1,0117	5,9	0,71 12\underline{1}	20,5	20	
	50	0,70 50\underline{5}	20,6	0,99 42\underline{0}	58,0	1,0058	5,8	0,70 916	20,5	10	
45	0	0,70 71\underline{1}		1,00 000		1,0000		0,70 71\underline{1}		0	**45**

| o | ' | cos | D/1' | cot | D/1' | tan | D/1' | sin | D/1' | M. | Gr. |

Verwandlung der Minuten in Dezimalteile eines Grades

min	0	1	2	3	4	5	6	7	8	9
0	0,0000	0167	0333	0500	0667	0833	1000	1167	1333	1500
1	1667	1833	2000	2167	2333	2500	2667	2833	3000	3167
2	3333	3500	3667	3833	4000	4167	4333	4500	4667	4833
3	5000	5167	5333	5500	5667	5833	6000	6167	6333	6500
4	6667	6833	7000	7167	7333	7500	7667	7833	8000	8167
5	8333	8500	8667	8833	9000	9167	9333	9500	9667	9833

Verwandlung der Sekunden in Dezimalteile eines Grades

s	0	1	2	3	4	5	6	7	8	9
0	0,0000	0003	0006	0008	0011	0014	0017	0019	0022	0025
1	0028	0031	0033	0036	0039	0042	0044	0047	0050	0053
2	0056	0058	0061	0064	0067	0069	0072	0075	0078	0081
3	0083	0086	0089	0092	0094	0097	0100	0103	0106	0108
4	0111	0114	0117	0119	0122	0125	0128	0131	0133	0136
5	0139	0142	0144	0147	0150	0153	0156	0158	0161	0164

Verwandlung der Dezimalteile eines Grades in Minuten und Sekunden

Grad	1	2	3	4	5	6	7	8	9
0	6'	12'	18'	24'	30'	36'	42'	48'	54'
0,0	36''	1'12''	1'48''	2'24''	3'	3'36''	4'12''	4'48''	5'24''
0,00	3,6''	7,2''	10,8''	14,4''	18''	21,6''	25,2''	28,8''	32,4''
0,000	0,4''	0,7''	1,1''	1,4''	1,8''	2,2''	2,5''	2,9''	3,2''

Sinus- und Tangenslogarithmen für die ersten 60 Sekunden

s	0	1	2	3	4	5	6	7	8	9
0	— ∞	4,68557	4,98660	5,16270	5,28763	5,38454	5,46373	5,53067	5,58866	5,63982
1	5,68557	5,72697	5,76476	5,79952	5,83170	5,86167	5,88969	5,91602	5,94085	5,96433
2	5,98660	6,00779	6,02800	6,04730	6,06579	6,08351	6,10055	6,11694	6,13273	6,14797
3	6,16270	6,17694	6,19072	6,20409	6,21705	6,22964	6,24188	6,25378	6,26536	6,27664
4	6,28763	6,29836	6,30882	6,31904	6,32903	6,33879	6,34833	6,35767	6,36682	6,37577
5	6,38454	6,39315	6,40158	6,40985	6,41797	6,42594	6,43376	6,44145	6,44900	6,45643

Logarithmen der goniometrischen Funktionen

Gr.	M.	lg sin	D/1″	lg tan	D/1″	lg cot	lg cos	′	°
0	**0**	− ∞		− ∞		+ ∞	10	**0**	**90**
	1	6,46 373	501,72	6,46 373	501,72	13,53 627	10,00 000	59	
	2	6,76 476	293,48	6,76 476	293,48	13,23 524	10,00 000	58	
	3	6,94 085	208,23	6,94 085	208,23	13,05 915	10,00 000	57	
	4	7,06 579	161,52	7,06 579	161,52	12,93 421	10,00 000	56	
	5	7,16 270	131,97	7,16 270	131,97	12,83 730	10,00 000	55	
	6	7,24 188	111,57	7,24 188	111,57	12,75 812	10,00 000	54	
	7	7,30 882	96,67	7,30 882	96,67	12,69 118	10,00 000	53	
	8	7,36 682	85,25	7,36 682	85,25	12,63 318	10,00 000	52	
	9	7,41 797	76,27	7,41 797	76,27	12,58 203	10,00 000	51	
0	**10**	7,46 373	68,98	7,46 373	68,98	12,53 627	10,00 000	**50**	**89**
	11	7,50 512	62,98	7,50 512	62,98	12,49 488	10,00 000	49	
	12	7,54 291	57,93	7,54 291	57,93	12,45 709	10,00 000	48	
	13	7,57 767	53,63	7,57 767	53,65	12,42 233	10,00 000	47	
	14	7,60 985	49,95	7,60 986	49,93	12,39 014	10,00 000	46	
	15	7,63 982	46,70	7,63 982	46,72	12,36 018	10,00 000	45	
	16	7,66 784	43,88	7,66 785	43,88	12,33 215	10,00 000	44	
	17	7,69 417	41,38	7,69 418	41,37	12,30 582	9,99 999	43	
	18	7,71 900	39,13	7,71 900	39,13	12,28 100	9,99 999	42	
	19	7,74 248	37,12	7,74 248	37,13	12,25 752	9,99 999	41	
0	**20**	7,76 475	35,32	7,76 476	35,32	12,23 524	9,99 999	**40**	**89**
	21	7,78 594	33,68	7,78 595	33,67	12,21 405	9,99 999	39	
	22	7,80 615	32,17	7,80 615	32,18	12,19 385	9,99 999	38	
	23	7,82 545	30,80	7,82 546	30,80	12,17 454	9,99 999	37	
	24	7,84 393	29,55	7,84 394	29,55	12,15 606	9,99 999	36	
	25	7,86 166	28,40	7,86 167	28,40	12,13 833	9,99 999	35	
	26	7,87 870	27,32	7,87 871	27,32	12,12 129	9,99 999	34	
	27	7,89 509	26,32	7,89 510	26,32	12,10 490	9,99 999	33	
	28	7,91 088	25,40	7,91 089	25,40	12,08 911	9,99 999	32	
	29	7,92 612	24,53	7,92 613	24,55	12,07 387	9,99 998	31	
0	**30**	7,94 084		7,94 086		12,05 914	9,99 998	**30**	**89**
°	′	lg cos	D/1″	lg cot	D/1″	lg tan	lg sin	M.	Gr.

Logarithmen der goniometrischen Funktionen 49

Gr.	M.	lg sin	D/1''	lg tan	D/1''	lg cot	lg cos	'	°
0	**30**	7,94 084	23,73	7,94 086	23,73	12,05 914	9,99 998	30	89
	31	7,95 508	22,98	7,95 510	22,98	12,04 490	9,99 998	29	
	32	7,96 887	22,27	7,96 889	22,27	12,03 111	9,99 998	28	
	33	7,98 223	21,62	7,98 225	21,62	12,01 775	9,99 998	27	
	34	7,99 520	20,98	7,99 522	20,98	12,00 478	9,99 998	26	
	35	8,00 779	20,38	8,00 781	20,38	11,99 219	9,99 998	25	
	36	8,02 002	19,83	8,02 004	19,83	11,97 996	9,99 998	24	
	37	8,03 192	19,30	8,03 194	19,32	11,96 806	9,99 997	23	
	38	8,04 350	18,80	8,04 353	18,80	11,95 647	9,99 997	22	
	39	8,05 478	18,33	8,05 481	18,33	11,94 519	9,99 997	21	
0	**40**	8,06 578	17,87	8,06 581	17,87	11,93 419	9,99 997	20	89
	41	8,07 650	17,43	8,07 653	17,45	11,92 347	9,99 997	19	
	42	8,08 696	17,03	8,08 700	17,03	11,91 300	9,99 997	18	
	43	3,09 718	16,65	8,09 722	16,63	11,90 278	9,99 997	17	
	44	8,10 717	16,27	8,10 720	16,27	11,89 280	9,99 996	16	
	45	8,11 693	15,90	8,11 696	15,92	11,88 304	9,99 996	15	
	46	8,12 647	15,57	8,12 651	15,57	11,87 349	9,99 996	14	
	47	8,13 581	15,23	8,13 585	15,25	11,86 415	9,99 996	13	
	48	8,14 495	14,93	8,14 500	14,92	11,85 500	9,99 996	12	
	49	8,15 391	14,62	8,15 395	14,63	11,84 605	9,99 996	11	
0	**50**	8.16 268	14,33	8,16 273	14,33	11,83 727	9,99 995	10	89
	51	8,17 128	14,05	8,17 133	14,05	11,82 867	9,99 995	9	
	52	8,17 971	13,78	8,17 976	13,80	11,82 024	9,99 995	8	
	53	8,18 798	13,53	8,18 804	13,53	11,81 196	9,99 995	7	
	54	8,19 610	13,28	8,19 616	13,28	11,80 384	9,99 995	6	
	55	8,20 407	13,03	8,20 413	13,03	11,79 587	9,99 994	5	
	56	8,21 189	12,82	8,21 195	12,82	11,78 805	9,99 994	4	
	57	8,21 958	12,58	8,21 964	12,60	11,78 036	9,99 994	3	
	58	8,22 713	12,38	8,22 720	12,37	11,77 280	9,99 994	2	
	59	8,23 456	12,17	8,23 462	12,17	11,76 538	9,99 994	1	
1	**0**	8,24 186		8,24 192		11,75 808	9,99 993	0	89
°	'	lg cos	D/1''	lg cot	D/1''	lg tan	lg sin	M.	Gr.

Logarithmen der goniometrischen Funktionen

Gr.	M.	lg sin	D/1″	lg tan	D/1″	lg cot	lg cos	′	°
1	0	8,24 186	11,95	8,24 192	11,97	11,75 808	9,99 993	0	89
	1	8,24 903	11,77	8,24 910	11,77	11,75 090	9,99 993	59	
	2	8,25 609	11,58	8,25 616	11,60	11,74 384	9,99 993	58	
	3	8,26 304	11,40	8,26 312	11,40	11,73 688	9,99 993	57	
	4	8,26 988	11,22	8,26 996	11,22	11,73 004	9,99 992	56	
	5	8,27 661	11,05	8,27 669	11,05	11,72 331	9,99 992	55	
	6	8,28 324	10,88	8,28 332	10,90	11,71 668	9,99 992	54	
	7	8,28 977	10,73	8,28 986	10,72	11,71 014	9,99 992	53	
	8	8,29 621	10,57	8,29 629	10,57	11,70 371	9,99 992	52	
	9	8,30 255	10,40	8,30 263	10,42	11,69 737	9,99 991	51	
1	10	8,30 879	10,27	8,30 888	10,28	11,69 112	9,99 991	50	88
	11	8,31 495	10,13	8,31 505	10,12	11,68 495	9,99 991	49	
	12	8,32 103	9,98	8,32 112	9,98	11,67 888	9,99 990	48	
	13	8,32 702	9,83	8,32 711	9,85	11,67 289	9,99 990	47	
	14	8,33 292	9,72	8,33 302	9,73	11,66 698	9,99 990	46	
	15	8,33 875	9,58	8,33 886	9,58	11,66 114	9,99 990	45	
	16	8,34 450	9,47	8,34 461	9,47	11,65 539	9,99 989	44	
	17	8,35 018	9,33	8,35 029	9,35	11,64 971	9,99 989	43	
	18	8,35 578	9,22	8,35 590	9,22	11,64 410	9,99 989	42	
	19	8,36 131	9,12	8,36 143	9,10	11,63 857	9,99 989	41	
1	20	8,36 678	8,98	8,36 689	9,00	11,63 311	9,99 988	40	88
	21	8,37 217	8,88	8,37 229	8,88	11,62 771	9,99 988	39	
	22	8,37 750	8,77	8,37 762	8,78	11,62 238	9,99 988	38	
	23	8,38 276	8,67	8,38 289	8,67	11,61 711	9,99 987	37	
	24	8,38 796	8,57	8,38 809	8,57	11,61 191	9,99 987	36	
	25	8,39 310	8,47	8,39 323	8,48	11,60 677	9,99 987	35	
	26	8,39 818	8,37	8,39 832	8,37	11,60 168	9,99 986	34	
	27	8,40 320	8,27	8,40 334	8,27	11,59 666	9,99 986	33	
	28	8,40 816	8,18	8,40 830	8,18	11,59 170	9,99 986	32	
	29	8,41 307	8,08	8,41 321	8,10	11,58 679	9,99 985	31	
1	30	8,41 792		8,41 807		11,58 193	9,99 985	30	88

| ° | ′ | lg cos | D/1″ | lg cot | D/1″ | lg tan | lg sin | M. | Gr. |

Logarithmen der goniometrischen Funktionen 51

Gr.	M.	lg sin	D/1''	lg tan	D/1''	lg cot	lg cos	'	0
1	30	8,41 792	8,00	8,41 807	8.00	11.58 193	9,99 985	30	88
	31	8,42 272	7,91	8,42 287	7,92	11.57 713	9,99 985	29	
	32	8,42 746	7,83	8,42 762	7,83	11.57 238	9.99 984	28	
	33	8,43 216	7,73	8,43 232	7,74	11,56 768	9.99 984	27	
	34	8,43 680	7,66	8,43 696	7,67	11,56 304	9.99 984	26	
	35	8,44 139	7,58	8,44 156	7.58	11,55 844	9,99 983	25	
	36	8,44 594	7,50	8,44 611	7,50	11,55 389	9,99 983	24	
	37	8.45 044	7,42	8,45 061	7,42	11.54 939	9,99 983	23	
	38	8,45 489	7,35	8,45 507	7,36	11.54 493	9,99 982	22	
	39	8,45 930	7,27	8,45 948	7.27	11,54 052	9,99 982	21	
1	40	8,46 366	7,21	8,46 385	7,21	11,53 615	9,99 982	20	88
	41	8,46 799	7,13	8,46 817	7,13	11,53 183	9,99 981	19	
	42	8.47 226	7,07	8,47 245	7,07	11.52 755	9,99 981	18	
	43	8.47 650	6,99	8,47 669	7,00	11.52 331	9,99 981	17	
	44	8,48 069	6,92	8,48 089	6,93	11.51 911	9,99 980	16	
	45	8,48 485	6,86	8,48 505	6.86	11.51 495	9,99 980	15	
	46	8,48 896	6,79	8,48 917	6,81	11.51 083	9,99 979	14	
	47	8,49 304	6,73	8,49 325	6,73	11,50 675	9,99 979	13	
	48	8,49 708	6,67	8,49 729	6,67	11.50 271	9,99 979	12	
	49	8,50 108	6,61	8,50 130	6.62	11,49 870	9,99 978	11	
1	50	8.50 504	6,55	8,50 527	6,56	11,49 473	9,99 978	10	88
	51	8,50 897	6,49	8,50 920	6,49	11,49 080	9.99 977	9	
	52	8.51 287	6.43	8.51 310	6,44	11.48 690	9.99 977	8	
	53	8.51 673	6,38	8.51 696	6,38	11.48 304	9.99 977	7	
	54	8,52 055	6,32	8,52 079	6.32	11,47 921	9,99 976	6	
	55	8,52 434	6,27	8.52 459	6,27	11,47 541	9,99 976	5	
	56	8,52 810	6,21	8.52 835	6,22	11,47 165	9,99 975	4	
	57	8,53 183	6,16	8,53 208	6,17	11.46 792	9,99 975	3	
	58	8.53 552	6,11	8,53 578	6,12	11.46 422	9,99 974	2	
	59	8,53 919	6,05	8.53 945	6,06	11.46 055	9,99 974	1	
2	0	8,54 282		8.54 308		11,45 692	9.99 974	0	88
0	'	lg cos	D/1''	lg cot	D/1''	lg tan	lg sin	M.	Gr.

Logarithmen der goniometrischen Funktionen

Gr.	M.	lg sin	D/1''	lg tan	D/1''	lg cot	lg cos	′	°
2	0	8,54 282	6,00	8,54 308	6,02	11,45 692	9,99 974	0	88
	1	8,54 642	5,95	8,54 669	5,96	11,45 331	9,99 973	59	
	2	8,54 999	5,91	8,55 027	5,92	11,44 973	9,99 973	58	
	3	8,55 354	5,86	8,55 382	5,87	11,44 618	9,99 972	57	
	4	8,55 705	5,82	8,55 734	5,82	11,44 266	9,99 972	56	
	5	8,56 054	5,77	8,56 083	5,78	11,43 917	9,99 971	55	
	6	8,56 400	5,73	8,56 429	5,72	11,43 571	9,99 971	54	
	7	8,56 743	5,67	8,56 773	5,68	11,43 227	9,99 970	53	
	8	8,57 084	5,63	8,57 114	5,63	11,42 886	9,99 970	52	
	9	8,57 421	5,59	8,57 452	5,60	11,42 548	9,99 969	51	
2	10	8,57 757	5,54	8,57 788	5,55	11,42 212	9,99 969	50	87
	11	8,58 089	5,50	8,58 121	5,51	11,41 879	9,99 968	49	
	12	8,58 419	5,46	8,58 451	5,47	11,41 549	9,99 968	48	
	13	8,58 747	5,41	8,58 779	5,43	11,41 221	9,99 967	47	
	14	8,59 072	5,37	8,59 105	5,39	11,40 895	9,99 967	46	
	15	8,59 395	5,32	8,59 428	5,35	11,40 572	9,99 967	45	
	16	8,59 715	5,30	8,59 749	5,31	11,40 251	9,99 966	44	
	17	8,60 033	5,26	8,60 068	5,27	11,39 932	9,99 966	43	
	18	8,60 349	5,21	8,60 384	5,23	11,39 616	9,99 965	42	
	19	8,60 662	5,18	8,60 698	5,19	11,39 302	9,99 964	41	
2	20	8,60 973	5,15	8,61 009	5,16	11,38 991	9,99 964	40	87
	21	8,61 282	5,12	8,61 319	5,13	11,38 681	9,99 963	39	
	22	8,61 589	5,07	8,61 626	5,08	11,38 374	9,99 963	38	
	23	8,61 894	5,02	8,61 931	5,05	11,38 069	9,99 962	37	
	24	8,62 196	5,01	8,62 234	5,02	11,37 766	9,99 962	36	
	25	8,62 497	4,97	8,62 535	4,98	11,37 465	9,99 961	35	
	26	8,62 795	4,94	8,62 834	4,95	11,37 166	9,99 961	34	
	27	8,63 091	4,90	8,63 131	4,92	11,36 869	9,99 960	33	
	28	8,63 385	4,87	8,63 426	4,88	11,36 574	9,99 960	32	
	29	8,63 678	4,83	8,63 718	4,85	11,36 282	9,99 959	31	
2	30	8,63 968		8,64 009		11,35 991	9,99 959	30	87
°	′	lg cos	D/1''	lg cot	D/1''	lg tan	lg sin	M.	Gr.

Logarithmen der goniometrischen Funktionen 53

Gr.	M.	lg sin	D/1″	lg tan	D/1″	lg cot	lg cos	′	0
2	30	8,63 968	4,81	8,64 009	4,82	11,35 991	9,99 959	30	87
	31	8,64 256	4,77	8,64 298	4,78	11,35 702	9,99 958	29	
	32	8,64 543	4,74	8,64 585	4,75	11,35 415	9,99 958	28	
	33	8,64 827	4,72	8,64 870	4,72	11,35 130	9,99 957	27	
	34	8,65 110	4,68	8,65 154	4,69	11,34 846	9,99 956	26	
	35	8,65 391	4,65	8,65 435	4,66	11,34 565	9,99 956	25	
	36	8,65 670	4,62	8,65 715	4,63	11,34 285	9,99 955	24	
	37	8,65 947	4,60	8,65 993	4,60	11,34 007	9,99 955	23	
	38	8,66 223	4,56	8,66 269	4,57	11,33 731	9,99 954	22	
	39	8,66 497	4,53	8,66 543	4,54	11,33 457	9,99 954	21	
2	40	8,66 769	4,51	8,66 816	4,52	11,33 184	9,99 953	20	87
	41	8,67 039	4,48	8,67 087	4,49	11,32 913	9,99 952	19	
	42	8,67 308	4,45	8,67 356	4,46	11,32 644	9,99 952	18	
	43	8,67 575	4,42	8,67 624	4,43	11,32 376	9,99 951	17	
	44	8,67 841	4,39	8,67 890	4,41	11,32 110	9,99 951	16	
	45	8,68 104	4,37	8,68 154	4,38	11,31 846	9,99 950	15	
	46	8,68 367	4,32	8,68 417	4,35	11,31 583	9,99 949	14	
	47	8,68 627	4,32	8,68 678	4,33	11,31 322	9,99 949	13	
	48	8,68 886	4,29	8,68 938	4,30	11,31 062	9,99 948	12	
	49	8,69 144	4,27	8,69 196	4,27	11,30 804	9,99 948	11	
2	50	8,69 400	4,24	8,69 453	4,24	11,30 547	9,99 947	10	87
	51	8,69 654	4,22	8,69 708	4,22	11,30 292	9,99 946	9	
	52	8,69 907	4,19	8,69 962	4,20	11,30 038	9,99 946	8	
	53	8,70 159	4,17	8,70 214	4,18	11,29 786	9,99 945	7	
	54	8,70 409	4,15	8,70 465	4,15	11,29 535	9,99 944	6	
	55	8,70 658	4,12	8,70 714	4,13	11,29 286	9,99 944	5	
	56	8,70 905	4,10	8,70 962	4,11	11,29 038	9,99 943	4	
	57	8,71 151	4,08	8,71 208	4,08	11,28 792	9,99 942	3	
	58	8,71 395	4,05	8,71 453	4,07	11,28 547	9,99 942	2	
	59	8,71 638	4,03	8,71 697	4,04	11,28 303	9,99 941	1	
3	0	8,71 880		8,71 940		11,28 060	9,99 940	0	87
0	′	lg cos	D/1″	lg cot	D/1″	lg tan	lg sin	M.	Gr.

Logarithmen der goniometrischen Funktionen

Gr.	M.	lg sin	D/1″	lg tan	D/1″	lg cot	lg cos	′	0
3	0	8,71 880	4,00	8.71 940	4,02	11,28 060	9,99 940	0	87
	1	8,72 120	3,98	8.72 181	3,99	11,27 819	9,99 940	59	
	2	8,72 359	3,97	8.72 420	3,97	11,27 580	9,99 939	58	
	3	8,72 597	3,94	8.72 659	3,95	11,27 341	9,99 938	57	
	4	8,72 834	3,92	8.72 896	3,93	11,27 104	9,99 938	56	
	5	8,73 069	3,90	8,73 132	3,91	11,26 868	9,99 937	55	
	6	8,73 303	3,88	8,73 366	3,89	11,26 634	9,99 936	54	
	7	8,73 535	3,86	8,73 600	3,87	11,26 400	9,99 936	53	
	8	8,73 767	3,83	8,73 832	3,85	11,26 168	9,99 935	52	
	9	8,73 997	3,82	8,74 063	3,83	11,25 937	9,99 934	51	
3	10	8,74 226	3,80	8,74 292	3,81	11,25 708	9,99 934	50	86
	11	8,74 454	3,78	8,74 521	3,78	11,25 479	9,99 933	49	
	12	8,74 680	3,76	8,74 748	3,76	11,25 252	9,99 932	48	
	13	8,74 906	3,73	8,74 974	3,74	11,25 026	9,99 932	47	
	14	8,75 130	3,72	8,75 199	3,73	11,24 801	9,99 931	46	
	15	8,75 353	3,70	8,75 423	3,71	11,24 577	9,99 930	45	
	16	8,75 575	3,68	8,75 645	3,69	11,24 355	9,99 929	44	
	17	8,75 795	3,67	8,75 867	3,67	11,24 133	9,99 929	43	
	18	8,76 015	3,64	8,76 087	3,65	11,23 913	9,99 928	42	
	19	8,76 234	3,62	8,76 306	3,64	11,23 694	9,99 927	41	
3	20	8,76 451	3,60	6,76 525	3,62	11,23 475	9,99 926	40	86
	21	8,76 667	3,59	8,76 742	3,60	11,23 258	9,99 926	39	
	22	8,76 883	3,57	8,76 958	3,58	11,23 042	9,99 925	38	
	23	8,77 097	3,56	8,77 173	3,57	11,22 827	9,99 924	37	
	24	8,77 310	3,54	8,77 387	3,55	11,22 613	9,99 923	36	
	25	8,77 522	3,52	8,77 600	3,53	11,22 400	9,99 923	35	
	26	8,77 733	3,50	8,77 811	3,52	11,22 189	9,99 922	34	
	27	8,77 943	3,48	8,78 022	3,50	11,21 978	9,99 921	33	
	28	8,78 152	3,47	8,76 232	3,48	11,21 768	9,99 920	32	
	29	8,78 360	3,46	8,78 441	3,46	11,21 559	9,99 920	31	
3	30	8,78 568		8,78 649		11,21 351	9,99 919	30	86
0	′	lg cos	D/1″	lg cot	D/1″	lg tan	lg sin	M.	Gr.

Logarithmen der goniometrischen Funktionen 55

Gr.	M.	lg sin	D/1″	lg tan	D/1″	lg cot	lg cos	′	°
3	30	8,78 568̱	3,43	8.78 649̱	3,44	11.21 351	9.99 919̱	30	86
	31	8.78 774̱	3,42	8,78 855	3,43	11,21 145̱	9.99 918	29	
	32	8.78 979̱	3,40	8.79 061	3,42	11,20 939̱	9.99 917	28	
	33	8.79 183̱	3,38	8,79 266	3,40	11,20 734̱	9.99 917̱	27	
	34	8.79 386̱	3,37	8.79 470	3,38	11,20 530̱	9,99 916̱	26	
	35	8.79 588	3,35	8.79 673	3,37	11,20 327̱	9.99 915	25	
	36	8.79 789	3,34	8.79 875	3,35	11,20 125̱	9.99 914̱	24	
	37	8,79 990̱	3,33	8.80 076	3,34	11.19 924̱	9.99 913	23	
	38	8,80 189	3,31	8.80 277̱	3,32	11,19 723	9.99 913̱	22	
	39	8.80 388̱	3,29	8.80 476̱	3,31	11.19 524	9.99 912̱	21	
3	40	8.80 585	3,27	8,80 674	3,29	11,19 326̱	9.99 911	20	86
	41	8.80 782̱	3,26	8,80 872̱	3,28	11.19 128̱	9,99 910	19	
	42	8,80 978̱	3,25	8.81 068̱	3,27	11,18 932̱	9.99 909	18	
	43	8,81 173̱	3,23	8.81 264	3,24	11,18 736̱	9.99 909̱	17	
	44	8.81 367̱	3,22	8.81 459̱	3,23	11,18 541	9.99 908̱	16	
	45	8,81 560̱	3,21	8,81 653̱	3,23	11,18 347	9.99 907̱	15	
	46	8.81 752̱	3,19	8,81 846	3,20	11,18 154̱	9,99 906	14	
	47	8.81 944̱	3,18	8,82 038̱	3,19	11.17 962̱	9,99 905	13	
	48	8,82 134	3,17	8,82 230̱	3,18	11,17 770̱	9,99 904	12	
	49	8,82 324	3,15	8,82 420	3,17	11,17 580̱	9,99 904̱	11	
3	50	8,82 513̱	3,14	8,82 610	3,15	11,17 390̱	9,99 903̱	10	86
	51	8,82 701̱	3,12	8,82 799	3,13	11.17 201̱	9,99 902̱	9	
	52	8.82 888	3,11	8,82 987̱	3,12	11,17 013̱	9.99 901	8	
	53	8,83 075̱	3,10	8.83 175̱	3,11	11,16 825̱	9.99 900	7	
	54	8,83 261̱	3,08	8.83 361	3,10	11.16 639̱	9.99 899	6	
	55	8,83 446̱	3,07	8,83 547	3,08	11,16 453̱	9.99 898	5	
	56	8,83 630̱	3,06	8,83 732	3,07	11,16 268̱	9,99 898̱	4	
	57	8,83 813	3,04	8,83 916	3,06	11,16 084̱	9,99 897̱	3	
	58	8,83 996	3,03	8,84 100̱	3,04	11,15 900	9,99 896̱	2	
	59	8,84 177	3,02	8,84 282	3,03	11.15 718̱	9,99˙895̱	1	
4	0	8,84 358		8,84 464		11,15 536̱	9.99 894	0	86
°	′	lg cos	D/1″	lg cot	D/1″	lg tan	lg sin	M.	Gr.

Logarithmen der goniometrischen Funktionen

Gr.	M.	lg sin	D/1″	lg tan	D/1″	lg cot	lg cos	′	°
4	0	8,84 358	3,01	8,84 464	3,02	11,15 536	9,99 894	0	86
	1	8,84 539	2,99	8,84 646	3,01	11,15 354	9,99 893	59	
	2	8,84 718	2,98	8,84 826	3,00	11,15 174	9,99 892	58	
	3	8,84 897	2,97	8,85 006	2,98	11,14 994	9,99 891	57	
	4	8,85 075	2,96	8,85 185	2,97	11,14 815	9,99 891	56	
	5	8,85 252	2,95	8,85 363	2,96	11,14 637	9,99 890	55	
	6	8,85 429	2,93	8,85 540	2,95	11,14 460	9,99 889	54	
	7	8,85 605	2,93	8,85 717	2,93	11,14 283	9,99 888	53	
	8	8,85 780	2,91	8,85 893	2,92	11,14 107	9,99 887	52	
	9	8,85 955	2,90	8,86 069	2,91	11,13 931	9,99 886	51	
4	10	8,86 128	2,89	8,86 243	2,90	11,13 757	9,99 885	50	85
	11	8,86 301	2,88	8,86 417	2,89	11,13 583	9,99 884	49	
	12	8,86 474	2,86	8,86 591	2,87	11,13 409	9,99 883	48	
	13	8,86 645	2,85	8,86 763	2,87	11,13 237	9,99 882	47	
	14	8,86 816	2,84	8,86 935	2,86	11,13 065	9,99 881	46	
	15	8,86 987	2,83	8,87 106	2,84	11,12 894	9,99 880	45	
	16	8,87 156	2,82	8,87 277	2,83	11,12 723	9,99 879	44	
	17	8,87 325	2,81	8,87 447	2,82	11,12 553	9,99 879	43	
	18	8,87 494	2,80	8,87 616	2,81	11,12 384	9,99 878	42	
	19	8,87 661	2,79	8,87 785	2,80	11,12 215	9,99 877	41	
4	20	8,87 829	2,78	8,87 953	2,79	11,12 047	9,99 876	40	85
	21	8,87 995	2,77	8,88 120	2,78	11,11 880	9,99 875	39	
	22	8,88 161	2,75	8,88 287	2,77	11,11 713	9,99 874	38	
	23	8,88 326	2,74	8,88 453	2,76	11,11 547	9,99 873	37	
	24	8,88 490	2,73	8,88 618	2,75	11,11 382	9,99 872	36	
	25	8,88 654	2,72	8,88 783	2,74	11,11 217	9,99 871	35	
	26	8,88 817	2,71	8,88 948	2,73	11,11 052	9,99 870	34	
	27	8,88 980	2,70	8,89 111	2,72	11,10 889	9,99 869	33	
	28	8,89 142	2,69	8,89 274	2,71	11,10 726	9,99 868	32	
	29	8,89 304	2,68	8,89 437	2,70	11,10 563	9,99 867	31	
4	30	8,89 464		8,89 598		11,10 402	9,99 866	30	85
°	′	lg cos	D/1″	lg cot	D/1″	lg tan	lg sin	M.	Gr.

Logarithmen der goniometrischen Funktionen

Gr.	M.	lg sin	D/1″	lg tan	D/1″	lg cot	lg cos	′	0
4	**30**	8,89 464	2,67	8,89 598	2,69	11,10 402	9,99 866	**30**	85
	31	8,89 625	2,66	8,89 760	2,68	11,10 240	9,99 865	29	
	32	8,89 784	2,65	8,89 920	2,67	11,10 080	9,99 864	28	
	33	8,89 943	2,64	8,90 080	2,66	11,09 920	9,99 863	27	
	34	8,90 102	2,63	8,90 240	2,65	11,09 760	9,99 862	26	
	35	8,90 260	2,62	8,90 399	2,64	11,09 601	9,99 861	25	
	36	8,90 417	2,61	8,90 557	2,63	11,09 443	9,99 860	24	
	37	8,90 574	2,60	8,90 715	2,62	11,09 285	9,99 859	23	
	38	8,90 730	2,59	8,90 872	2,61	11,09 128	9,99 858	22	
	39	8,90 885	2,58	8,91 029	2,60	11,08 971	9,99 857	21	
4	**40**	8,91 040	2,57	8,91 185	2,59	11,08 815	9,99 856	**20**	85
	41	8,91 195	2,57	8,91 340	2,58	11,08 660	9,99 855	19	
	42	8,91 349	2,56	8,91 495	2,57	11,08 505	9,99 854	18	
	43	8,91 502	2,55	8,91 650	2,57	11,08 350	9,99 853	17	
	44	8,91 655	2,54	8,91 803	2,56	11,08 197	9,99 852	16	
	45	8,91 807	2,53	8,91 957	2,55	11,08 043	9,99 851	15	
	46	8,91 959	2,52	8,92 110	2,53	11,07 890	9,99 850	14	
	47	8,92 110	2,51	8,92 262	2,53	11,07 738	9,99 848	13	
	48	8,92 261	2,50	8,92 414	2,52	11,07 586	9,99 847	12	
	49	8,92 411	2,49	8,92 565	2,51	11,07 435	9,99 846	11	
4	**50**	8,92 561	2,49	8,92 716	2,50	11,07 284	9,99 845	**10**	85
	51	8,92 710	2,48	8,92 866	2,50	11,07 134	9,99 844	9	
	52	8,92 859	2,47	8,93 016	2,49	11,06 984	9,99 843	8	
	53	8,93 007	2,46	8,93 165	2,48	11,06 835	9,99 842	7	
	54	8,93 154	2,45	8,93 313	2,47	11,06 687	9,99 841	6	
	55	8,93 301	2,45	8,93 462	2,46	11,06 538	9,99 840	5	
	56	8,93 448	2,44	8,93 609	2,45	11,06 391	9,99 839	4	
	57	8,93 594	2,43	8,93 756	2,45	11,06 244	9,99 838	3	
	58	8,93 740	2,42	8,93 903	2,44	11,06 097	9,99 837	2	
	59	8,93 885	2,41	8,94 049	2,43	11,05 951	9,99 836	1	
5	**0**	8,94 030		8,94 195		11,05 805	9,99 834	**0**	85
0	′	lg cos	D/1″	lg cot	D/1″	lg tan	lg sin	M.	Gr.

Logarithmen der goniometrischen Funktionen

Gr.	M.	lg sin	D/1″	lg tan	D/1″	lg cot	lg cos	′	°
5	0	8,94 03̲0	2,40	8,94 195	2,42	11,05 80̲5	9,99 834	0	85
	1	8,94 17̲4	2,40	8,94 340	2,42	11,05 66̲0	9,99 833	59	
	2	8,94 317	2,39	8,94 485	2,41	11,05 51̲5	9,99 832	58	
	3	8,94 46̲1	2,37	8,94 630	2,39	11,05 370	9,99 831	57	
	4	8,94 603	2,36	8,94 77̲3	2,39	11,05 22̲7	9,99 83̲0	56	
	5	8,94 74̲6	2,36	8,94 917	2,38	11,05 083	9,99 82̲9	55	
	6	8,94 887	2,35	8,95 06̲0	2,38	11,04 940	9,99 82̲8	54	
	7	8,95 02̲9	2,35	8,95 202	2,37	11,04 79̲8	9,99 82̲7	53	
	8	8,95 17̲0	2,34	8,95 344	2,36	11,04 65̲6	9,99 825	52	
	9	8,95 31̲0	2,33	8,95 48̲6	2,35	11,04 514	9,99 824	51	
5	10	8,95 45̲0	2,33	8,95 627	2,35	11,04 373	9,99 823	50	84
	11	8,95 589	2,32	8,95 767	2,34	11,04 23̲3	9,99 822	49	
	12	8,95 728	2,32	8,95 90̲8	2,33	11,04 092	9,99 82̲1	48	
	13	8,95 867	2,30	8,96 047	2,32	11,03 95̲3	9,99 82̲0	47	
	14	8,96 005	2,29	8,96 18̲7	2,31	11,03 813	9,99 81̲9	46	
	15	8,96 14̲3	2,29	8,96 325	2,31	11,03 67̲5	9,99 817	45	
	16	8,96 280	2,28	8,96 46̲4	2,30	11,03 536	9,99 816	44	
	17	8,96 41̲7	2,28	8,96 60̲2	2,29	11,03 398	9,99 815	43	
	18	8,96 553	2,27	8,96 739	2,29	11,03 26̲1	9,99 81̲4	42	
	19	8,96 689	2,26	8,96 87̲7	2,27	11,03 123	9,99 81̲3	41	
5	20	8,96 825	2,25	8,97 013	2,27	11,02 98̲7	9,99 81̲2	40	84
	21	8,96 96̲0	2,25	8,97 15̲0	2,26	11,02 850	9,99 810	39	
	22	8,97 09̲5	2,23	8,97 285	2,26	11,02 71̲5	9,99 809	38	
	23	8,97 22̲9	2,23	8,97 421	2,25	11,02 579	9,99 808	37	
	24	8,97 36̲3	2,23	8,97 55̲6	2,25	11,02 444	9,99 80̲7	36	
	25	8,97 496	2,22	8,97 691	2,24	11,02 309	9,99 80̲6	35	
	26	8,97 629	2,21	8,97 82̲5	2,23	11,02 175	9,99 804	34	
	27	8,97 76̲2	2,20	8,97 95̲9	2,23	11,02 041	9,99 803	33	
	28	8,97 894	2,20	8,98 092	2,22	11,01 908	9,99 802	32	
	29	8,98 02̲6	2,20	8,98 225	2,21	11,01 77̲5	9,99 80̲1	31	
5	30	8,98 157		8.98 35̲8		11,01 642	9,99 80̲0	30	84
°	′	lg cos	D/1″	lg cot	D/1″	lg tan	lg sin	M.	Gr.

Logarithmen der goniometrischen Funktionen 59

Gr.	M.	lg sin	D/1″	lg tan	D/1″	lg cot	lg cos	′	o
5	30	8.98 157	2,18	8,98 358	2,20	11,01 642	9,99 800	30	84
	31	8,98 288	2,17	8,98 490	2,20	11,01 510	9.99 798	29	
	32	8,98 419	2,17	8.98 622	2,19	11,01 378	9,99 797	28	
	33	8,98 549	2,16	8,98 753	2,18	11,01 247	9,99 796	27	
	34	8,98 679	2,16	8,98 884	2,18	11.01 116	9,99 795	26	
	35	8,98 808	2,15	8,99 015	2,17	11,00 985	9,99 793	25	
	36	8,98 937	2,15	8,99 145	2,17	11,00 855	9,99 792	24	
	37	8,99 066	2,14	8,99 275	2,16	11,00 725	9,99 791	23	
	38	8,99 194	2,13	8,99 405	2,15	11,00 595	9,99 790	22	
	39	8.99 322	2,13	8,99 534	2,14	11,00 466	9,99 788	21	
5	40	8,99 450	2,13	8,99 662	2,14	11,00 338	9,99 787	20	84
	41	8,99 577	2,12	8,99 791	2,13	11,00 209	9,99 786	19	
	42	8.99 704	2,11	8,99 919	2,13	11.00 081	9,99 785	18	
	43	8,99 830	2,10	9,00 046	2,12	10,99 954	9,99 783	17	
	44	8,99 956	2,10	9,00 174	2,12	10,99 826	9,99 782	16	
	45	9,00 082	2,09	9,00 301	2,11	10,99 699	9,99 781	15	
	46	9,00 207	2,08	9.00 427	2,10	10,99 573	9,99 780	14	
	47	9,00 332	2,08	9,00 553	2,10	10,99 447	9,99 778	13	
	48	9,00 456	2,07	9,00 679	2,09	10,99 321	9.99 777	12	
	49	9,00 581	2,06	9,00 805	2,08	10,99 195	9,99 776	11	
5	50	9,00 704	2,06	9,00 930	2,08	10,99 070	9,99 775	10	84
	51	9.00 828	2,05	9,01 055	2,08	10,98 945	9,99 773	9	
	52	9,00 951	2,05	9,01 179	2,07	10,98 821	9,99 772	8	
	53	9.01 074	2,04	9,01 303	2,06	10,98 697	9,99 771	7	
	54	9,01 196	2,03	9,01 427	2,06	10,98 573	9,99 769	6	
	55	9,01 318	2,03	9,01 550	2,05	10,98 450	9,99 768	5	
	56	9,01 440	2,02	9,01 673	2,04	10,98 327	9,99 767	4	
	57	9,01 561	2,02	9,01 796	2,04	10,98 204	9,99 765	3	
	58	9,01 682	2,02	9,01 918	2,03	10,98 082	9,99 764	2	
	59	9,01 803	2,01	9,02 040	2,03	10,97 960	9.99 763	1	
6	0	9.01 923		9,02 162		10,97 838	9,99 761	0	84
o	′	lg cos	D/1″	lg cot	D/1″	lg tan	lg sin	M.	Gr.

Gr.	M.	lg sin	D/1″	lg tan	D/1″	lg cot	lg cos	′	°
6	0	9,01 923	2,00	9,02 162	2,02	10,97 838	9,99 761	0	84
	1	9,02 043	2,00	9,02 283	2,02	10,97 717	9,99 760	59	
	2	9,02 163	1,99	9,02 404	2,02	10,97 596	9,99 759	58	
	3	9,02 283	1,98	9,02 525	2,00	10,97 475	9,99 757	57	
	4	9,02 402	1,98	9,02 645	2,01	10,97 355	9,99 756	56	
	5	9,02 520	1,97	9,02 766	1,99	10,97 234	9,99 755	55	
	6	9,02 639	1,97	9,02 885	1,99	10,97 115	9,99 753	54	
	7	9,02 757	1,96	9,03 005	1,98	10,96 995	9,99 752	53	
	8	9,02 874	1,96	9,03 124	1,98	10,96 876	9,99 751	52	
	9	9,02 992	1,95	9,03 242	1,97	10,96 758	9,99 749	51	
6	10	9,03 109	1,95	9,03 361	1,97	10,96 639	9,99 748	50	83
	11	9,03 226	1,94	9,03 479	1,96	10,96 521	9,99 747	49	
	12	9,03 342	1,93	9,03 597	1,96	10,96 403	9,99 745	48	
	13	9,03 458	1,93	9,03 714	1,96	10,96 286	9,99 744	47	
	14	9,03 574	1,93	9,03 832	1,95	10,96 168	9,99 742	46	
	15	9,03 690	1,92	9,03 948	1,95	10,96 052	9,99 741	45	
	16	9,03 805	1,92	9,04 065	1,94	10,95 935	9,99 740	44	
	17	9,03 920	1,91	9,04 181	1,93	10,95 819	9,99 738	43	
	18	9,04 034	1,91	9,04 297	1,92	10,95 703	9,99 737	42	
	19	9,04 149	1,90	9,04 413	1,92	10,95 587	9,99 736	41	
6	20	9,04 262	1,90	9,04 528	1,92	10,95 472	9,99 734	40	83
	21	9,04 376	1,89	9,04 643	1,92	10,95 357	9,99 733	39	
	22	9,04 490	1,88	9,04 758	1,91	10,95 242	9,99 731	38	
	23	9,04 603	1,88	9,04 873	1,90	10,95 127	9,99 730	37	
	24	9,04 715	1,87	9,04 987	1,90	10,95 013	9,99 728	36	
	25	9,04 828	1,87	9,05 101	1,89	10,94 899	9,99 727	35	
	26	9,04 940	1,86	9,05 214	1,89	10,94 786	9,99 726	34	
	27	9,05 052	1,86	9,05 328	1,88	10,94 672	9,99 724	33	
	28	9,05 164	1,85	9,05 441	1,88	10,94 559	9,99 723	32	
	29	9,05 275	1,85	9,05 553	1,87	10,94 447	9,99 721	31	
6	30	9,05 386		9,05 666		10,94 334	9,99 720	30	83
°	′	lg cos	D/1″	lg cot	D/1″	lg tan	lg sin	M.	Gr.

Logarithmen der goniometrischen Funktionen 61

Gr.	M.	lg sin	D/1"	lg tan	D/1"	lg cot	lg cos	′	°
6	30	9,05 386̱	1,85	9,05 666̱	1,87	10,94 334	9,99 720̱	30	83
	31	9,05 497̱	1,84	9,05 778	1,87	10,94 222	9,99 718	29	
	32	9,05 607	1,83	9,05 890	1,86	10,94 110̱	9,99 717	28	
	33	9,05 717	1,83	9,06 002̱	1,85	10,93 998	9,99 716̱	27	
	34	9,05 827	1,82	9,06 113̱	1,85	10,93 887	9,99 714	26	
	35	9,05 937̱	1,82	9,06 224	1,84	10,93 776̱	9,99 713	25	
	36	9,06 046	1,82	9,06 335̱	1,84	10,93 665	9,99 711	24	
	37	9,06 155	1,81	9,06 445	1,84	10,93 555̱	9,99 710̱	23	
	38	9,06 264̱	1,81	9,06 556̱	1,83	10,93 444	9,99 708	22	
	39	9,06 372	1,81	9,06 666̱	1,83	10,93 334	9,99 707̱	21	
6	40	9,06 481̱	1,80	9,06 775	1,82	10,93 225̱	9,99 705	20	83
	41	9,06 589̱	1,79	9,06 885̱	1,82	10,93 115	9,99 704̱	19	
	42	9,06 696	1,79	9,06 994̱	1,82	10,93 006	9,99 702	18	
	43	9,06 804̱	1,78	9,07 103̱	1,81	10,92 897	9,99 701̱	17	
	44	9,06 911̱	1,78	9,07 211	1,81	10,92 789̱	9,99 699	16	
	45	9,07 018̱	1,78	9,07 320̱	1,80	10,92 680	9,99 698̱	15	
	46	9,07 124	1,77	9,07 428̱	1,80	10,92 572	9,99 696	14	
	47	9,07 231̱	1,77	9,07 536̱	1,79	10,92 464	9,99 695̱	13	
	48	9,07 337̱	1,76	9,07 643	1,79	10,92 357̱	9,99 693	12	
	49	9,07 442̱	1,76	9,07 751̱	1,78	10,92 249	9,99 692̱	11	
6	50	9,07 548̱	1,76	9,07 858̱	1,78	10,92 142	9,99 690	10	83
	51	9,07 653̱	1,75	9,07 964	1,77	10,92 036̱	9,99 689̱	9	
	52	9,07 758	1,75	9,08 071̱	1,77	10,91 929	9,99 687	8	
	53	9,07 863	1,74	9,08 177	1,77	10,91 823̱	9,99 686̱	7	
	54	9,07 968̱	1,73	9,08 283	1,77	10,91 717̱	9,99 684	6	
	55	9,08 072̱	1,73	9,08 389	1,76	10,91 611̱	9,99 683̱	5	
	56	9,08 176̱	1,73	9,08 495̱	1,75	10,91 505	9,99 681	4	
	57	9,08 280̱	1,73	9,08 600̱	1,75	10,91 400	9,99 680̱	3	
	58	9,08 383	1,72	9,08 705	1,74	10,91 295̱	9,99 678	2	
	59	9,08 486	1,72	9,08 810̱	1,73	10,91 190	9,99 677̱	1	
7	0	9,08 589		9,08 914		10,91 086̱	9,99 675	0	83
°	′	lg cos	D/1"	lg cot	D/1"	lg tan	lg sin	M.	Gr.

Logarithmen der goniometrischen Funktionen

Gr.	M.	lg sin	D/1″	lg tan	D/1″	lg cot	lg cos	′	o
7	**0**	9,08 589	1,72	9,08 914	1,74	10,91 086	9,99 675	**0**	**83**
	1	9,08 692	1,71	9,09 019	1,73	10,90 981	9,99 674	59	
	2	9,08 795	1,71	9,09 123	1,73	10,90 877	9,99 672	58	
	3	9.08 897	1,70	9,09 227	1,73	10,90 773	9,99 670	57	
	4	9,08 999	1,69	9,09 330	1,72	10,90 670	9,99 669	56	
	5	9,09 101	1,69	9,09 434	1,72	10,90 566	9,99 667	55	
	6	9,09 202	1,69	9,09 537	1,72	10,90 463	9,99 666	54	
	7	9,09 304	1,68	9,09 640	1,71	10,90 360	9,99 664	53	
	8	9,09 405	1,68	9,09 742	1,71	10,90 258	9,99 663	52	
	9	9,09 506	1,68	9,09 845	1,70	10,90 155	9,99 661	51	
7	**10**	9,09 606	1,67	9,09 947	1,70	10,90 053	9,99 659	**50**	**82**
	11	9,09 707	1,67	9,10 049	1,69	10,89 951	9,99 658	49	
	12	9,09 807	1,67	9,10 150	1,69	10,89 850	9,99 656	48	
	13	9,09 907	1,66	9,10 252	1,69	10,89 748	9,99 655	47	
	14	9,10 006	1,66	9,10 353	1,68	10,99 647	9,99 653	46	
	15	9,10 106	1,65	9,10 454	1,68	10,89 546	9,99 651	45	
	16	9,10 205	1,65	9,10 555	1,68	10,89 445	9,99 650	44	
	17	9,10 304	1,64	9,10 656	1,67	10,89 344	9,99 648	43	
	18	9,10 402	1,64	9,10 756	1,67	10,89 244	9,99 647	42	
	19	9,10 501	1,64	9,10 856	1,67	10,89 144	9,99 645	41	
7	**20**	9,10 599	1,63	9,10 956	1,67	10,89 044	9,99 643	**40**	**82**
	21	9,10 697	1,63	9,11 056	1,66	10,88 944	9.99 642	39	
	22	9,10 795	1,63	9,11 155	1,65	10,88 845	9,99 640	38	
	23	9,10 893	1,63	9,11 254	1,65	10,88 746	9,99 638	37	
	24	9,10 990	1,62	9,11 353	1,65	10,88 647	9,99 637	36	
	25	9,11 087	1,62	9,11 452	1,64	10,88 548	9,99 635	35	
	26	9,11 184	1,61	9,11 551	1,64	10,88 449	9,99 633	34	
	27	9,11 281	1,61	9,11 649	1,63	10,88 351	9.99 632	33	
	28	9,11 377	1,61	9,11 747	1,63	10,88 253	9,99 630	32	
	29	9,11 474	1,60	9,11 845	1,62	10,88 155	9,99 629	31	
7	**30**	9,11 570		9,11 943		10,88 057	9,99 627	**30**	**82**
o	′	lg cos	D/1″	lg cot	D/1″	lg tan	lg sin	M.	Gr.

Gr.	M.	lg sin	D/1″	lg tan	D/1″	lg cot	lg cos	′	°
7	30	9,11 570	1,60	9.11 943	1,63	10,88 057	9,99 627	30	82
	31	9.11 666	1,59	9,12 040	1,63	10,87 960	9,99 625	29	
	32	9,11 761	1,59	9,12 138	1,62	10,87 862	9,99 624	28	
	33	9,11 857	1,58	9,12 235	1,62	10,87 765	9,99 622	27	
	34	9,11 952	1,58	9,12 332	1,61	10,87 668	9,99 620	26	
	35	9,12 047	1,58	9.12 428	1,61	10,87 572	9.99 618	25	
	36	9,12 142	1,58	9,12 525	1,61	10.87 475	9,99 617	24	
	37	9,12 236	1,57	9,12 621	1,60	10.87 379	9.99 615	23	
	38	9.12 331	1,57	9,12 717	1,60	10,87 283	9.99 613	22	
	39	9,12 425	1,57	9,12 813	1,60	10,87 187	9,99 612	21	
7	40	9.12 519	1.56	9.12 909	1,59	10,87 091	9,99 610	20	82
	41	9.12 612	1,56	9,13 004	1,58	10,86 996	9,99 608	19	
	42	9,12 706	1,55	9.13 099	1,58	10,86 901	9.99 607	18	
	43	9,12 799	1,55	9,13 194	1,58	10,86 806	9.99 605	17	
	44	9,12 892	1,55	9.13 289	1,58	10,86 711	9,99 603	16	
	45	9,12 985	1,55	9.13 384	1,57	10,86 616	9.99 601	15	
	46	9,13 078	1,54	9,13 478	1,57	10,86 522	9,99 600	14	
	47	9,13 171	1,54	9,13 573	1,57	10,86 427	9,99 598	13	
	48	9.13 263	1,54	9,13 667	1,57	10,86 333	9,99 596	12	
	49	9,13 355	1,53	9,13 761	1,56	10,86 239	9,99 595	11	
7	50	9,13 447	1,53	9,13 854	1,56	10.86 146	9,99 593	10	82
	51	9,13 539	1,53	9.13 948	1,55	10,86 052	9,99 591	9	
	52	9,13 630	1,52	9,14 041	1,55	10.85 959	9.99 589	8	
	53	9,13 722	1,52	9,14 134	1,55	10.85 866	9,99 588	7	
	54	9.13 813	1,52	9,14 227	1,55	10,85 773	9,99 586	6	
	55	9,13 904	1,51	9,14 320	1,54	10.85 680	9,99 584	5	
	56	9,13 994	1,51	9.14 412	1,54	10.85 588	9,99 582	4	
	57	9,14 085	1,51	9,14 504	1,54	10.85 496	9.99 581	3	
	58	9.14 175	1,51	9.14 597	1,53	10.85 403	9,99 579	2	
	59	9,14 266	1,50	9,14 688	1,53	10.85 312	9,99 577	1	
8	0	9,14 356		9.14 780		10.85 220	9.99 575	0	82
°	′	lg cos	D/1″	lg cot	D/1″	lg tan	lg sin	M.	Gr.

Logarithmen der goniometrischen Funktionen

Gr.	M.	lg sin	D/1″	lg tan	D/1″	lg cot	lg cos	′	°
8	0	9,14 356		9,14 780		10,85 220	9,99 575	0	82
	1	9,14 445	1,49	9,14 872	1,52	10,85 128	9,99 574	59	
	2	9,14 535	1,49	9,14 963	1,52	10,85 037	9,99 572	58	
	3	9,14 624	1,49	9,15 054	1,52	10,84 946	9,99 570	57	
	4	9,14 714	1,49	9,15 145	1,52	10,84 855	9,99 568	56	
	5	9,14 803	1,48	9,15 236	1,52	10,84 764	9,99 566	55	
	6	9,14 891	1,48	9,15 327	1,51	10,84 673	9,99 565	54	
	7	9,14 980	1,48	9,15 417	1,51	10,84 583	9,99 563	53	
	8	9,15 069	1,47	9,15 508	1,51	10,84 492	9,99 561	52	
	9	9,15 157	1,47	9,15 598	1,50	10,84 402	9,99 559	51	
8	10	9,15 245	1,47	9,15 688	1,50	10,84 312	9,99 557	50	81
	11	9,15 333	1,47	9,15 777	1,49	10,84 223	9,99 556	49	
	12	9,15 421	1,46	9,15 867	1,49	10,84 133	9,99 554	48	
	13	9,15 508	1,46	9,15 956	1,48	10,84 044	9,99 552	47	
	14	9,15 596	1,46	9,16 046	1,49	10,83 954	9,99 550	46	
	15	9,15 683	1,45	9,16 135	1,48	10,83 865	9,99 548	45	
	16	9,15 770	1,45	9,16 224	1,48	10,83 776	9,99 546	44	
	17	9,15 857	1,45	9,16 312	1,48	10,83 688	9,99 545	43	
	18	9,15 944	1,45	9,16 401	1,47	10,83 599	9,99 543	42	
	19	9,16 030	1,44	9,16 489	1,47	10,83 511	9,99 541	41	
8	20	9,16 116	1,44	9,16 577	1,47	10,83 423	9,99 539	40	81
	21	9,16 203	1,44	9,16 665	1,47	10,83 335	9,99 537	39	
	22	9,16 289	1,43	9,16 753	1,47	10,83 247	9,99 535	38	
	23	9,16 374	1,43	9,16 841	1,47	10,83 159	9,99 533	37	
	24	9,16 460	1,43	9,16 928	1,46	10,83 072	9,99 532	36	
	25	9,16 545	1,43	9,17 016	1,46	10,82 984	9,99 530	35	
	26	9,16 631	1,42	9,17 103	1,45	10,82 897	9,99 528	34	
	27	9,16 716	1,42	9,17 190	1,45	10,82 810	9,99 526	33	
	28	9,16 801	1,42	9,17 277	1,45	10,82 723	9,99 524	32	
	29	9,16 886	1,42	9,17 363	1,44	10,82 637	9,99 522	31	
8	30	9,16 970	1,41	9,17 450	1,44	10,82 550	9,99 520	30	81
°	′	lg cos	D/1″	lg cot	D/1″	lg tan	lg sin	M.	Gr.

Logarithmen der goniometrischen Funktionen

Gr.	M.	lg sin	D/1''	lg tan	D/1''	lg cot	lg cos	'	०
8	30	9,16 970	1,41	9,17 450	1,44	10,82 550	9,99 520	30	81
	31	9,17 055	1,40	9,17 536	1,43	10,82 464	9,99 518	29	
	32	9,17 139	1,40	9,17 622	1,43	10,82 378	9,99 517	28	
	33	9,17 223	1,40	9,17 708	1,43	10,82 292	9,99 515	27	
	34	9,17 307	1,40	9,17 794	1,43	10,82 206	9,99 513	26	
	35	9,17 391	1,39	9,17 880	1.43	10,82 120	9,99 511	25	
	36	9,17 474	1,39	9,17 965	1,42	10,82 035	9,99 509	24	
	37	9,17 558	1,39	9,18 051	1,42	10,81 949	9,99 507	23	
	38	9,17 641	1,38	9,18 136	1,42	10,81 864	9,99 505	22	
	39	9,17 724	1,38	9,18 221	1,41	10,81 779	9,99 503	21	
8	40	9,17 807	1,38	9,18 306	1,41	10,81 694	9,99 501	20	81
	41	9,17 890	1,38	9,18 391	1,41	10,81 609	9,99 499	19	
	42	9,17 973	1,38	9,18 475	1,41	10,81 525	9,99 497	18	
	43	9,18 055	1,37	9,18 560	1,40	10,81 440	9,99 495	17	
	44	9,18 137	1,37	9,18 644	1,40	10,81 356	9,99 494	16	
	45	9,18 220	1,37	9,18 728	1,40	10,81 272	9,99 492	15	
	46	9,18 302	1,36	9,18 812	1,40	10,81 188	9,99 490	14	
	47	9,18 383	1,36	9,18 896	1,39	10,81 104	9,99 488	13	
	48	9,18 465	1,36	9,18 979	1,39	10,81 021	9,99 486	12	
	49	9,18 547	1,36	9,19 063	1,39	10,80 937	9,99 484	11	
8	50	9,18 628	1,35	9,19 146	1,38	10,80 854	9,99 482	10	81
	51	9,18 709	1,35	9,19 229	1,38	10,80 771	9,99 480	9	
	52	9,18 790	1,35	9,19 312	1,38	10,80 688	9,99 478	8	
	53	9,18 871	1,35	9,19 395	1,38	10,80 605	9,99 476	7	
	54	9,18 952	1,35	9,19 478	1,37	10,80 522	9,99 474	6	
	55	9,19 033	1,33	9,19 561	1,37	10,80 439	9,99 472	5	
	56	9,19 113	1,33	9,19 643	1,37	10,80 357	9,99 470	4	
	57	9,19 193	1,33	9,19 725	1,37	10,80 275	9,99 468	3	
	58	9,19 273	1,33	9,19 807	1,37	10,80 193	9,99 466	2	
	59	9,19 353	1,33	9,19 889	1,37	10,80 111	9,99 464	1	
9	0	9,19 433		9,19 971		10,80 029	9,99 462	0	81
०	'	lg cos	D/1''	lg cot	D/1''	lg tan	lg sin	M.	Gr.

Gr.	M.	lg sin	D/1″	lg tan	D/1″	lg cot	lg cos	D/1″	′	°
9	0	9,19 433	1,32	9,19 971	1,36	10,80 029	9,99 462	0,03	0	81
	1	9,19 513	1,32	9,20 053	1,36	10,79 947	9,99 460	0,03	59	
	2	9,19 592	1,32	9,20 134	1,36	10,79 866	9,99 458	0,03	58	
	3	9,19 672	1,32	9,20 216	1,35	10,79 784	9,99 456	0,03	57	
	4	9,19 751	1,32	9,20 297	1,35	10,79 703	9,99 454	0,03	56	
	5	9,19 830	1,32	9,20 378	1,35	10,79 622	9,99 452	0,03	55	
	6	9,19 909	1,31	9,20 459	1,35	10,79 541	9,99 450	0,03	54	
	7	9,19 988	1,31	9,20 540	1,34	10,79 460	9,99 448	0,03	53	
	8	9,20 067	1,31	9,20 621	1,34	10,79 379	9,99 446	0,03	52	
	9	9,20 145	1,31	9,20 701	1,34	10,79 299	9,99 444	0,03	51	
9	10	9,20 223	1,31	9,20 782	1,34	10,79 218	9,99 442	0,03	50	80
	11	9,20 302	1,30	9,20 862	1,34	10,79 138	9,99 440	0,03	49	
	12	9,20 380	1,30	9,20 942	1,33	10,79 058	9,99 438	0,03	48	
	13	9,20 458	1,29	9,21 022	1,33	10,78 978	9,99 436	0,03	47	
	14	9,20 535	1,29	9,21 102	1,33	10,78 898	9,99 434	0,03	46	
	15	9,20 613	1,29	9,21 182	1,33	10,78 818	9,99 432	0,03	45	
	16	9,20 691	1,29	9,21 261	1,32	10,78 739	9,99 429	0,03	44	
	17	9,20 768	1,28	9,21 341	1,32	10,78 659	9,99 427	0,03	43	
	18	9,20 845	1,28	9,21 420	1,32	10,78 580	9,99 425	0,03	42	
	19	9,20 922	1,28	9,21 499	1,32	10,78 501	9,99 423	0,03	41	
9	20	9,20 999	1,28	9,21 578	1,32	10,78 422	9,99 421	0,03	40	80
	21	9,21 076	1,28	9,21 657	1,31	10,78 343	9,99 419	0,03	39	
	22	9,21 153	1,27	9,21 736	1,31	10,78 264	9,99 417	0,03	38	
	23	9,21 229	1,27	9,21 814	1,31	10,78 186	9,99 415	0,03	37	
	24	9,21 306	1,27	9,21 893	1,31	10,78 107	9,99 413	0,03	36	
	25	9,21 382	1,27	9,21 971	1,30	10,78 029	9,99 411	0,03	35	
	26	9,21 458	1,27	9,22 049	1,30	10,77 951	9,99 409	0,03	34	
	27	9,21 534	1,27	9,22 127	1,30	10,77 873	9,99 407	0,03	33	
	28	9,21 610	1,26	9,22 205	1,30	10,77 795	9,99 404	0,04	32	
	29	9,21 685	1,26	9,22 283	1,30	10,77 717	9,99 402	0,04	31	
9	30	9,21 761		9,22 361		10,77 639	9,99 400		30	80
°	′	lg cos	D/1″	lg cot	D/1″	lg tan	lg sin	D/1″	M.	Gr.

Logarithmen der goniometrischen Funktionen 67

Gr.	M.	lg sin	D/1″	lg tan	D/1″	lg cot	lg cos	D/1″	′	°
9	**30**	9,21 76<u>1</u>	1,26	9,22 36<u>1</u>	1,29	10,77 639	9,99 400	0,04	**30**	**80**
	31	9,21 836	1,26	9,22 438	1,29	10,77 56<u>2</u>	9,99 398	0,04	29	
	32	9,21 91<u>2</u>	1,25	9,22 51<u>6</u>	1,29	10,77 484	9,99 396	0,04	28	
	33	9,21 98<u>7</u>	1,25	9,22 59<u>3</u>	1,29	10,77 407	9,99 39<u>4</u>	0,04	27	
	34	9,22 06<u>2</u>	1,25	9,22 670	1,28	10,77 33<u>0</u>	9,99 39<u>2</u>	0,04	26	
	35	9,22 13<u>7</u>	1,25	9,22 747	1,28	10,77 253	9,99 39<u>0</u>	0,04	25	
	36	9,22 211	1,25	9,22 82<u>4</u>	1,28	10,77 176	9,99 38<u>8</u>	0,04	24	
	37	9,22 286	1,24	9,22 90<u>1</u>	1,28	10,77 099	9,99 385	0,04	23	
	38	9,22 36<u>1</u>	1,24	9,22 977	1,28	10,77 02<u>3</u>	9,99 383	0,04	22	
	39	9,22 43<u>5</u>	1,24	9,23 05<u>4</u>	1,27	10,76 946	9,99 381	0,04	21	
9	**40**	9,22 509	1,23	9,23 130	1,27	10,76 870	9,99 37<u>9</u>	0,04	**20**	**80**
	41	9,22 583	1,23	9,23 206	1,27	10,76 79<u>4</u>	9,99 37<u>7</u>	0,04	19	
	42	9,22 657	1,23	9,23 28<u>3</u>	1,27	10,76 717	9,99 37<u>5</u>	0,04	18	
	43	9,22 731	1,22	9,23 35<u>9</u>	1,27	10,76 641	9,99 372	0,04	17	
	44	9,22 80<u>5</u>	1,22	9,23 43<u>5</u>	1,26	10,76 565	9,99 370	0,04	16	
	45	9,22 878	1,22	9,23 510	1,26	10,76 49<u>0</u>	9,99 368	0,04	15	
	46	9,22 95<u>2</u>	1,22	9,23 58<u>6</u>	1,26	10,76 414	9,99 36<u>6</u>	0,04	14	
	47	9,23 025	1,22	9,23 661	1,26	10,76 33<u>9</u>	9,99 36<u>4</u>	0,04	13	
	48	9,23 098	1,22	9,23 73<u>7</u>	1,25	10,76 263	9,99 36<u>2</u>	0,04	12	
	49	9,23 171	1,22	9,23 812	1,25	10,76 18<u>8</u>	9,99 359	0,04	11	
9	**50**	9,23 244	1,22	9,23 887	1,25	10,76 11<u>3</u>	9,99 357	0,04	**10**	**80**
	51	9,23 317	1,22	9,23 962	1,25	10,76 03<u>8</u>	9,99 355	0,04	9	
	52	9,23 39<u>0</u>	1,21	9,24 037	1,24	10,75 96<u>3</u>	9,99 35<u>3</u>	0,04	8	
	53	9,23 462	1,21	9,24 112	1,24	10,75 888	9,99 35<u>1</u>	0,04	7	
	54	9,23 53<u>5</u>	1,21	9,24 186	1,24	10,75 81<u>4</u>	9,99 348	0,04	6	
	55	9,23 607	1,20	9,24 261	1,24	10,75 73<u>9</u>	9,99 346	0,04	5	
	56	9,23 679	1,20	9,24 335	1,24	10,75 66<u>5</u>	9,99 344	0,04	4	
	57	9,23 75<u>2</u>	1,20	9,24 41<u>0</u>	1,24	10,75 590	9,99 34<u>2</u>	0,04	3	
	58	9,23 823	1,20	9,24 48<u>4</u>	1,23	10,75 516	9,99 34<u>0</u>	0,04	2	
	59	9,23 895	1,20	9,24 55<u>8</u>	1,23	10,75 442	9,99 337	0,04	1	
10	**0**	9,23 967		9,24 63<u>2</u>		10,75 368	9,99 335		**0**	**80**
°	′	lg cos	D/1″	lg cot	D/1″	lg tan	lg sin	D/1″	M.	Gr.

Logarithmen der goniometrischen Funktionen

Gr.	M.	lg sin	D/1''	lg tan	D/1''	lg cot	lg cos	D/1''	′	°
10	0	9,23 967	1,19	9,24 63$\underline{2}$	1,23	10,75 368	9,99 335	0,04	0	80
	1	9,24 03$\underline{9}$	1,19	9,24 70$\underline{6}$	1,23	10,75 294	9,99 33$\underline{3}$	0,04	59	
	2	9,24 110	1,19	9,24 779	1,23	10,75 22$\underline{1}$	9,99 33$\underline{1}$	0,04	58	
	3	9,24 18$\underline{1}$	1,19	9,24 85$\underline{3}$	1,22	10,75 147	9,99 328	0,04	57	
	4	9,24 25$\underline{3}$	1,18	9,24 926	1,22	10,75 07$\underline{4}$	9,99 326	0,04	56	
	5	9,24 32$\underline{4}$	1,18	9,25 00$\underline{0}$	1,22	10,75 000	9,99 32$\underline{4}$	0,04	55	
	6	9,24 39$\underline{5}$	1,18	9,25 073	1,22	10,74 927	9,99 32$\underline{2}$	0,04	54	
	7	9,24 46$\underline{6}$	1,18	9,25 146	1,22	10,74 85$\underline{4}$	9,99 319	0,04	53	
	8	9,24 536	1,18	9,25 219	1,22	10,74 78$\underline{1}$	9,99 317	0,04	52	
	9	9,24 60$\underline{7}$	1,18	9,25 292	1,21	10,74 70$\underline{8}$	9,99 31$\underline{5}$	0,04	51	
10	10	9,24 677	1,17	9,25 36$\underline{5}$	1,21	10,74 635	9,99 31$\underline{3}$	0,04	50	79
	11	9,24 74$\underline{8}$	1,17	9,25 437	1,21	10,74 563	9,99 310	0,04	49	
	12	9,24 818	1,17	9,25 51$\underline{0}$	1,21	10,74 490	9,99 308	0,04	48	
	13	9,24 888	1,17	9,25 582	1,21	10,74 41$\underline{8}$	9,99 30$\underline{6}$	0,04	47	
	14	9,24 958	1,17	9,25 65$\underline{5}$	1,20	10,74 345	9,99 30$\underline{4}$	0,04	46	
	15	9,25 028	1,17	9,25 72$\underline{7}$	1,20	10,74 273	9,99 301	0,04	45	
	16	9,25 09$\underline{8}$	1,16	9,25 799	1,20	10,74 20$\underline{1}$	9,99 299	0,04	44	
	17	9,25 16$\underline{8}$	1,16	9,25 87$\underline{1}$	1,20	10,74 129	9,99 29$\underline{7}$	0,04	43	
	18	9,25 237	1,16	9,25 94$\underline{3}$	1,20	10,74 057	9,99 29$\underline{4}$	0,04	42	
	19	9,25 30$\underline{7}$	1,16	9,26 01$\underline{5}$	1,19	10,73 985	9,99 292	0,04	41	
10	20	9,25 376	1,15	9,26 086	1,19	10,73 91$\underline{4}$	9,99 29$\underline{0}$	0,04	40	79
	21	9,25 445	1,15	9,26 15$\underline{8}$	1,19	10,73 842	9,99 28$\underline{8}$	0,04	39	
	22	9,25 514	1,15	9,26 229	1,19	10,73 77$\underline{1}$	9,99 285	0,04	38	
	23	9,25 583	1,15	9,26 30$\underline{1}$	1,19	10,73 699	9,99 28$\underline{3}$	0,04	37	
	24	9,25 652	1,15	9,26 372	1,19	10,73 628	9,99 28$\underline{1}$	0,04	36	
	25	9,25 721	1,14	9,26 44$\underline{3}$	1,18	10,73 557	9,99 278	0,04	35	
	26	9,25 79$\underline{0}$	1,14	9,26 51$\underline{4}$	1,18	10,73 486	9,99 27$\underline{6}$	0,04	34	
	27	9,25 858	1,14	9,26 58$\underline{5}$	1,18	10,73 415	9,99 27$\underline{4}$	0,04	33	
	28	9,25 927	1,14	9,26 655	1,18	10,73 34$\underline{5}$	9,99 271	0,04	32	
	29	9,25 99$\underline{5}$	1,13	9,26 726	1,18	10,73 27$\underline{4}$	9,99 26$\underline{9}$	0,04	31	
10	30	9,26 063		9,26 797		10,73 203	9,99 26$\underline{7}$		30	79
°	′	lg cos	D/1''	lg cot	D/1''	lg tan	lg sin	D/1''	M.	Gr.

Logarithmen der goniometrischen Funktionen

Gr.	M.	lg sin	D/1″	lg tan	D/1″	lg cot	lg cos	D/1″	′	0
10	30	9,26 063	1,13	9,26 797	1,18	10,73 203	9,99 267	0,04	30	79
	31	9,26 131	1,13	9,26 867	1,17	10,73 133	9,99 264	0,04	29	
	32	9,26 199	1,13	9,26 937	1,17	10,73 063	9,99 262	0,04	28	
	33	9,26 267	1,13	9,27 008	1,17	10,72 992	9,99 260	0,04	27	
	34	9,26 335	1,13	9,27 078	1,17	10,72 922	9,99 257	0,04	26	
	35	9,26 403	1,13	9,27 148	1,17	10,72 852	9,99 255	0,04	25	
	36	9,26 470	1,13	9,27 218	1,16	10,72 782	9,99 252	0,04	24	
	37	9,26 538	1,12	9,27 288	1,16	10,72 712	9,99 250	0,04	23	
	38	9,26 605	1,12	9,27 357	1,16	10,72 643	9,99 248	0,04	22	
	39	9,26 672	1,12	9,27 427	1,16	10,72 573	9,99 245	0,04	21	
10	40	9,26 739	1,12	9,27 496	1,16	10,72 504	9,99 243	0,04	20	79
	41	9,26 806	1,12	9,27 566	1,15	10,72 434	9,99 241	0,04	19	
	42	9,26 873	1,12	9,27 635	1,15	10,72 365	9,99 238	0,04	18	
	43	9,26 940	1,11	9,27 704	1,15	10,72 296	9,99 236	0,04	17	
	44	9,27 007	1,11	9,27 773	1,15	10,72 227	9,99 233	0,04	16	
	45	9,27 073	1,11	9,27 842	1,15	10,72 158	9,99 231	0,04	15	
	46	9,27 140	1,11	9,27 911	1,15	10,72 089	9,99 229	0,04	14	
	47	9,27 206	1,11	9,27 980	1,15	10,72 020	9,99 226	0,04	13	
	48	9,27 273	1,10	9,28 049	1,14	10,71 951	9,99 224	0,04	12	
	49	9,27 339	1,10	9,28 117	1,14	10,71 883	9,99 221	0,04	11	
10	50	9,27 405	1,10	9,28 186	1,14	10,71 814	9,99 219	0,04	10	79
	51	9,27 471	1,10	9,28 254	1,14	10,71 746	9,99 217	0,04	9	
	52	9,27 537	1,10	9,28 323	1,14	10,71 677	9,99 214	0,04	8	
	53	9,27 602	1,10	9,28 391	1,13	10,71 609	9,99 212	0,04	7	
	54	9,27 668	1,09	9,28 459	1,13	10,71 541	9,99 209	0,04	6	
	55	9,27 734	1,09	9,28 527	1,13	10,71 473	9,99 207	0,04	5	
	56	9,27 799	1,09	9,28 595	1,13	10,71 405	9,99 204	0,04	4	
	57	9,27 864	1,09	9,28 662	1,13	10,71 338	9,99 202	0,04	3	
	58	9,27 930	1,08	9,28 730	1,13	10,71 270	9,99 200	0,04	2	
	59	9,27 995	1,08	9,28 798	1,13	10,71 202	9,99 197	0,04	1	
11	0	9,28 060		9,28 865		10,71 135	9,99 195		0	79
0	′	lg cos	D/1″	lg cot	D/1″	lg tan	lg sin	D/1″	M.	Gr.

Gr.	M.	lg sin	D/1″	lg tan	D/1″	lg cot	lg cos	D/1″	′	°
11	0	9,28 060	1,08	9,28 865	1,12	10,71 135	9,99 195	0,04	0	79
	1	9,28 125	1,08	9,28 933	1,12	10,71 067	9,99 192	0,04	59	
	2	9,28 190	1,08	9,29 000	1,12	10,71 000	9,99 190	0,04	58	
	3	9,28 254	1,08	9,29 067	1,12	10,70 933	9,99 187	0,04	57	
	4	9,28 319	1,08	9,29 134	1,12	10,70 866	9,99 185	0,04	56	
	5	9,28 384	1,07	9,29 201	1,12	10,70 799	9,99 182	0,04	55	
	6	9,28 448	1,07	9,29 268	1,11	10,70 732	9,99 180	0,04	54	
	7	9,28 512	1,07	9,29 335	1,11	10,70 665	9,99 177	0,04	53	
	8	9,28 577	1,07	9,29 402	1,11	10,70 598	9,99 175	0,04	52	
	9	9,28 641	1,07	9,29 468	1,11	10,70 532	9,99 172	0,04	51	
11	10	9,28 705	1,07	9,29 535	1,11	10,70 465	9,99 170	0,04	50	78
	11	9,28 769	1,07	9,29 601	1,11	10,70 399	9,99 167	0,04	49	
	12	9,28 833	1,06	9,29 668	1,10	10,70 332	9,99 165	0,04	48	
	13	9,28 896	1,06	9,29 734	1,10	10,70 266	9,99 162	0,04	47	
	14	9,28 960	1,06	9,29 800	1,10	10,70 200	9,99 160	0,04	46	
	15	9,29 024	1,06	9,29 866	1,10	10,70 134	9,99 157	0,04	45	
	16	9,29 087	1,06	9,29 932	1,10	10,70 068	9,99 155	0,04	44	
	17	9,29 150	1,06	9,29 998	1,10	10,70 002	9,99 152	0,04	43	
	18	9,29 214	1,05	9,30 064	1,10	10,69 936	9,99 150	0,04	42	
	19	9,29 277	1,05	9,30 130	1,09	10,69 870	9,99 147	0,04	41	
11	20	9,29 340	1,05	9,30 195	1,09	10,69 805	9,99 145	0,04	40	78
	21	9,29 403	1,05	9,30 261	1,09	10,69 739	9,99 142	0,04	39	
	22	9,29 466	1,05	9,30 326	1,09	10,69 674	9,99 140	0,04	38	
	23	9,29 529	1,05	9,30 391	1,09	10,69 609	9,99 137	0,04	37	
	24	9,29 591	1,04	9,30 457	1,09	10,69 543	9,99 135	0,04	36	
	25	9,29 654	1,04	9,30 522	1,08	10,69 478	9,99 132	0,04	35	
	26	9,29 716	1,04	9,30 587	1,08	10,69 413	9,99 130	0,04	34	
	27	9,29 779	1,04	9,30 652	1,08	10,69 348	9,99 127	0,04	33	
	28	9,29 841	1,04	9,30 717	1,08	10,69 283	9,99 124	0,04	32	
	29	9,29 903	1,04	9,30 782	1,08	10,69 218	9,99 122	0,04	31	
11	30	9,29 966		9,30 846		10,69 154	9,99 119		30	78
°	′	lg cos	D/1″	lg cot	D/1″	lg tan	lg sin	D/1″	M.	Gr.

Gr.	M.	lg sin	D/1″	lg tan	D/1″	lg cot	lg cos	D/1″	′	°
11	30	9,29 966	1,03	9,30 846	1,08	10,69 154	9,99 119	0,04	30	78
	31	9,30 028	1,03	9,30 911	1,08	10,69 089	9,99 117	0,04	29	
	32	9,30 090	1,03	9,30 975	1,07	10,69 025	9,99 114	0,04	28	
	33	9,30 151	1,03	9,31 040	1,07	10,68 960	9,99 112	0,04	27	
	34	9,30 213	1,03	9,31 104	1,07	10,68 896	9,99 109	0,04	26	
	35	9,30 275	1,03	9,31 168	1,07	10,68 832	9,99 106	0,04	25	
	36	9,30 336	1,03	9,31 233	1,07	10,68 767	9,99 104	0,04	24	
	37	9,30 398	1,03	9,31 297	1,07	10,68 703	9,99 101	0,04	23	
	38	9,30 459	1,02	9,31 361	1,07	10,68 639	9,99 099	0,04	22	
	39	9,30 521	1,02	9,31 425	1,06	10,68 575	9,99 096	0,04	21	
11	40	9,30 582	1,02	9,31 489	1,06	10,68 511	9,99 093	0,04	20	78
	41	9,30 643	1,02	9,31 552	1,06	10,68 448	9,99 091	0,04	19	
	42	9,30 704	1,02	9,31 616	1,06	10,68 384	9,99 088	0,04	18	
	43	9,30 765	1,01	9,31 679	1,06	10,68 321	9,99 086	0,04	17	
	44	9,30 826	1,01	9,31 743	1,06	10,68 257	9,99 083	0,04	16	
	45	9,30 887	1,01	9,31 806	1,06	10,68 194	9,99 080	0,04	15	
	46	9,30 947	1,01	9,31 870	1,05	10,68 130	9,99 078	0,04	14	
	47	9,31 008	1,01	9,31 933	1,05	10,68 067	9,99 075	0,04	13	
	48	9,31 068	1,01	9,31 996	1,05	10,68 004	9,99 072	0,04	12	
	49	9,31 129	1,01	9,32 059	1,05	10,67 941	9,99 070	0,04	11	
11	50	9,31 189	1,01	9,32 122	1,05	10,67 878	9,99 067	0,04	10	78
	51	9,31 250	1,00	9,32 185	1,05	10,67 815	9,99 064	0,04	9	
	52	9,31 310	1,00	9,32 248	1,05	10,67 752	9,99 062	0,04	8	
	53	9,31 370	1,00	9,32 311	1,04	10,67 689	9,99 059	0,04	7	
	54	9,31 430	1,00	9,32 373	1,04	10,67 627	9,99 056	0,04	6	
	55	9,31 490	1,00	9,32 436	1,04	10,67 564	9,99 054	0,04	5	
	56	9,31 549	1,00	9,32 498	1,04	10,67 502	9,99 051	0,04	4	
	57	9,31 609	0,99	9,32 561	1,04	10,67 439	9,99 048	0,04	3	
	58	9,31 669	0,99	9,32 623	1,04	10,67 377	9,99 046	0,04	2	
	59	9,31 728	0,99	9,32 685	1,04	10,67 315	9,99 043	0,04	1	
12	0	9,31 788		9,32 747		10,67 253	9.99 040		0	78
°	′	lg cos	D/1″	lg cot	D/1″	lg tan	lg sin	D/1″	M.	Gr.

Gr.	M.	lg sin	D/1"	lg tan	D/1"	lg cot	lg cos	D/1"	'	°
12	**0**	9,31 788		9,32 747		10.67 253	9,99 040		**0**	**78**
			0,99		1,04			0,04		
	1	9,31 847		9,32 810		10,67 190	9,99 038		59	
			0,99		1,03			0,04		
	2	9,31 907		9,32 872		10,67 128	9,99 035		58	
			0,99		1,03			0,04		
	3	9,31 966		9,32 933		10,67 067	9,99 032		57	
			0,99		1,03			0,05		
	4	9,32 025		9,32 995		10,67 005	9,99 030		56	
			0,98		1,03			0,05		
	5	9,32 084		9,33 057		10,66 943	9,99 027		55	
			0,98		1,03			0,05		
	6	9,32 143		9.33 119		10,66 881	9,99 024		54	
			0,98		1,03			0,05		
	7	9,32 202		9,33 180		10,66 820	9,99 022		53	
			0,98		1,03			0,05		
	8	9,32 261		9,33 242		10,66 758	9,99 019		52	
			0,98		1,02			0,05		
	9	9,32 319		9,33 303		10,66 697	9,99 016		51	
			0,98		1,02			0,05		
12	**10**	9,32 378		9,33 365		10,66 635	9,99 013		**50**	**77**
			0,98		1,02			0,05		
	11	9,32 437		9,33 426		10,66 574	9.99 011		49	
			0,98		1,02			0,05		
	12	9,32 495		9,33 487		10,66 513	9.99 008		48	
			0,97		1,02			0,05		
	13	9,32 553		9,33 548		10,66 452	9,99 005		47	
			0,97		1,02			0,05		
	14	9,32 612		9,33 609		10,66 391	9,99 002		46	
			0,97		1,02			0,05		
	15	9,32 670		9,33 670		10,66 330	9,99 000		45	
			0,97		1,02			0,05		
	16	9,32 728		9.33 731		10,66 269	9.98 997		44	
			0,97		1,01			0,05		
	17	9,32 786		9.33 792		10,66 208	9,98 994		43	
			0,97		1,01			0,05		
	18	9,32 844		9,33 853		10.66 147	9.98 991		42	
			0,97		1,01			0,05		
	19	9,32 902		9,33 913		10,66 087	9,98 989		41	
			0,96		1,01			0,05		
12	**20**	9,32 960		9.33 974		10,66 026	9,98 986		**40**	**77**
			0,96		1,01			0,05		
	21	9,33 018		9,34 034		10,65 966	9,98 983		39	
			0,96		1,01			0,05		
	22	9,33 075		9,34 095		10,65 905	9,98 980		38	
			0,96		1,01			0,05		
	23	9,33 133		9,34 155		10,65 845	9.98 978		37	
			0,96		1,01			0,05		
	24	9,33 190		9,34 215		10,65 785	9,98 975		36	
			0,96		1,00			0,05		
	25	9.33 248		9,34 276		10.65 724	9,98 972		35	
			0,96		1.00			0,05		
	26	9,33 305		9,34 336		10.65 664	9.98 969		34	
			0,95		1,00			0,05		
	27	9,33 362		9.34 396		10.65 604	9,98 967		33	
			0,95		1,00			0,05		
	28	9,33 420		9,34 456		10.65 544	9.98 964		32	
			0,95		1,00			0,05		
	29	9,33 477		9.34 516		10,65 484	9.98 961		31	
			0,95		1,00			0,05		
12	**30**	9,33 534		9.34 576		10.65 424	9.98 958		**30**	**77**
°	'	lg cos	D/1"	lg cot	D/1"	lg tan	lg sin	D/1"	M.	Gr.

Gr.	M.	lg sin	D/1″	lg tan	D/1″	lg cot	lg cos	D/1″	′	°
12	30	9,33 534		9,34 576		10,65 424	9,98 958		30	77
			0,95		1,00			0,05		
	31	9,33 591		9,34 635		10,65 365	9,98 955		29	
			0,95		1,00			0,05		
	32	9,33 647		9,34 695		10,65 305	9,98 953		28	
			0,95		0,99			0,05		
	33	9,33 704		9,34 755		10,65 245	9,98 950		27	
			0,95		0,99			0,05		
	34	9,33 761		9,34 814		10,65 186	9,98 947		26	
			0,95		0,99			0,05		
	35	9,33 818		9,34 874		10,65 126	9,98 944		25	
			0,94		0,98			0,05		
	36	9,33 874		9,34 933		10,65 067	9,98 941		24	
			0,94		0,98			0,05		
	37	9,33 931		9,34 992		10,65 008	9,98 938		23	
			0,94		0,98			0,05		
	38	9,33 987		9,35 051		10,64 949	9,98 936		22	
			0,94		0,99			0,05		
	39	9,34 043		9,35 111		10,64 889	9,98 933		21	
			0,94		0,99			0,05		
12	40	9,34 100		9,35 170		10,64 830	9,98 930		20	77
			0,94		0,98			0,05		
	41	9,34 156		9,35 229		10,64 771	9,98 927		19	
			0,94		0,98			0,05		
	42	9,34 212		9,35 288		10,64 712	9,98 924		18	
			0,93		0,98			0,05		
	43	9.34 268		9,35 347		10.64 653	9,98 921		17	
			0,93		0,98			0,05		
	44	9,34 324		9,35 405		10,64 595	9,98 919		16	
			0,93		0,98			0,05		
	45	9,34 380		9,35 464		10,64 536	9,98 916		15	
			0,93		0,98			0,05		
	46	9,34 436		9,35 523		10,64 477	9,98 913		14	
			0,93		0,98			0,05		
	47	9,34 491		9,35 581		10,64 419	9,98 910		13	
			0,93		0,98			0,05		
	48	9,34 547		9,35 640		10,64 360	9,98 907		12	
			0,93		0,97			0,05		
	49	9,34 602		9,35 698		10,64 302	9,98 904		11	
			0,93		0,97			0,05		
12	50	9,34 658		9,35 757		10,64 243	9,98 901		10	77
			0,92		0,97			0,05		
	51	9,34 713		9,35 815		10,64 185	9,98 898		9	
			0,92		0,97			0,05		
	52	9,34 769		9,35 873		10,64 127	9,98 896		8	
			0,92		0,97			0,05		
	53	9,34 824		9,35 931		10,64 069	9,98 893		7	
			0,92		0,97			0,05		
	54	9,34 879		9,35 989		10,64 011	9,98 890		6	
			0,92		0,97			0,05		
	55	9,34 934		9,36 047		10.63 953	9,98 887		5	
			0,92		0,97			0,05		
	56	9,34 989		9,36 105		10,63 895	9.98 884		4	
			0,92		0,97			0,05		
	57	9,35 044		9,36 163		10,63 837	9,98 881		3	
			0,92		0,96			0,05		
	58	9.35 099		9,36 221		10,63 779	9,98 878		2	
			0,91		0,96			0,05		
	59	9,35 154		9,36 279		10,63 721	9,98 875		1	
			0,91		0,96			0,05		
13	0	9,35 209		9,36 336		10,63 664	9,98 872		0	77
°	′	lg cos	D/1″	lg cot	D/1″	lg tan	lg sin	D/1″	M.	Gr.

Gr.	M.	lg sin	D/1″	lg tan	D/1″	lg cot	lg cos	D/1″	′	°
13	**0**	9,35 209	0,91	9,36 336	0,96	10,63 664	9,98 872	0,05	**0**	**77**
	1	9,35 263	0,91	9,36 394	0,96	10,63 606	9,98 869	0,05	59	
	2	9,35 318	0,91	9,36 452	0,95	10,63 548	9,98 867	0,05	58	
	3	9,35 373	0,91	9,36 509	0,95	10,63 491	9,98 864	0,05	57	
	4	9,35 427	0,91	9,36 566	0,96	10,63 434	9,98 861	0,05	56	
	5	9,35 481	0,91	9,36 624	0,96	10,63 376	9,98 858	0,05	55	
	6	9,35 536	0,90	9,36 681	0,95	10,63 319	9,98 855	0,05	54	
	7	9,35 590	0,90	9,36 738	0,95	10,63 262	9,98 852	0,05	53	
	8	9,35 644	0,90	9,36 795	0,95	10,63 205	9,98 849	0,05	52	
	9	9,35 698	0,90	9,36 852	0,95	10,63 148	9,98 846	0,05	51	
13	**10**	9,35 752	0,90	9,36 909	0,95	10,63 091	9,98 843	0,05	**50**	**76**
	11	9,35 806	0,90	9,36 966	0,95	10,63 034	9,98 840	0,05	49	
	12	9,35 860	0,90	9,37 023	0,95	10,62 977	9,98 837	0,05	48	
	13	9,35 914	0,90	9,37 080	0,95	10,62 920	9,98 834	0,05	47	
	14	9,35 968	0,90	9,37 137	0,94	10,62 863	9,98 831	0;05	46	
	15	9,36 022	0,89	9,37 193	0,94	10,62 807	9,98 828	0,05	45	
	16	9,36 075	0,89	9,37 250	0,94	10,62 750	9,98 825	0,05	44	
	17	9,36 129	0,89	9,37 306	0,94	10,62 694	9,98 822	0,05	43	
	18	9,36 182	0,89	9,37 363	0,94	10,62 637	9,98 819	0,05	42	
	19	9,36 236	0,89	9,37 419	0,94	10,62 581	9,98 816	0,05	41	
13	**20**	9,36 289	0,89	9,37 476	0,94	10,62 524	9,98 813	0,05	**40**	**76**
	21	9,36 342	0,89	9,37 532	0,94	10,62 468	9,98 810	0,05	39	
	22	9,36 395	0,89	9,37 588	0,94	10,62 412	9,98 807	0,05	38	
	23	9,36 449	0,89	9,37 644	0,94	10,62 356	9,98 804	0,05	37	
	24	9,36 502	0,88	9,37 700	0,93	10,62 300	9,98 801	0,05	36	
	25	9,36 555	0,88	9,37 756	0,93	10,62 244	9,98 798	0,05	35	
	26	9,36 608	0,88	9,37 812	0,93	10,62 188	9,98 795	0,05	34	
	27	9,36 660	0,88	9,37 868	0,93	10,62 132	9,98 792	0,05	33	
	28	9,36 713	0,88	9,37 924	0,93	10,62 076	9,98 789	0,05	32	
	29	9,36 766	0,88	9,37 980	0,93	10,62 020	9,98 786	0,05	31	
13	**30**	9,36 819		9,38 035		10,61 965	9,98 783		**30**	**76**
°	′	lg cos	D/1″	lg cot	D/1″	lg tan	lg sin	D/1″	M.	Gr.

Logarithmen der goniometrischen Funktionen

Gr.	M.	lg sin	D/1"	lg tan	D/1"	lg cot	lg cos	D/1"	'	°
13	30	9,36 819	0,88	9,38 035	0,93	10,61 965	9,98 783	0,05	30	76
	31	9,36 871	0,88	9,38 091	0,93	10,61 909	9,98 780	0,05	29	
	32	9,36 924	0,87	9,38 147	0,93	10,61 853	9,98 777	0,05	28	
	33	9,36 976	0,87	9,38 202	0,92	10,61 798	9,98 774	0,05	27	
	34	9,37 028	0,87	9,38 257	0,92	10,61 743	9,98 771	0,05	26	
	35	9,37 081	0,87	9,38 313	0,92	10,61 687	9,98 768	0,05	25	
	36	9,37 133	0,87	9,38 368	0,92	10,61 632	9,98 765	0,05	24	
	37	9,37 185	0,87	9,38 423	0,92	10,61 577	9,98 762	0,05	23	
	38	9,37 237	0,87	9,38 479	0,92	10,61 521	9,98 759	0,05	22	
	39	9,37 289	0,87	9,38 534	0,92	10,61 466	9,98 756	0,05	21	
13	40	9,37 341	0,87	9,38 589	0,92	10,61 411	9,98 753	0,05	20	76
	41	9,37 393	0,87	9,38 644	0,92	10,61 356	9,98 750	0,05	19	
	42	9,37 445	0,86	9,38 699	0,92	10,61 301	9,98 746	0,05	18	
	43	9,37 497	0,86	9,38 754	0,91	10,61 246	9,98 743	0,05	17	
	44	9,37 549	0,86	9,38 808	0,91	10,61 192	9,98 740	0,05	16	
	45	9,37 600	0,86	9,38 863	0,91	10,61 137	9,98 737	0,05	15	
	46	9,37 652	0,86	9,38 918	0,91	10,61 082	9,98 734	0,05	14	
	47	9,37 703	0,86	9,38 972	0,91	10,61 028	9,98 731	0,05	13	
	48	9,37 755	0,86	9,39 027	0,91	10,60 973	9,98 728	0,05	12	
	49	9,37 806	0,86	9,39 082	0,91	10,60 918	9,98 725	0,05	11	
13	50	9,37 858	0,86	9,39 136	0,91	10,60 864	9,98 722	0,05	10	76
	51	9,37 909	0,85	9,39 190	0,91	10,60 810	9,98 719	0,05	9	
	52	9,37 960	0,85	9,39 245	0,91	10,60 755	9,98 715	0,05	8	
	53	9,38 011	0,85	9,39 299	0,90	10,60 701	9,98 712	0,05	7	
	54	9,38 062	0,85	9,39 353	0,90	10,60 647	9,98 709	0,05	6	
	55	9,38 113	0,85	9,39 407	0,90	10,60 593	9,98 706	0,05	5	
	56	9,38 164	0,85	9,39 461	0,90	10,60 539	9,98 703	0,05	4	
	57	9,38 215	0,85	9,39 515	0,90	10,60 485	9,98 700	0,05	3	
	58	9,38 266	0,85	9,39 569	0,90	10,60 431	9,98 697	0,05	2	
	59	9,38 317	0,85	9,39 623	0,90	10,60 377	9,98 694	0,05	1	
14	0	9,38 368		9,39 677		10,60 323	9,98 690		0	76
°	'	lg cos	D/1"	lg cot	D/1"	lg tan	lg sin	D/1"	M.	Gr.

Logarithmen der goniometrischen Funktionen

Gr.	M.	lg sin	D/1″	lg tan	D/1″	lg cot	lg cos	D/1″	′	°
14	0	9,38 368	0,84	9,39 677	0,90	10,60 323	9,98 690	0,05	0	76
	1	9,38 418	0,84	9,39 731	0,90	10,60 269	9,98 687	0,05	59	
	2	9,38 469	0,84	9,39 785	0,90	10,60 215	9,98 684	0,05	58	
	3	9,38 519	0,84	9,39 838	0,89	10,60 162	9,98 681	0,05	57	
	4	9,38 570	0,84	9,39 892	0,89	10,60 108	9,98 678	0,05	56	
	5	9,38 620	0,84	9,39 945	0,89	10,60 055	9,98 675	0,05	55	
	6	9,38 670	0,84	9,39 999	0,89	10,60 001	9,98 671	0,05	54	
	7	9,38 721	0,84	9,40 052	0,89	10,59 948	9,98 668	0,05	53	
	8	9,38 771	0,84	9,40 106	0,89	10,59 894	9,98 665	0,05	52	
	9	9,38 821	0,84	9,40 159	0,89	10,59 841	9,98 662	0,05	51	
14	10	9,38 871	0,83	9,40 212	0,89	10,59 788	9,98 659	0,05	50	75
	11	9,38 921	0,83	9,40 266	0,89	10,59 734	9,98 656	0,05	49	
	12	9,38 971	0,83	9,40 319	0,89	10,59 681	9,98 652	0,05	48	
	13	9,39 021	0,83	9,40 372	0,88	10,59 628	9,98 649	0,05	47	
	14	9,39 071	0,83	9,40 425	0,88	10,59 575	9,98 646	0,05	46	
	15	9,39 121	0,83	9,40 478	0,88	10,59 522	9,98 643	0,05	45	
	16	9,39 170	0,83	9,40 531	0,88	10,59 469	9,98 640	0,05	44	
	17	9,39 220	0,83	9,40 584	0,88	10,59 416	9,98 636	0,05	43	
	18	9,39 270	0,83	9,40 636	0,88	10,59 364	9,98 633	0,05	42	
	19	9,39 319	0,83	9,40 689	0,88	10,59 311	9,98 630	0,05	41	
14	20	9,39 369	0,82	9,40 742	0,88	10,59 258	9,98 627	0,05	40	75
	21	9,39 418	0,82	9,40 795	0,88	10,59 205	9,98 623	0,05	39	
	22	9,39 467	0,82	9,40 847	0,88	10,59 153	9,98 620	0,05	38	
	23	9,39 517	0,82	9,40 900	0,88	10,59 100	9,98 617	0,05	37	
	24	9,39 566	0,82	9,40 952	0,87	10,59 048	9,98 614	0,05	36	
	25	9,39 615	0,82	9,41 005	0,87	10,58 995	9,98 610	0,05	35	
	26	9,39 664	0,82	9,41 057	0,87	10,58 943	9,98 607	0,05	34	
	27	9,39 713	0,82	9,41 109	0,87	10,58 891	9,98 604	0,05	33	
	28	9,39 762	0,82	9,41 161	0,87	10,58 839	9,98 601	0,05	32	
	29	9,39 811	0,82	9,41 214	0,87	10,58 786	9,98 597	0,05	31	
14	30	9,39 860		9,41 266		10,58 734	9,98 594		30	75
°	′	lg cos	D/1″	lg cot	D/1″	lg tan	lg sin	D/1″	M.	Gr.

Gr.	M.	lg sin	D/1″	lg tan	D/1″	lg cot	lg cos	D/1″	′	°
14	**30**	9,39 860	0,81	9,41 266	0,87	10,58 734	9,98 594	0,05	**30**	**75**
	31	9,39 909	0,81	9,41 318	0,87	10,58 682	9,98 591	0,05	29	
	32	9,39 958	0,81	9,41 370	0,87	10,58 630	9,98 588	0,06	28	
	33	9,40 006	0,81	9,41 422	0,87	10,58 578	9,98 584	0,06	27	
	34	9,40 055	0,81	9,41 474	0,87	10,58 526	9,98 581	0,06	26	
	35	9,40 103	0,81	9,41 526	0,86	10,58 474	9,98 578	0,06	25	
	36	9,40 152	0,81	9,41 578	0,86	10,58 422	9,98 574	0,06	24	
	37	9,40 200	0,81	9,41 629	0,86	10,58 371	9,98 571	0,06	23	
	38	9,40 249	0,81	9,41 681	0,86	10,58 319	9,98 568	0,06	22	
	39	9,40 297	0,81	9,41 733	0,86	10,58 267	9,98 565	0,06	21	
14	**40**	9,40 346	0,80	9,41 784	0,86	10,58 216	9,98 561	0,06	**20**	**75**
	41	9,40 394	0,80	9,41 836	0,86	10,58 164	9,98 558	0,06	19	
	42	9,40 442	0,80	9,41 887	0,86	10,58 113	9,98 555	0,06	18	
	43	9,40 490	0,80	9,41 939	0,86	10,58 061	9,98 551	0,06	17	
	44	9,40 538	0,80	9,41 990	0,86	10,58 010	9,98 548	0,06	16	
	45	9,40 586	0,80	9,42 041	0,86	10,57 959	9,98 545	0,06	15	
	46	9,40 634	0,80	9,42 093	0,85	10,57 907	9,98 541	0,06	14	
	47	9,40 682	0,80	9,42 144	0,85	10,57 856	9,98 538	0,06	13	
	48	9,40 730	0,80	9,42 195	0,85	10,57 805	9,98 535	0,06	12	
	49	9,40 778	0,80	9,42 246	0,85	10,57 754	9,98 531	0,06	11	
14	**50**	9,40 825	0,80	9,42 297	0,85	10,57 703	9,98 528	0,06	**10**	**75**
	51	9,40 873	0,80	9,42 348	0,85	10,57 652	9,98 525	0,06	9	
	52	9,40 921	0,79	9,42 399	0,85	10,57 601	9,98 521	0,06	8	
	53	9,40 968	0,79	9,42 450	0,85	10,57 550	9,98 518	0,06	7	
	54	9,41 016	0,79	9,42 501	0,85	10,57 499	9,98 515	0,06	6	
	55	9,41 063	0,79	9,42 552	0,85	10,57 448	9,98 511	0,06	5	
	56	9,41 111	0,79	9,42 603	0,85	10,57 397	9,98 508	0,06	4	
	57	9,41 158	0,79	9,42 653	0,84	10,57 347	9,98 505	0,06	3	
	58	9,41 205	0,79	9,42 704	0,84	10,57 296	9,98 501	0,06	2	
	59	9,41 252	0,79	9,42 755	0,84	10,57 245	9,98 498	0,06	1	
15	**0**	9,41 300		9,42 805		10,57 195	9,98 494		**0**	**75**
°	′	lg cos	D/1″	lg cot	D/1″	lg tan	lg sin	D/1″	M.	Gr.

Gr.	M.	lg sin	D/1″	lg tan	D/1″	lg cot	lg cos	D/1″	′	°
15	0	9,41 300	0,79	9,42 805	0,84	10,57 195	9,98 494	0,06	0	75
	1	9,41 347	0,79	9,42 856	0,84	10,57 144	9,98 491	0,06	59	
	2	9,41 394	0,78	9,42 906	0,84	10,57 094	9,98 488	0,06	58	
	3	9,41 441	0,78	9,42 957	0,84	10,57 043	9,98 484	0,06	57	
	4	9,41 488	0,78	9,43 007	0,84	10,56 993	9,98 481	0,06	56	
	5	9,41 535	0,78	9,43 057	0,84	10,56 943	9,98 477	0,06	55	
	6	9,41 582	0,78	9,43 108	0,84	10,56 892	9,98 474	0,06	54	
	7	9,41 628	0,78	9,43 158	0,84	10,56 842	9,98 471	0,06	53	
	8	9,41 675	0,78	9,43 208	0,84	10,56 792	9,98 467	0,06	52	
	9	9,41 722	0,78	9,43 258	0,83	10,56 742	9,98 464	0,06	51	
15	10	9,41 768	0,78	9,43 308	0,83	10,56 692	9,98 460	0,06	50	74
	11	9,41 815	0,78	9,43 358	0,83	10,56 642	9,98 457	0,06	49	
	12	9,41 861	0,77	9,43 408	0,83	10,56 592	9,98 453	0,06	48	
	13	9,41 908	0,77	9,43 458	0,83	10,56 542	9,98 450	0,06	47	
	14	9,41 954	0,77	9,43 508	0,83	10,56 492	9,98 447	0,06	46	
	15	9,42 001	0,77	9,43 558	0,83	10,56 442	9,98 443	0,06	45	
	16	9,42 047	0,77	9,43 607	0,83	10,56 393	9,98 440	0,06	44	
	17	9,42 093	0,77	9,43 657	0,83	10,56 343	9,98 436	0,06	43	
	18	9,42 140	0,77	9,43 707	0,83	10,56 293	9,98 433	0,06	42	
	19	9,42 186	0,77	9,43 756	0,83	10,56 244	9,98 429	0,06	41	
15	20	9,42 232	0,77	9,43 806	0,83	10,56 194	9,98 426	0,06	40	74
	21	9,42 278	0,77	9,43 855	0,83	10,56 145	9,98 422	0,06	39	
	22	9,42 324	0,77	9,43 905	0,82	10,56 095	9,98 419	0,06	38	
	23	9,42 370	0,77	9,43 954	0,82	10,56 046	9,98 415	0,06	37	
	24	9,42 416	0,76	9,44 004	0,82	10,55 996	9,98 412	0,06	36	
	25	9,42 461	0,76	9,44 053	0,82	10,55 947	9,98 409	0,06	35	
	26	9,42 507	0,76	9,44 102	0,82	10,55 898	9,98 405	0,06	34	
	27	9,42 553	0,76	9,44 151	0,82	10,55 849	9,98 402	0,06	33	
	28	9,42 599	0,76	9,44 201	0,82	10,55 799	9,98 398	0,06	32	
	29	9,42 644	0,76	9,44 250	0,82	10,55 750	9,98 395	0,06	31	
15	30	9,42 690		9,44 299		10,55 701	9,98 391		30	74
°	′	lg cos	D/1″	lg cot	D/1″	lg tan	lg sin	D/1″	M.	Gr.

Logarithmen der goniometrischen Funktionen

Gr.	M.	lg sin	D/1″	lg tan	D/1″	lg cot	lg cos	D/1″	′	°
15	**30**	9,42 69<u>0</u>	0,76	9,44 29<u>9</u>	0,82	10,55 701	9,98 391	0,06	**30**	**74**
	31	9,42 735	0,76	9,44 34<u>8</u>	0,82	10,55 652	9,98 38<u>8</u>	0,06	29	
	32	9,42 78<u>1</u>	0,76	9,44 39<u>7</u>	0,82	10.55 603	9,98 384	0,06	28	
	33	9,42 826	0,76	9,44 44<u>6</u>	0,82	10,55 554	9,98 38<u>1</u>	0,06	27	
	34	9,42 87<u>2</u>	0,76	9,44 49<u>5</u>	0,81	10,55 505	9,98 877	0,06	26	
	35	9,42 917	0,76	9,44 54<u>4</u>	0,81	10,55 456	9,98 373	0,06	25	
	36	9,42 962	0,75	9,44 592	0,81	10,55 40<u>8</u>	9,98 37<u>0</u>	0,06	24	
	37	9,43 00<u>8</u>	0,75	9,44 641	0,81	10,55 35<u>9</u>	9,98 366	0,06	23	
	38	9,43 05<u>3</u>	0,75	9,44 69<u>0</u>	0,81	10,55 310	9,98 36<u>3</u>	0,06	22	
	39	9,43 09<u>8</u>	0,75	9,44 738	0,81	10,55 262	9,98 359	0,06	21	
15	**40**	9,43 14<u>3</u>	0,75	9,44 787	0,81	10,55 21<u>3</u>	9,98 35<u>6</u>	0,06	**20**	**74**
	41	9,43 18<u>8</u>	0,75	9,44 83<u>6</u>	0,81	10,55 164	9,98 352	0,06	19	
	42	9,43 23<u>3</u>	0,75	9,44 884	0,81	10,55 11<u>6</u>	9,98 34<u>9</u>	0,06	18	
	43	9,43 27<u>8</u>	0,75	9,44 93<u>3</u>	0,81	10,55 067	9,98 345	0,06	17	
	44	9,43 32<u>3</u>	0,75	9,44 981	0,81	10,55 01<u>9</u>	9,98 34<u>2</u>	0,06	16	
	45	9,43 367	0,75	9,45 029	0,81	10,54 97<u>1</u>	9,98 338	0,06	15	
	46	9,43 412	0,75	9,45 07<u>8</u>	0,80	10,54 922	9,98 334	0,06	14	
	47	9,43 45<u>7</u>	0,75	9,45 126	0,80	10,54 87<u>4</u>	9,98 33<u>1</u>	0,06	13	
	48	9,43 50<u>2</u>	0,74	9,45 174	0,80	10,54 82<u>6</u>	9,98 327	0,06	12	
	49	9,43 546	0,74	9,45 222	0,80	10,54 77<u>8</u>	9,98 32<u>4</u>	0,06	11	
15	**50**	9,43 59<u>1</u>	0,74	9,45 27<u>1</u>	0,80	10,54 729	9,98 320	0,06	**10**	**74**
	51	9,43 635	0,74	9,45 31<u>9</u>	0,80	10,54 681	9,98 31<u>7</u>	0,06	9	
	52	9,43 68<u>0</u>	0,74	9,45 36<u>7</u>	0,80	10,54 633	9,98 313	0,06	8	
	53	9,43 724	0,74	9,45 41<u>5</u>	0,80	10,54 585	9,98 309	0,06	7	
	54	9,43 76<u>9</u>	0,74	9,45 46<u>3</u>	0,80	10,54 537	9,98 30<u>6</u>	0,06	6	
	55	9,43 81<u>3</u>	0,74	9,45 51<u>1</u>	0,80	10,54 489	9,98 302	0,06	5	
	56	9,43 857	0,74	9,45 55<u>9</u>	0,80	10,54 441	9,98 29<u>9</u>	0,06	4	
	57	9,43 901	0,74	9,45 606	0,80	10,54 39<u>4</u>	9,98 295	0,06	3	
	58	9,43 94<u>6</u>	0,74	9,45 654	0,80	10,54 346	9,98 291	0,06	2	
	59	9,43 99<u>0</u>	0,74	9,45 70<u>2</u>	0,80	10,54 298	9,98 28<u>8</u>	0,06	1	
16	**0**	9,44 03<u>4</u>		9,45 75<u>0</u>		10,54 250	9,98 284		**0**	**74**
°	′	lg cos	D/1″	lg cot	D/1″	lg tan	lg sin	D/1″	M.	Gr.

Logarithmen der goniometrischen Funktionen

Gr.	M.	lg sin	D/1″	lg tan	D/1″	lg cot	lg cos	D/1″	′	°
16	0	9,44 034	0,73	9,45 750	0,79	10,54 250	9.98 284	0,06	0	74
	1	9,44 078	0,73	9,45 797	0,79	10,54 203	9,98 281	0,06	59	
	2	9,44 122	0,73	9,45 845	0,79	10,54 155	9.98 277	0,06	58	
	3	9,44 166	0,73	9,45 892	0,79	10,54 108	9.98 273	0,06	57	
	4	9,44 210	0,73	9,45 940	0,79	10,54 060	9,98 270	0,06	56	
	5	9,44 253	0,73	9,45 987	0,79	10.54 013	9,98 266	0,06	55	
	6	9,44 297	0,73	9,46 035	0,79	10,53 965	9.98 262	0,06	54	
	7	9,44 341	0,73	9,46 082	0,79	10,53 918	9.98 259	0,06	53	
	8	9,44 385	0,73	9,46 130	0,79	10,53 870	9.98 255	0,06	52	
	9	9,44 428	0,73	9,46 177	0,79	10,53 823	9,98 251	0,06	51	
16	10	9,44 472	0,73	9,46 224	0,79	10,53 776	9,98 248	0,06	50	73
	11	9,44 516	0,73	9,46 271	0,79	10,53 729	9,98 244	0,06	49	
	12	9,44 559	0,72	9,46 319	0,79	10,53 681	9,98 240	0,06	48	
	13	9,44 602	0,72	9,46 366	0,79	10,53 634	9,98 237	0,06	47	
	14	9,44 646	0,72	9,46 413	0,78	10,53 587	9,98 233	0,06	46	
	15	9,44 689	0,72	9,46 460	0,78	10,53 540	9,98 229	0,06	45	
	16	9,44 733	0,72	9,46 507	0,78	10,53 493	9,98 226	0,06	44	
	17	9,44 776	0,72	9,46 554	0,78	10,53 446	9,98 222	0,06	43	
	18	9,44 819	0,72	9,46 601	0,78	10,53 399	9,98 218	0,06	42	
	19	9,44 862	0,72	9,46 648	0,78	10,53 352	9,98 215	0,06	41	
16	20	9,44 905	0,72	9,46 694	0,78	10,53 306	9,98 211	0,06	40	73
	21	9,44 948	0,72	9,46 741	0,78	10,53 259	9,98 207	0,06	39	
	22	9,44 992	0,72	9,46 788	0,78	10,53 212	9,93 204	0,06	38	
	23	9,45 035	0,72	9,46 835	0,78	10,53 165	9,98 200	0,06	37	
	24	9,45 077	0,72	9,46 881	0,78	10,53 119	9,98 196	0,06	36	
	25	9,45 120	0,71	9,46 928	0,78	10,53 072	9,98 192	0,06	35	
	26	9,45 163	0,71	9,46 975	0,78	10,53 025	9,98 189	0,06	34	
	27	9,45 206	0,71	9,47 021	0,78	10,52 979	9,98 185	0,06	33	
	28	9,45 249	0,71	9,47 068	0,77	10,52 932	9,98 181	0,06	32	
	29	9,45 292	0,71	9,47 114	0,77	10,52 886	9,98 177	0,06	31	
16	30	9,45 334		9,47 160		10,52 840	9,98 174		30	73
°	′	lg cos	D/1″	lg cot	D/1″	lg tan	lg sin	D/1″	M.	Gr.

Logarithmen der goniometrischen Funktionen

Gr.	M.	lg sin	D/1''	lg tan	D/1''	lg cot	lg cos	D/1''	'	°
16	30	9,45 334	0,71	9,47 160	0,77	10,52 84_0_	9,98 17_4_	0,06	30	73
	31	9,45 37_7_	0,71	9,47 20_7_	0,77	10,52 793	9,98 17_0_	0,06	29	
	32	9,45 419	0,71	9,47 253	0,77	10,52 74_7_	9,98 166	0,06	28	
	33	9,45 46_2_	0,71	9,47 299	0,77	10,52 70_1_	9,98 162	0,06	27	
	34	9,45 50_4_	0,71	9,47 34_6_	0,77	10,52 654	9,98 15_9_	0,06	26	
	35	9,45 54_7_	0,71	9,47 39_2_	0,77	10,52 608	9,98 15_5_	0,06	25	
	36	9,45 589	0,71	9,47 438	0,77	10,52 56_2_	9,98 151	0,06	24	
	37	9,45 63_2_	0,71	9,47 484	0,77	10,52 51_6_	9,98 147	0,06	23	
	38	9,45 67_4_	0,70	9,47 530	0,77	10,52 47_0_	9,98 14_4_	0,06	22	
	39	9,45 716	0,70	9,47 576	0,77	10,52 42_4_	9,98 14_0_	0,06	21	
16	40	9,45 758	0,70	9,47 622	0,77	10,52 37_8_	9,98 136	0,06	20	73
	41	9,45 80_1_	0,70	9,47 668	0,77	10,52 33_2_	9,98 132	0,06	19	
	42	9,45 84_3_	0,70	9,47 714	0,77	10,52 286	9,98 12_9_	0,06	18	
	43	9,45 88_5_	0,70	9,47 760	0,76	10,52 24_0_	9,98 12_5_	0,06	17	
	44	9,45 92_7_	0,70	9,47 806	0,76	10,52 194	9,98 12_1_	0,06	16	
	45	9,45 96_9_	0,70	9,47 85_2_	0,76	10.52 148	9,98 117	0,06	15	
	46	9,46 01_1_	0,70	9,47 897	0,76	10,52 103	9,98 113	0,06	14	
	47	9,46 05_3_	0,70	9,47 943	0,76	10,52 057	9,98 11_0_	0,06	13	
	48	9,46 09_5_	0,70	9,47 98_9_	0,76	10,52 011	9,98 10_6_	0,06	12	
	49	9,46 136	0,70	9,48 03_5_	0,76	10,51 965	9,98 10_2_	0,06	11	
16	50	9,46 178	0,70	9,48 080	0,76	10,51 920	9,98 098	0,06	10	73
	51	9,46 22_0_	0,70	9,48 12_6_	0,76	10,51 874	9,98 094	0,06	9	
	52	9,46 26_2_	0,69	9,48 171	0,76	10,51 829	9,98 090	0,06	8	
	53	9,46 303	0,69	9,48 21_7_	0,76	10,51 783	9,98 08_7_	0,06	7	
	54	9,46 34_5_	0,69	9,48 262	0,76	10,51 73_8_	9,98 08_3_	0,06	6	
	55	9,46 386	0,69	9,48 307	0,76	10,51 693	9,98 07_9_	0,06	5	
	56	9,46 42_8_	0,69	9,48 353	0,76	10,51 647	9,98 075	0,06	4	
	57	9,46 469	0,69	9,48 398	0,76	10,51 602	9,98 071	0,06	3	
	58	9,46 51_1_	0,69	9,48 443	0,75	10,51 55_7_	9,98 067	0,06	2	
	59	9,46 552	0,69	9,48 48_9_	0,75	10,51 511	9,98 063	0,06	1	
17	0	9,46 59_4_		9,48 53_4_		10.51 466	9,98 06_0_		0	73
°	'	lg cos	D/1''	lg cot	D/1''	lg tan	lg sin	D/1''	M.	Gr.

Gr.	M.	lg sin	D/1″	lg tan	D/1″	lg cot	lg cos	D/1″	′	°
17	0	9,46 59<u>4</u>	0,69	9,48 53<u>4</u>	0,75	10,51 466	9,98 06<u>0</u>	0,06	**0**	**73**
	1	9,46 63<u>5</u>	0,69	9,48 579	0,75	10,51 42<u>1</u>	9,98 05<u>6</u>	0,06	59	
	2	9,46 676	0,69	9,48 624	0,75	10,51 37<u>6</u>	9,98 05<u>2</u>	0,06	58	
	3	9,46 717	0,69	9,48 669	0,75	10,51 33<u>1</u>	9,98 048	0,07	57	
	4	9,46 758	0,69	9,48 714	0,75	10,51 28<u>6</u>	9,98 044	0,07	56	
	5	9,46 80<u>0</u>	0,69	9,48 759	0,75	10,51 24<u>1</u>	9,98 040	0,07	55	
	6	9,46 84<u>1</u>	0,68	9,48 804	0,75	10,51 19<u>6</u>	9,98 036	0,07	54	
	7	9,46 88<u>2</u>	0,68	9,48 849	0,75	10,51 15<u>1</u>	9,98 032	0,07	53	
	8	9,46 92<u>3</u>	0,68	9,48 894	0,75	10,51 106	9,98 02<u>9</u>	0,07	52	
	9	9,46 96<u>4</u>	0,68	9.48 939	0,75	10,51 061	9,98 02<u>5</u>	0,07	51	
17	**10**	9,47 00<u>5</u>	0,68	9,48 98<u>4</u>	0,75	10,51 016	9,98 02<u>1</u>	0,07	**50**	**72**
	11	9,47 045	0,68	9,49 02<u>9</u>	0,75	10,50 971	9,98 01<u>7</u>	0,07	49	
	12	9,47 086	0,68	9,49 073	0,75	10,50 92<u>7</u>	9,98 01<u>3</u>	0,07	48	
	13	9,47 127	0,68	9,49 118	0,74	10,50 88<u>2</u>	9,98 009	0,07	47	
	14	9,47 16<u>8</u>	0,68	9,49 16<u>3</u>	0,74	10,50 837	9,98 005	0,07	46	
	15	9,47 20<u>9</u>	0,68	9,49 207	0,74	10,50 79<u>3</u>	9,98 001	0,07	45	
	16	9,47 24<u>9</u>	0,68	9,49 25<u>2</u>	0,74	10,50 748	9,97 997	0,07	44	
	17	9,47 29<u>0</u>	0,68	9,49 296	0,74	10,50 70<u>4</u>	9,97 993	0,07	43	
	18	9,47 330	0,68	9,49 34<u>1</u>	0,74	10,50 659	9,97 989	0,07	42	
	19	9,47 37<u>1</u>	0,68	9,49 385	0,74	10,50 615	9,97 98<u>6</u>	0,07	41	
17	**20**	9,47 411	0,67	9,49 43<u>0</u>	0,74	10,50 570	9,97 98<u>2</u>	0,07	**40**	**72**
	21	9,47 45<u>2</u>	0,67	9,49 474	0,74	10,50 52<u>6</u>	9,97 97<u>8</u>	0,07	39	
	22	9,47 49<u>2</u>	0,67	9,49 51<u>9</u>	0,74	10,50 481	9,97 97<u>4</u>	0,07	38	
	23	9,47 53<u>3</u>	0,67	9,49 563	0,74	10,50 437	9,97 97<u>0</u>	0,07	37	
	24	9,47 573	0,67	9,49 607	0,74	10,50 39<u>3</u>	9,97 96<u>6</u>	0,07	36	
	25	9,47 613	0,67	9,49 65<u>2</u>	0,74	10,50 348	9,97 96<u>2</u>	0,07	35	
	26	9,47 65<u>4</u>	0,67	9,49 69<u>6</u>	0,74	10,50 304	9,97 95<u>8</u>	0,07	34	
	27	9,47 69<u>4</u>	0,67	9,49 74<u>0</u>	0,74	10,50 260	9,97 95<u>4</u>	0,07	33	
	28	9,47 73<u>4</u>	0,67	9,49 784	0,74	10,50 216	9,97 950	0,07	32	
	29	9,47 774	0,67	9,49 828	0,74	10,50 172	9,97 94<u>6</u>	0,07	31	
17	**30**	9,47 814		9,49 872		10,50 12<u>8</u>	9,97 94<u>2</u>		**30**	**72**
°	′	lg cos	D/1″	lg cot	D/1″	lg tan	lg sin	D/1″	M.	Gr.

Gr.	M.	lg sin	D/1"	lg tan	D/1"	lg cot	lg cos	D/1"	'	°
17	30	9,47 814	0,67	9,49 872	0,73	10,50 128	9,97 942	0,07	30	72
	31	9,47 854	0,67	9,49 916	0,73	10,50 084	9,97 938	0,07	29	
	32	9,47 894	0,67	9,49 960	0,73	10,50 040	9,97 934	0,07	28	
	33	9,47 934	0,67	9,50 004	0,73	10,49 996	9,97 930	0,07	27	
	34	9,47 974	0,67	9,50 048	0,73	10,49 952	9,97 926	0,07	26	
	35	9,48 014	0,66	9,50 092	0,73	10,49 908	9,97 922	0,07	25	
	36	9,48 054	0,66	9,50 136	0,73	10,49 864	9,97 918	0,07	24	
	37	9,48 094	0,66	9,50 180	0,73	10,49 820	9,97 914	0,07	23	
	38	9,48 133	0,66	9,50 223	0,73	10,49 777	9,97 910	0,07	22	
	39	9,48 173	0,66	9,50 267	0,73	10,49 733	9,97 906	0,07	21	
17	40	9,48 213	0,66	9,50 311	0,73	10,49 689	9,97 902	0,07	20	72
	41	9,48 252	0,66	9,50 355	0,73	10,49 645	9,97 898	0,07	19	
	42	9,48 292	0,66	9,50 398	0,73	10,49 602	9,97 894	0,07	18	
	43	9,48 332	0,66	9,50 442	0,73	10,49 558	9,97 890	0,07	17	
	44	9,48 371	0,66	9,50 485	0,73	10,49 515	9,97 886	0,07	16	
	45	9,48 411	0,66	9,50 529	0,73	10,49 471	9,97 882	0,07	15	
	46	9,48 450	0,66	9,50 572	0,72	10,49 428	9,97 878	0,07	14	
	47	9,48 490	0,66	9,50 616	0,72	10,49 384	9,97 874	0,07	13	
	48	9,48 529	0,66	9,50 659	0,72	10,49 341	9,97 870	0,07	12	
	49	9,48 568	0,66	9,50 703	0,72	10,49 297	9,97 866	0,07	11	
17	50	9,48 607	0,65	9,50 746	0,72	10,49 254	9,97 861	0,07	10	72
	51	9,48 647	0,65	9,50 789	0,72	10,49 211	9,97 857	0,07	9	
	52	9,48 686	0,65	9,50 833	0,72	10,49 167	9,97 853	0,07	8	
	53	9,48 725	0,65	9,50 876	0,72	10,49 124	9,97 849	0,07	7	
	54	9,48 764	0,65	9,50 919	0,72	10 49 081	9,97 845	0,07	6	
	55	9,48 803	0,65	9,50 962	0,72	10,49 038	9,97 841	0,07	5	
	56	9,48 842	0,65	9,51 005	0,72	10,48 995	9,97 837	0,07	4	
	57	9,48 881	0,65	9,51 048	0,72	10,48 952	9,97 833	0,07	3	
	58	9,48 920	0,65	9,51 092	0,72	10,48 908	9,97 829	0,07	2	
	59	9,48 959	0,65	9,51 135	0,72	10,48 865	9,97 825	0,07	1	
18	0	9,48 998		9,51 178		10,48 822	9,97 821		0	72
°	'	lg cos	D/1"	lg cot	D/1"	lg tan	lg sin	D/1"	M.	Gr.

Gr.	M.	lg sin	D/1″	lg tan	D/1″	lg cot	lg cos	D/1″	′	°
18	**0**	9,48 998	0,65	9,51 178	0,72	10,48 822	9,97 821	0,07	**0**	**72**
	1	9,49 037	0,65	9,51 221	0,72	10,48 779	9,97 817	0,07	59	
	2	9,49 076	0,65	9,51 264	0,71	10,48 736	9,97 812	0,07	58	
	3	9,49 115	0,65	9,51 306	0,71	10,48 694	9,97 808	0,07	57	
	4	9,49 153	0,65	9,51 349	0,71	10,48 651	9,97 804	0,07	56	
	5	9,49 192	0,65	9,51 392	0,71	10,48 608	9,97 800	0,07	55	
	6	9,49 231	0,64	9,51 435	0,71	10,48 565	9,97 796	0,07	54	
	7	9,49 269	0,64	9,51 478	0,71	10,48 522	9,97 792	0,07	53	
	8	9,49 308	0,64	9,51 520	0,71	10,48 480	9,97 788	0,07	52	
	9	9,49 347	0,64	9,51 563	0,71	10,48 437	9,97 784	0,07	51	
18	**10**	9,49 385	0,64	9,51 606	0,71	10,48 394	9,97 779	0,07	**50**	**71**
	11	9,49 424	0,64	9,51 648	0,71	10,48 352	9,97 775	0,07	49	
	12	9,49 462	0,64	9,51 691	0,71	10,48 309	9,97 771	0,07	48	
	13	9,49 500	0,64	9,51 734	0,71	10,48 266	9,97 767	0,07	47	
	14	9,49 539	0,64	9,51 776	0,71	10,48 224	9,97 763	0,07	46	
	15	9,49 577	0,64	9,51 819	0,71	10,48 181	9,97 759	0,07	45	
	16	9,49 615	0,64	9,51 861	0,71	10,48 139	9,97 754	0,07	44	
	17	9,49 654	0,64	9,51 903	0,71	10,48 097	9,97 750	0,07	43	
	18	9,49 692	0,64	9,51 946	0,71	10,48 054	9,97 746	0,07	42	
	19	9,49 730	0,64	9,51 988	0,71	10,48 012	9,97 742	0,07	41	
18	**20**	9,49 768	0,64	9,52 031	0,70	10,47 969	9,97 738	0,07	**40**	**71**
	21	9,49 806	0,63	9,52 073	0,70	10,47 927	9,97 734	0,07	39	
	22	9,49 844	0,63	9,52 115	0,70	10,47 885	9,97 729	0,07	38	
	23	9,49 882	0,63	9,52 157	0,70	10,47 843	9,97 725	0,07	37	
	24	9,49 920	0,63	9,52 200	0,70	10,47 800	9,97 721	0,07	36	
	25	9,49 958	0,63	9,52 242	0,70	10,47 758	9,97 717	0,07	35	
	26	9,49 996	0,63	9,52 284	0,70	10,47 716	9,97 713	0,07	34	
	27	9,50 034	0,63	9,52 326	0,70	10,47 674	9,97 708	0,07	33	
	28	9,50 072	0,63	9,52 368	0,70	10,47 632	9,97 704	0,07	32	
	29	9,50 110	0,63	9,52 410	0,70	10,47 590	9,97 700	0,07	31	
18	**30**	9,50 148		9,52 452		10,47 548	9,97 696		**30**	**71**
°	′	lg cos	D/1″	lg cot	D/1″	lg tan	lg sin	D/1″	M.	Gr.

Logarithmen der goniometrischen Funktionen

Gr.	M.	lg sin	D/1″	lg tan	D/1″	lg cot	lg cos	D/1″	′	°
18	30	9,50 14_8_	0,63	9,52 45_2_	0,70	10,47 548	9,97 69_6_	0,07	30	71
	31	9,50 185	0,63	9,52 49_4_	0,70	10,47 506	9,97 69_1_	0,07	29	
	32	9,50 223	0,63	9,52 53_6_	0,70	10,47 464	9,97 687	0,07	28	
	33	9,50 26_1_	0,63	9,52 57_8_	0,70	10,47 422	9,97 683	0,07	27	
	34	9,50 298	0,63	9,52 62_0_	0,70	10,47 380	9,97 67_9_	0,07	26	
	35	9,50 33_6_	0,63	9,52 661	0,70	10,47 33_9_	9,97 674	0,07	25	
	36	9,50 37_4_	0,63	9,52 703	0,70	10.47 29_7_	9,97 670	0,07	24	
	37	9,50 411	0,63	9,52 745	0,70	10,47 25_5_	9,97 66_6_	0,07	23	
	38	9,50 44_9_	0,62	9,52 78_7_	0,70	10,47 213	9,97 66_2_	0,07	22	
	39	9,50 48_6_	0,62	9,52 82_9_	0,70	10,47 171	9,97 657	0,07	21	
18	40	9,50 523	0,62	9,52 870	0,69	10,47 13_0_	9,97 653	0,07	20	71
	41	9,50 56_1_	0,62	9,52 912	0,69	10,47 088	9,97 649	0,07	19	
	42	9,50 598	0,62	9,52 953	0,69	10,47 047	9,97 64_5_	0,07	18	
	43	9,50 635	0,62	9,52 995	0,69	10,47 00_5_	9.97 640	0,07	17	
	44	9,50 67_3_	0,62	9,53 037	0,69	10.46 963	9,97 636	0,07	16	
	45	9,50 71_0_	0,62	9,53 078	0,69	10,46 92_2_	9,97 6_3_2	0,07	15	
	46	9,50 747	0,62	9,53 12_0_	0,69	10,46 880	9,97 62_8_	0,07	14	
	47	9,50 784	0,62	9,53 161	0,69	10,46 83_9_	9,97 623	0,07	13	
	48	9,50 821	0,62	9,53 202	0,69	10,46 79_8_	9,97 61_9_	0,07	12	
	49	9,50 858	0,62	9,53 24_4_	0,69	10,46 756	9,97 61_5_	0,07	11	
18	50	9,50 89_6_	0,62	9,53 285	0,69	10,46 71_5_	9.97 610	0,07	10	71
	51	9,50 93_3_	0,62	9,53 327	0,69	10,46 673	9,97 60_6_	0,07	9	
	52	9,50 97_0_	0,62	9,53 36_8_	0,69	10,46 632	9,97 60_2_	0,07	8	
	53	9,51 00_7_	0,62	9,53 409	0,69	10,46 59_1_	9,97 597	0,07	7	
	54	9,51 043	0,62	9,53 450	0,69	10,46 55_0_	9,97 593	0,07	6	
	55	9,51 080	0,61	9,53 49_2_	0,69	10,46 508	9,97 58_9_	0,07	5	
	56	9,51 117	0,61	9,53 53_3_	0,69	10,46 467	9,97 584	0,07	4	
	57	9,51 15_4_	0,61	9,53 57_4_	0,69	10,46 426	9,97 580	0,07	3	
	58	9,51 19_1_	0,61	9,53 615	0,68	10,46 38_5_	9,97 57_6_	0,07	2	
	59	9,51 227	0,61	9,53 656	0,68	10.46 34_4_	9,97 571	0,07	1	
19	0	9,51 264		9,53 697		10.46 30_3_	9.97 567		0	71
°	′	lg cos	D/1″	lg cot	D/1″	lg tan	lg sin	D/1″	M.	Gr.

Logarithmen der goniometrischen Funktionen

Gr.	M.	lg sin	D/1″	lg tan	D/1″	lg cot	lg cos	D/1″	′	°
19	0	9,51 264		9,53 697		10.46 30$\underline{3}$	9,97 567		**0**	**71**
	1	9,51 30$\underline{1}$	0,61	9,53 738	0,68	10.46 26$\underline{2}$	9,97 56$\underline{3}$	0,07	59	
	2	9,51 33$\underline{8}$	0,61	9,53 779	0,68	10.46 22$\underline{1}$	9,97 558	0,07	58	
	3	9,51 374	0,61	9,53 820	0,68	10.46 180	9,97 55$\underline{4}$	0,07	57	
	4	9,51 41$\underline{1}$	0,61	9,53 861	0,68	10.46 13$\underline{9}$	9,97 55$\underline{0}$	0,07	56	
			0,61		0,68			0,07		
	5	9,51 447	0,61	9,53 902	0,68	10.46 09$\underline{8}$	9,97 545	0,07	55	
	6	9,51 48$\underline{4}$	0,61	9,53 94$\underline{3}$	0,68	10.46 057	9,97 54$\underline{1}$	0,07	54	
	7	9,51 520	0,61	9,53 98$\underline{4}$	0,68	10.46 016	9.97 536	0,07	53	
	8	9,51 55$\underline{7}$	0,61	9.54 02$\underline{5}$	0,68	10.45 975	9,97 532	0,07	52	
	9	9,51 59$\underline{3}$	0,61	9,54 065	0,68	10.45 93$\underline{5}$	9,97 52$\underline{8}$	0,07	51	
19	**10**	9.51 629	0,61	9.54 106	0,68	10.45 89$\underline{4}$	9,97 523	0,07	**50**	**70**
	11	9,51 66$\underline{6}$	0,61	9.54 14$\underline{7}$	0,68	10.45 853	9.97 51$\underline{9}$	0,07	49	
	12	9.51 70$\underline{2}$	0,60	9.54 187	0,68	10.45 81$\underline{3}$	9,97 51$\underline{5}$	0,07	48	
	13	9,51 738	0,60	9,54 228	0,68	10.45 772	9,97 510	0,07	47	
	14	9,51 774	0,60	9,54 26$\underline{9}$	0,68	10.45 731	9,97 506	0,07	46	
	15	9,51 81$\underline{1}$	0,60	9,54 309	0,68	10.45 69$\underline{1}$	9.97 501	0,07	45	
	16	9,51 84$\underline{7}$	0,60	9,54 35$\underline{0}$	0,68	10.45 650	9,97 49$\underline{7}$	0,07	44	
	17	9,51 88$\underline{3}$	0,60	9,54 390	0,68	10.45 61$\underline{0}$	9,97 49$\underline{2}$	0,07	43	
	18	9,51 919	0,60	9.54 43$\underline{1}$	0,68	10.45 569	9,97 48$\underline{8}$	0,07	42	
	19	9,51 955	0,60	9,54 471	0,67	10.45 52$\underline{9}$	9,97 48$\underline{4}$	0,07	41	
19	**20**	9,51 991	0,60	9,54 51$\underline{2}$	0,67	10.45 488	9,97 479	0,07	**40**	**70**
	21	9,52 027	0,60	9,54 552	0,67	10.45 44$\underline{8}$	9,97 47$\underline{5}$	0,07	39	
	22	9,52 063	0,60	9,54 59$\underline{3}$	0,67	10.45 407	9,97 470	0,07	38	
	23	9,52 09$\underline{9}$	0,60	9,54 633	0,67	10.45 36$\underline{7}$	9,97 46$\underline{6}$	0,07	37	
	24	9,52 13$\underline{5}$	0,60	9,54 673	0,67	10.45 32$\underline{7}$	9,97 461	0,07	36	
	25	9,52 17$\underline{1}$	0,60	9,54 71$\underline{4}$	0,67	10.45 286	9,97 45$\underline{7}$	0,07	35	
	26	9.52 207	0,60	9,54 754	0,67	10.45 24$\underline{6}$	9,97 45$\underline{3}$	0,07	34	
	27	9,52 242	0,60	9,54 794	0,67	10.45 206	9,97 448	0,07	33	
	28	9,52 278	0,60	9,54 83$\underline{5}$	0,67	10.45 165	9,97 44$\underline{4}$	0,07	32	
	29	9,52 31$\underline{4}$	0,60	9,54 87$\underline{5}$	0,67	10,45 $\underline{1}$25	9,97 439	0,07	31	
19	**30**	9,52 35$\underline{0}$		9.54 91$\underline{5}$		10.45 085	9,97 43$\underline{5}$		**30**	**70**
°	′	lg cos	D/1″	lg cot	D/1″	lg tan	lg sin	D/1″	M.	Gr.

Logarithmen der goniometrischen Funktionen 87

Gr.	M.	lg sin	D/1″	lg tan	D/1″	lg cot	lg cos	D/1″	′	0
19	30	9,52 350	0,59	9,54 915	0,67	10,45 085	9,97 435	0,07	30	70
	31	9,52 385	0,59	9,54 955	0,67	10,45 045	9,97 430	0,08	29	
	32	9,52 421	0,59	9,54 995	0,67	10,45 005	9,97 426	0,08	28	
	33	9,52 456	0,59	9,55 035	0,67	10,44 965	9,97 421	0,08	27	
	34	9,52 492	0,59	9,55 075	0,67	10,44 925	9,97 417	0,08	26	
	35	9,52 527	0,59	9,55 115	0,67	10,44 885	9,97 412	0,08	25	
	36	9,52 563	0,59	9,55 155	0,67	10,44 845	9,97 408	0,08	24	
	37	9,52 598	0,59	9,55 195	0,67	10,44 805	9,97 403	0,08	23	
	38	9,52 634	0,59	9,55 235	0,67	10,44 765	9,97 399	0,08	22	
	39	9,52 669	0,59	9,55 275	0,67	10,44 725	9,97 394	0,08	21	
19	40	9,52 705	0,59	9,55 315	0,66	10,44 685	9,97 390	0,08	20	70
	41	9,52 740	0,59	9,55 355	0,66	10,44 645	9,97 385	0,08	19	
	42	9,52 775	0,59	9,55 395	0,66	10,44 605	9,97 381	0,08	18	
	43	9,52 811	0,59	9,55 434	0,66	10,44 566	9,97 376	0,08	17	
	44	9,52 846	0,59	9,55 474	0,66	10,44 526	9,97 372	0,08	16	
	45	9,52 881	0,59	9,55 514	0,66	10,44 486	9,97 367	0,08	15	
	46	9,52 916	0,59	9,55 554	0,66	10,44 446	9,97 363	0,08	14	
	47	9,52 951	0,59	9,55 593	0,66	10,44 407	9,97 358	0,08	13	
	48	9,52 986	0,59	9,55 633	0,66	10,44 367	9,97 353	0,08	12	
	49	9,53 021	0,58	9,55 673	0,66	10,44 327	9,97 349	0,08	11	
19	50	9,53 056	0,58	9,55 712	0,66	10,44 288	9,97 344	0,08	10	70
	51	9,53 092	0,58	9,55 752	0,66	10,44 248	9,97 340	0,08	9	
	52	9,53 126	0,58	9,55 791	0,66	10,44 209	9,97 335	0,08	8	
	53	9,53 161	0,58	9,55 831	0,66	10,44 169	9,97 331	0,08	7	
	54	9,53 196	0,58	9,55 870	0,66	10,44 130	9,97 326	0,08	6	
	55	9,53 231	0,58	9,55 910	0,66	10,44 090	9,97 322	0,08	5	
	56	9,53 266	0,58	9,55 949	0,66	10,44 051	9,97 317	0,08	4	
	57	9,53 301	0,58	9,55 989	0,66	10,44 011	9,97 312	0,08	3	
	58	9,53 336	0,58	9,56 028	0,66	10,43 972	9,97 308	0,08	2	
	59	9,53 370	0,58	9,56 067	0,66	10,43 933	9,97 303	0,08	1	
20	0	9,53 405		9,56 107		10,43 893	9,97 299		0	70
0	′	lg cos	D/1″	lg cot	D/1″	lg tan	lg sin	D/1″	M.	Gr.

Logarithmen der goniometrischen Funktionen

Gr.	M.	lg sin	D/1″	lg tan	D/1″	lg cot	lg cos	D/1″	′	○
20	0	9,53 405	0,58	9,56 107	0,65	10,43 893	9,97 299	0,08	0	70
	1	9,53 440	0,58	9,56 146	0,65	10,43 854	9,97 294	0,08	59	
	2	9,53 475	0,58	9,56 185	0,65	10,43 815	9,97 289	0,08	58	
	3	9,53 509	0,58	9,56 224	0,65	10,43 776	9,97 285	0,08	57	
	4	9,53 544	0,58	9,56 264	0,65	10,43 736	9,97 280	0,08	56	
	5	9,53 578	0,58	9,56 303	0,65	10,43 697	9,97 276	0,08	55	
	6	9,53 613	0,58	9,56 342	0,65	10,43 658	9,97 271	0,08	54	
	7	9,53 647	0,57	9,56 381	0,65	10,43 619	9,97 266	0,08	53	
	8	9,53 682	0,57	9,56 420	0,65	10,43 580	9,97 262	0,08	52	
	9	9,53 716	0,57	9,56 459	0,65	10,43 541	9,97 257	0,08	51	
20	10	9,53 751	0,57	9,56 498	0,65	10,43 502	9,97 252	0,08	50	69
	11	9,53 785	0,57	9,56 537	0,65	10,43 463	9,97 248	0,08	49	
	12	9,53 819	0,57	9,56 576	0,65	10,43 424	9,97 243	0,08	48	
	13	9,53 854	0,57	9,56 615	0,65	10,43 385	9,97 238	0,08	47	
	14	9,53 888	0,57	9,56 654	0,65	10,43 346	9,97 234	0,08	46	
	15	9,53 922	0,57	9,56 693	0,65	10,43 307	9,97 229	0,08	45	
	16	9,53 957	0,57	9,56 732	0,65	10,43 268	9,97 224	0,08	44	
	17	9,53 991	0,57	9,56 771	0,65	10,43 229	9,97 220	0,08	43	
	18	9,54 025	0,57	9,56 810	0,65	10,43 190	9,97 215	0,08	42	
	19	9,54 059	0,57	9,56 849	0,65	10,43 151	9,97 210	0,08	41	
20	20	9,54 093	0,57	9,56 887	0,65	10,43 113	9,97 206	0,08	40	69
	21	9,54 127	0,57	9,56 926	0,65	10,43 074	9,97 201	0,08	39	
	22	9,54 161	0,57	9,56 965	0,65	10,43 035	9,97 196	0,08	38	
	23	9,54 195	0,57	9,57 004	0,65	10,42 996	9,97 192	0,08	37	
	24	9,54 229	0,57	9,57 042	0,64	10,42 958	9,97 187	0,08	36	
	25	9,54 263	0,57	9,57 081	0,64	10,42 919	9,97 182	0,08	35	
	26	9,54 297	0,57	9,57 120	0,64	10,42 880	9,97 178	0,08	34	
	27	9,54 331	0,57	9,57 158	0,64	10,42 842	9,97 173	0,08	33	
	28	9,54 365	0,56	9,57 197	0,64	10,42 803	9,97 168	0,08	32	
	29	9,54 399	0,56	9,57 235	0,64	10,42 765	9,97 163	0,08	31	
20	30	9,54 433		9,57 274		10,42 726	9,97 159		30	69
○	′	lg cos	D/1″	lg cot	D/1″	lg tan	lg sin	D/1″	M.	Gr.

Logarithmen der goniometrischen Funktionen

Gr.	M.	lg sin	D/1″	lg tan	D/1″	lg cot	lg cos	D/1″	′	°
20	30	9,54 433	0,56	9,57 274	0,64	10,42 726	9,97 159	0,08	30	69
	31	9,54 466	0,56	9,57 312	0,64	10,42 688	9,97 154	0,08	29	
	32	9,54 500	0,56	9,57 351	0,64	10,42 649	9,97 149	0,08	28	
	33	9,54 534	0,56	9,57 389	0,64	10,42 611	9,97 145	0,08	27	
	34	9,54 567		9,57 428		10,42 572	9,97 140		26	
			0,56		0,64			0,08		
	35	9,54 601	0,56	9,57 466	0,64	10,42 534	9,97 135	0,08	25	
	36	9,54 635	0,56	9,57 504	0,64	10,42 496	9,97 130	0,08	24	
	37	9,54 668	0,56	9,57 543	0,64	10,42 457	9,97 126	0,08	23	
	38	9,54 702	0,56	9,57 581	0,64	10,42 419	9,97 121	0,08	22	
	39	9,54 735		9,57 619		10,42 381	9,97 116		21	
			0,56		0,64			0,08		
20	40	9,54 769	0,56	9,57 658	0,64	10,42 342	9,97 111	0,08	20	69
	41	9,54 802	0,56	9,57 696	0,64	10,42 304	9,97 107	0,08	19	
	42	9,54 836	0,56	9,57 734	0,64	10,42 266	9,97 102	0,08	18	
	43	9,54 869	0,56	9,57 772	0,64	10,42 228	9,97 097	0,08	17	
	44	9,54 903		9,57 810		10,42 190	9,97 092		16	
			0,56		0,64			0,08		
	45	9,54 936	0,56	9,57 849	0,64	10,42 151	9,97 087	0,08	15	
	46	9,54 969	0,56	9,57 887	0,64	10,42 113	9,97 083	0,08	14	
	47	9,55 003	0,55	9,57 925	0,63	10,42 075	9,97 078	0,08	13	
	48	9,55 036	0,55	9,57 963	0,63	10,42 037	9,97 073	0,08	12	
	49	9,55 069		9,58 001		10,41 999	9,97 068		11	
			0,55		0,63			0,08		
20	50	9,55 102	0,55	9,58 039	0,63	10,41 961	9,97 063	0,08	10	69
	51	9,55 136	0,55	9,58 077	0,63	10,41 923	9,97 059	0,08	9	
	52	9,55 169	0,55	9,58 115	0,63	10,41 885	9,97 054	0,08	8	
	53	9,55 202	0,55	9,58 153	0,63	10,41 847	9,97 049	0,08	7	
	54	9,55 235		9,58 191		10,41 809	9,97 044		6	
			0,55		0,63			0,08		
	55	9,55 268	0,55	9,58 229	0,63	10,41 771	9,97 039	0,08	5	
	56	9,55 301	0,55	9,58 267	0,63	10,41 733	9,97 035	0,08	4	
	57	9,55 334	0,55	9,58 304	0,63	10,41 696	9,97 030	0,08	3	
	58	9,55 367	0,55	9,58 342	0,63	10,41 658	9,97 025	0,08	2	
	59	9,55 400		9,58 380		10,41 620	9,97 020		1	
			0,55		0,63			0,08		
21	0	9,55 433		9,58 418		10,41 582	9,97 015		0	69
°	′	lg cos	D/1″	lg cot	D/1″	lg tan	lg sin	D/1″	M.	Gr.

Gr.	M.	lg sin	D/1″	lg tan	D/1″	lg cot	lg cos	D/1″	′	°
21	**0**	9,55 433	0,55	9,58 418	0,63	10,41 582	9,97 015	0,08	**0**	**69**
	1	9,55 466	0,55	9,58 455	0,63	10,41 545	9,97 010	0,08	59	
	2	9,55 499	0,55	9,58 493	0,63	10,41 507	9,97 005	0,08	58	
	3	9,55 532	0,55	9,58 531	0,63	10,41 469	9,97 001	0,08	57	
	4	9,55 564	0,55	9,58 569	0,63	10,41 431	9,96 996	0,08	56	
	5	9,55 597	0,55	9,58 606	0,63	10,41 394	9,96 991	0,08	55	
	6	9,55 630	0,55	9,58 644	0,63	10,41 356	9,96 986	0,08	54	
	7	9,55 663	0,55	9,58 681	0,63	10,41 319	9,96 981	0,08	53	
	8	9,55 695	0,54	9,58 719	0,63	10,41 281	9,96 976	0,08	52	
	9	9,55 728	0,54	9,58 757	0,63	10,41 243	9,96 971	0,08	51	
21	**10**	9,55 761	0,54	9,58 794	0,63	10,41 206	9,96 966	0,08	**50**	**68**
	11	9,55 793	0,54	9,58 832	0,62	10,41 168	9,96 962	0,08	49	
	12	9,55 826	0,54	9,58 869	0,62	10,41 131	9,96 957	0,08	48	
	13	9,55 858	0,54	9,58 907	0,62	10,41 093	9,96 952	0,08	47	
	14	9,55 891	0,54	9,58 944	0,62	10,41 056	9,96 947	0,08	46	
	15	9,55 923	0,54	9,58 981	0,62	10,41 019	9,96 942	0,08	45	
	16	9,55 956	0,54	9,59 019	0,62	10,40 981	9,96 937	0,08	44	
	17	9,55 988	0,54	9,59 056	0,62	10,40 944	9,96 932	0,08	43	
	18	9,56 021	0,54	9,59 094	0,62	10,40 906	9,96 927	0,08	42	
	19	9,56 053	0,54	9,59 131	0,62	10,40 869	9,96 922	0,08	41	
21	**20**	9,56 085	0,54	9,59 168	0,62	10,40 832	9,96 917	0,08	**40**	**68**
	21	9,56 118	0,54	9,59 205	0,62	10,40 795	9,96 912	0,08	39	
	22	9,56 150	0,54	9,59 243	0,62	10,40 757	9,96 907	0,08	38	
	23	9,56 182	0,54	9,59 280	0,62	10,40 720	9,96 903	0,08	37	
	24	9,56 215	0,54	9,59 317	0,62	10,40 683	9,96 898	0,08	36	
	25	9,56 247	0,54	9,59 354	0,62	10,40 646	9,96 893	0,08	35	
	26	9,56 279	0,54	9,59 391	0,62	10,40 609	9,96 888	0,08	34	
	27	9,56 311	0,54	9,59 429	0,62	10,40 571	9,96 883	0,08	33	
	28	9,56 343	0,54	9,59 466	0,62	10,40 534	9,96 878	0,08	32	
	29	9,56 375	0,54	9,59 503	0,62	10,40 497	9,96 873	0,08	31	
21	**30**	9,56 408		9,59 540		10,40 460	9,96 868		**30**	**68**
°	′	lg cos	D/1″	lg cot	D/1″	lg tan	lg sin	D/1″	M.	Gr.

Logarithmen der goniometrischen Funktionen 91

Gr.	M.	lg sin	D/1″	lg tan	D/1″	lg cot	lg cos	D/1″	′	°
21	**30**	9,56 40<u>8</u>	0,53	9,59 54<u>0</u>	0,62	10,40 460	9,96 86<u>8</u>	0,08	**30**	**68**
	31	9,56 44<u>0</u>	0,53	9,59 57<u>7</u>	0,62	10,40 423	9,96 86<u>3</u>	0,08	29	
	32	9,56 47<u>2</u>	0,53	9,59 61<u>4</u>	0,62	10,40 386	9,96 85<u>8</u>	0,08	28	
	33	9,56 50<u>4</u>	0,53	9,59 65<u>1</u>	0,62	10,40 349	9,96 85<u>3</u>	0,08	27	
	34	9,56 53<u>6</u>	0,53	9,59 68<u>8</u>	0,62	10,40 312	9,96 84<u>8</u>	0,08	26	
	35	9,56 56<u>8</u>	0,53	9,59 72<u>5</u>	0,62	10,40 275	9,96 84<u>3</u>	0,08	25	
	36	9,56 599	0,53	9,59 76<u>2</u>	0,62	10,40 238	9,96 83<u>8</u>	0,08	24	
	37	9,56 631	0,53	9,59 79<u>9</u>	0,61	10,40 201	9,96 83<u>3</u>	0,08	23	
	38	9,56 663	0,53	9,59 835	0,61	10,40 16<u>5</u>	9,96 82<u>8</u>	0,08	22	
	39	9,56 695	0,53	9,59 872	0,61	10,40 12<u>8</u>	9,96 82<u>3</u>	0,08	21	
21	**40**	9,56 72<u>7</u>	0,53	9,59 909	0,61	10,40 09<u>1</u>	9,96 81<u>8</u>	0,08	**20**	**68**
	41	9,56 75<u>9</u>	0,53	9,59 94<u>6</u>	0,61	10,40 05<u>4</u>	9,96 81<u>3</u>	0,08	19	
	42	9,56 790	0,53	9,59 983	0,61	10,40 017	9,96 80<u>8</u>	0,08	18	
	43	9,56 822	0,53	9,60 019	0,61	10,39 98<u>1</u>	9,96 80<u>3</u>	0,08	17	
	44	9,56 85<u>4</u>	0,53	9,60 056	0,61	10,39 94<u>4</u>	9,96 79<u>8</u>	0,08	16	
	45	9,56 88<u>6</u>	0,53	9,60 09<u>3</u>	0,61	10,39 907	9,96 79<u>3</u>	0,08	15	
	46	9,56 917	0,53	9,60 13<u>0</u>	0,61	10,39 870	9,96 78<u>8</u>	0,08	14	
	47	9,56 94<u>9</u>	0,53	9,60 166	0,61	10,39 83<u>4</u>	9,96 78<u>3</u>	0,08	13	
	48	9,56 980	0,53	9,60 20<u>3</u>	0,61	10,39 797	9,96 77<u>8</u>	0,08	12	
	49	9,57 012	0,53	9,60 24<u>0</u>	0,61	10,39 760	9,96 772	0,08	11	
21	**50**	9,57 04<u>4</u>	0,53	9,60 276	0,61	10,39 72<u>4</u>	9,96 767	0,08	**10**	**68**
	51	9,57 075	0,52	9,60 313	0,61	10,39 687	9,96 762	0,08	9	
	52	9,57 10<u>7</u>	0,52	9,60 349	0,61	10,39 65<u>1</u>	9,96 757	0,08	8	
	53	9,57 138	0,52	9,60 386	0,61	10,39 614	9,96 752	0,08	7	
	54	9,57 169	0,52	9,60 422	0,61	10,39 57<u>8</u>	9,96 747	0,08	6	
	55	9,57 20<u>1</u>	0,52	9,60 45<u>9</u>	0,61	10,39 541	9,96 742	0,08	5	
	56	9,57 232	0,52	9,60 495	0,61	10,39 50<u>5</u>	9,96 73<u>7</u>	0,08	4	
	57	9,57 26<u>4</u>	0,52	9,60 53<u>2</u>	0,61	10,39 468	9,96 73<u>2</u>	0,08	3	
	58	9,57 29<u>5</u>	0,52	9,60 568	0,61	10,39 43<u>2</u>	9,96 72<u>7</u>	0,08	2	
	59	9,57 326	0,52	9,60 60<u>5</u>	0,61	10,39 395	9,96 72<u>2</u>	0,08	1	
22	**0**	9,57 35<u>8</u>		9,60 64<u>1</u>		10,39 359	9,96 717		**0**	**68**
°	′	lg cos	D/1″	lg cot	D/1″	lg tan	lg sin	D/1″	M.	Gr.

Logarithmen der goniometrischen Funktionen

Gr.	M.	lg sin	D/1″	lg tan	D/1″	lg cot	lg cos	D/1″	′	o
22	0	9,57 358̱	0,52	9,60 64$\underline{1}$	0,61	10,39 359	9,96 71$\underline{7}$	0,09	0	68
	1	9,57 38$\underline{9}$	0,52	9,60 677	0,61	10,39 32$\underline{3}$	9,96 711	0,09	59	
	2	9,57 420	0,52	9,60 71$\underline{4}$	0,61	10,39 286	9,96 706	0,09	58	
	3	9,57 451	0,52	9,60 75$\underline{0}$	0,61	10,39 250	9,96 701	0,09	57	
	4	9,57 482		9,60 786		10,39 21$\underline{4}$	9,96 696		56	
			0,52		0,60			0,09		
	5	9,57 51$\underline{4}$	0,52	9,60 82$\underline{3}$	0,60	10,39 177	9,96 691	0,09	55	
	6	9,57 54$\underline{5}$	0,52	9,60 85$\underline{9}$	0,60	10,39 141	9,96 68$\underline{6}$	0,09	54	
	7	9,57 57$\underline{6}$	0,52	9,60 895	0,60	10,39 10$\underline{5}$	9,96 68$\underline{1}$	0,09	53	
	8	9,57 60$\underline{7}$	0,52	9,60 931	0,60	10,39 06$\underline{9}$	9,96 67$\underline{6}$	0,09	52	
	9	9,57 63$\underline{8}$		9,60 967		10,39 033	9,96 670		51	
			0,52		0,60			0,09		
22	10	9,57 66$\underline{9}$	0,52	9,61 00$\underline{4}$	0,60	10,38 996	9,96 665	0,09	50	67
	11	9,57 70$\underline{0}$	0,52	9,61 04$\underline{0}$	0,60	10,38 960	9,96 660	0,09	49	
	12	9,57 73$\underline{1}$	0,52	9,61 076	0,60	10,38 924	9,96 655	0,09	48	
	13	9,57 76$\underline{2}$	0,52	9,61 112	0,60	10,38 888	9,96 65$\underline{0}$	0,09	47	
	14	9,57 793		9,61 148		10,38 852	9,96 64$\underline{5}$		46	
			0,52		0,60			0,09		
	15	9,57 82$\underline{4}$	0,51	9,61 184	0,60	10,38 81$\underline{6}$	9,96 64$\underline{0}$	0,09	45	
	16	9,57 85$\underline{5}$	0,51	9,61 220	0,60	10,38 78$\underline{0}$	9,96 63$\underline{4}$	0,09	44	
	17	9,57 885	0,51	9,61 256	0,60	10,38 74$\underline{4}$	9,96 629	0,09	43	
	18	9,57 916	0,51	9,61 292	0,60	10,38 70$\underline{8}$	9,96 624	0,09	42	
	19	9,57 94$\underline{7}$		9,61 328		10,38 67$\underline{2}$	9,96 61$\underline{9}$		41	
			0,51		0,60			0,09		
22	20	9,57 97$\underline{8}$	0,51	9,61 364	0,60	10,38 636	9,96 61$\underline{4}$	0,09	40	67
	21	9,58 008	0,51	9,61 40$\underline{0}$	0,60	10,38 600	9,96 608	0,09	39	
	22	9,58 039	0,51	9,61 43$\underline{6}$	0,60	10,38 564	9,96 603	0,09	38	
	23	9,58 07$\underline{0}$	0,51	9,61 47$\underline{2}$	0,60	10,38 528	9,96 598	0,09	37	
	24	9,58 10$\underline{1}$		9,61 508		10,38 492	9,96 59$\underline{3}$		36	
			0,51		0,60			0,09		
	25	9,58 131	0,51	9,61 54$\underline{4}$	0,60	10,38 456	9,96 58$\underline{8}$	0,09	35	
	26	9,58 16$\underline{2}$	0,51	9,61 579	0,60	10,38 42$\underline{1}$	9,96 582	0,09	34	
	27	9,58 192	0,51	9,61 615	0,60	10,38 38$\underline{5}$	9,96 577	0,09	33	
	28	9,58 22$\underline{3}$	0,51	9,61 65$\underline{1}$	0,60	10,38 349	9,96 57$\underline{2}$	0,09	32	
	29	9,58 253		9,61 687		10,38 313	9,96 56$\underline{7}$		31	
			0,51		0,60			0,09		
22	30	9,58 28$\underline{4}$		9,61 722		10,38 27$\underline{8}$	9,96 56$\underline{2}$		30	67
o	′	lg cos	D/1″	lg cot	D/1″	lg tan	lg sin	D/1″	M.	Gr.

Logarithmen der goniometrischen Funktionen

Gr.	M.	lg sin	D/1″	lg tan	D/1″	lg cot	lg cos	D/1″	′	°
22	30	9,58 284	0,51	9,61 722	0,60	10,38 278	9,96 562	0,09	30	67
	31	9,58 314	0,51	9,61 758	0,60	10,38 242	9,96 556	0,09	29	
	32	9,58 345	0,51	9,61 794	0,59	10,38 206	9,96 551	0,09	28	
	33	9,58 375	0,51	9,61 830	0,59	10,38 170	9,96 546	0,09	27	
	34	9,58 406	0,51	9,61 865	0,59	10,38 135	9,96 541	0,09	26	
	35	9,58 436	0,51	9,61 901	0,59	10,38 099	9,96 535	0,09	25	
	36	9,58 467	0,51	9,61 936	0,59	10,38 064	9,96 530	0,09	24	
	37	9,58 497	0,51	9,61 972	0,59	10,38 028	9,96 525	0,09	23	
	38	9,58 527	0,51	9,62 008	0,59	10,37 992	9,96 520	0,09	22	
	39	9,58 557	0,50	9,62 043	0,59	10,37 957	9,96 514	0,09	21	
22	40	9,58 588	0,50	9,62 079	0,59	10,37 921	9,96 509	0,09	20	67
	41	9,58 618	0,50	9,62 114	0,59	10,37 886	9,96 504	0,09	19	
	42	9,58 648	0,50	9,62 150	0,59	10,37 850	9,96 498	0,09	18	
	43	9,58 678	0,50	9,62 185	0,59	10,37 815	9,96 493	0,09	17	
	44	9,58 709	0,50	9,62 221	0,59	10,37 779	9,96 488	0,09	16	
	45	9,58 739	0,50	9,62 256	0,59	10,37 744	9,96 483	0,09	15	
	46	9,58 769	0,50	9,62 292	0,59	10,37 708	9,96 477	0,09	14	
	47	9,58 799	0,50	9,62 327	0,59	10,37 673	9,96 472	0,09	13	
	48	9,58 829	0,50	9,62 362	0,59	10,37 638	9,96 467	0,09	12	
	49	9,58 859	0,50	9,62 398	0,59	10,37 602	9,96 461	0,09	11	
22	50	9,58 889	0,50	9,62 433	0,59	10,37 567	9,96 456	0,09	10	67
	51	9,58 919	0,50	9,62 468	0,59	10,37 532	9,96 451	0,09	9	
	52	9,58 949	0,50	9,62 504	0,59	10,37 496	9,96 445	0,09	8	
	53	9,58 979	0,50	9,62 539	0,59	10,37 461	9,96 440	0,09	7	
	54	9,59 009	0,50	9,62 574	0,59	10,37 426	9,96 435	0,09	6	
	55	9,59 039	0,50	9,62 609	0,59	10,37 391	9,96 429	0,09	5	
	56	9,59 069	0,50	9,62 645	0,59	10,37 355	9,96 424	0,09	4	
	57	9,59 098	0,50	9,62 680	0,59	10,37 320	9,96 419	0,09	3	
	58	9,59 128	0,50	9,62 715	0,59	10,37 285	9,96 413	0,09	2	
	59	9,59 158	0,50	9,62 750	0,59	10,37 250	9,96 408	0,09	1	
23	0	9,59 188		9,62 785		10,37 215	9,96 403		0	67
°	′	lg cos	D/1″	lg cot	D/1″	lg tan	lg sin	D/1″	M.	Gr.

Gr.	M.	lg sin	D/1″	lg tan	D/1″	lg cot	lg cos	D/1″	′	°
23	0	9,59 188		9,62 785		10,37 215	9,96 403		0	67
			0,50		0,59			0,09		
	1	9,59 218		9,62 820		10,37 180	9,96 397		59	
			0,50		0,59			0,09		
	2	9,59 247		9,62 855		10,37 145	9,96 392		58	
			0,50		0,59			0,09		
	3	9,59 277		9,62 890		10,37 110	9,96 387		57	
			0,50		0,58			0,09		
	4	9,59 307		9,62 926		10,37 074	9,96 381		56	
			0,49		0,58			0,09		
	5	9,59 336		9,62 961		10,37 039	9,96 376		55	
			0,49		0,58			0,09		
	6	9,59 366		9,62 996		10,37 004	9,96 370		54	
			0,49		0,58			0,09		
	7	9,59 396		9,63 031		10,36 969	9,96 365		53	
			0,49		0,58			0,09		
	8	9,59 425		9,63 066		10,36 934	9,96 360		52	
			0,49		0,58			0,09		
	9	9,59 455		9,63 101		10,36 899	9,96 354		51	
			0,49		0,58			0,09		
23	10	9,59 484		9,63 135		10,36 865	9,96 349		50	66
			0,49		0,58			0,09		
	11	9,59 514		9,63 170		10,36 830	9,96 343		49	
			0,49		0,58			0,09		
	12	9,59 543		9,63 205		10,36 795	9,96 338		48	
			0,49		0,58			0,09		
	13	9,59 573		9,63 240		10,36 760	9,96 333		47	
			0,49		0,58			0,09		
	14	9,59 602		9,63 275		10,36 725	9,96 327		46	
			0,49		0,58			0,09		
	15	9,59 632		9,63 310		10,36 690	9,96 322		45	
			0,49		0,58			0,09		
	16	9,59 661		9,63 345		10,36 655	9,96 316		44	
			0,49		0,58			0,09		
	17	9,59 690		9,63 379		10,36 621	9,96 311		43	
			0,49		0,58			0,09		
	18	9,59 720		9,63 414		10,36 586	9,96 305		42	
			0,49		0,58			0,09		
	19	9,59 749		9,63 449		10,36 551	9,96 300		41	
			0,49		0,58			0,09		
23	20	9,59 778		9,63 484		10,36 516	9,96 294		40	66
			0,49		0,58			0,09		
	21	9,59 808		9,63 519		10,36 481	9,96 289		39	
			0,49		0,58			0,09		
	22	9,59 837		9,63 553		10,36 447	9,96 284		38	
			0,49		0,58			0,09		
	23	9,59 866		9,63 588		10,36 412	9,96 278		37	
			0,49		0,58			0,09		
	24	9,59 895		9,63 623		10,36 377	9,96 273		36	
			0,49		0,58			0,09		
	25	9,59 924		9,63 657		10,36 343	9,96 267		35	
			0,49		0,58			0,09		
	26	9,59 954		9,63 692		10,36 308	9,96 262		34	
			0,49		0,58			0,09		
	27	9,59 983		9,63 726		10,36 274	9,96 256		33	
			0,49		0,58			0,09		
	28	9,60 012		9,63 761		10,36 239	9,96 251		32	
			0,48		0,58			0,09		
	29	9,60 041		9,63 796		10,36 204	9,96 245		31	
			0,48		0,58			0,09		
23	30	9,60 070		9,63 830		10,36 170	9,96 240		30	66
°	′	lg cos	D/1″	lg cot	D/1″	lg tan	lg sin	D/1″	M.	Gr.

Gr.	M.	lg sin	D/1"	lg tan	D/1"	lg cot	lg cos	D/1"	'	°
23	**30**	9,60 070	0,48	9,63 830	0,58	10,36 170	9,96 240	0,09	**30**	**66**
	31	9,60 099	0,48	9,63 865	0,58	10,36 135	9,96 234	0,09	29	
	32	9,60 128	0,48	9,63 899	0,58	10,36 101	9,96 229	0,09	28	
	33	9,60 157	0,48	9,63 934	0,57	10,36 066	9,96 223	0,09	27	
	34	9,60 186	0,48	9,63 968	0,57	10,36 032	9,96 218	0,09	26	
	35	9,60 215	0,48	9,64 003	0,57	10,35 997	9,96 212	0,09	25	
	36	9,60 244	0,48	9,64 037	0,57	10,35 963	9,96 207	0,09	24	
	37	9,60 273	0,48	9,64 072	0,57	10,35 928	9,96 201	0,09	23	
	38	9,60 302	0,48	9,64 106	0,57	10,35 894	9,96 196	0,09	22	
	39	9,60 331	0,48	9,64 140	0,57	10,35 860	9,96 190	0,09	21	
23	**40**	9,60 359	0,48	9,64 175	0,57	10,35 825	9,96 185	0,09	**20**	**66**
	41	9,60 388	0,48	9,64 209	0,57	10,35 791	9,96 179	0,09	19	
	42	9,60 417	0,48	9,64 243	0,57	10,35 757	9,96 174	0,09	18	
	43	9,60 446	0,48	9,64 278	0,57	10,35 722	9,96 168	0,09	17	
	44	9,60 474	0,48	9,64 312	0,57	10,35 688	9,96 162	0,09	16	
	45	9,60 503	0,48	9,64 346	0,57	10,35 654	9,96 157	0,09	15	
	46	9,60 532	0,48	9,64 381	0,57	10,35 619	9,96 151	0,09	14	
	47	9,60 561	0,48	9,64 415	0,57	10,35 585	9,96 146	0,09	13	
	48	9,60 589	0,48	9,64 449	0,57	10,35 551	9,96 140	0,09	12	
	49	9,60 618	0,48	9,64 483	0,57	10,35 517	9,96 135	0,09	11	
23	**50**	9,60 646	0,48	9,64 517	0,57	10,35 483	9,96 129	0,09	**10**	**66**
	51	9,60 675	0,48	9,64 552	0,57	10,35 448	9,96 123	0,09	9	
	52	9,60 704	0,48	9,64 586	0,57	10,35 414	9,96 118	0,09	8	
	53	9,60 732	0,48	9,64 620	0,57	10,35 380	9,96 112	0,09	7	
	54	9,60 761	0,48	9,64 654	0,57	10,35 346	9,96 107	0,09	6	
	55	9,60 789	0,48	9,64 688	0,57	10,35 312	9,96 101	0,09	5	
	56	9,60 818	0,47	9,64 722	0,57	10,35 278	9,96 095	0,09	4	
	57	9,60 846	0,47	9,64 756	0,57	10,35 244	9,96 090	0,09	3	
	58	9,60 875	0,47	9,64 790	0,57	10,35 210	9,96 084	0,09	2	
	59	9,60 903	0,47	9,64 824	0,57	10,35 176	9,96 079	0,09	1	
24	**0**	9,60 931		9,64 858		10,35 142	9,96 073		**0**	**66**
°	'	lg cos	D/1"	lg cot	D/1"	lg tan	lg sin	D/1"	M.	Gr.

Gr.	M.	lg sin	D/1″	lg tan	D/1″	lg cot	lg cos	D/1″	′	°
24	**0**	9,60 931	0,47	9,64 858	0,57	10,35 142	9,96 073	0,09	**0**	**66**
	1	9,60 960	0,47	9,64 892	0,57	10,35 108	9,96 067	0,09	59	
	2	9,60 988	0,47	9,64 926	0,57	10,35 074	9,96 062	0,09	58	
	3	9,61 016	0,47	9,64 960	0,57	10,35 040	9,96 056	0,09	57	
	4	9,61 045	0,47	9,64 994	0,57	10,35 006	9,96 050	0,09	56	
	5	9,61 073	0,47	9,65 028	0,57	10,34 972	9,96 045	0,09	55	
	6	9,61 101	0,47	9,65 062	0,57	10,34 938	9,96 039	0,09	54	
	7	9,61 129	0,47	9,65 096	0,56	10,34 904	9,96 034	0,09	53	
	8	9,61 158	0,47	9,65 130	0,56	10,34 870	9,96 028	0.09	52	
	9	9,61 186	0,47	9,65 164	0,56	10,34 836	9,96 022	0,09	51	
24	**10**	9,61 214	0,47	9,65 197	0,56	10,34 803	9,96 017	0,09	**50**	**65**
	11	9,61 242	0,47	9,65 231	0,56	10,34 769	9,96 011	0,09	49	
	12	9,61 270	0,47	9.65 265	0,56	10,34 735	9.96 005	0,09	48	
	13	9,61 298	0,47	9,65 299	0,56	10,34 701	9,96 000	0,09	47	
	14	9,61 326	0,47	9,65 333	0,56	10,34 667	9,95 994	0,09	46	
	15	9,61 354	0,47	9,65 366	0,56	10.34 634	9,95 988	0,09	45	
	16	9,61 382	0,47	9,65 400	0,56	10,34 600	9,95 982	0,09	44	
	17	9,61 411	0,47	9,65 434	0,56	10,34 566	9,95 977	0,10	43	
	18	9,61 438	0,47	9,65 467	0,56	10,34 533	9,95 971	0,10	42	
	19	9,61 466	0,47	9,65 501	0,56	10,34 499	9,95 965	0,10	41	
24	**20**	9,61 494	0,47	9,65 535	0,56	10,34 465	9,95 960	0,10	**40**	**65**
	21	9,61 522	0,47	9,65 568	0,56	10,34 432	9,95 954	0,10	39	
	22	9,61 550	0,46	9,65 602	0,56	10,34 398	9,95 948	0,10	38	
	23	9,61 578	0,46	9,65 636	0,56	10,34 364	9,95 942	0,10	37	
	24	9,61 606	0,46	9,65 669	0,56	10,34 331	9,95 937	0,10	36	
	25	9,61 634	0,46	9,65 703	0,56	10,34 297	9,95 931	0,10	35	
	26	9,61 662	0,46	9,65 736	0,56	10.34 264	9,95 925	0,10	34	
	27	9,61 689	0,46	9,65 770	0,56	10,34 230	9,95 920	0,10	33	
	28	9,61 717	0,46	9,65 803	0,56	10,34 197	9,95 914	0,10	32	
	29	9,61 745	0,46	9,65 837	0,56	10,34 163	9,95 908	0,10	31	
24	**30**	9,61 773		9,65 870		10,34 130	9,95 902		**30**	**65**
°	′	lg cos	D/1″	lg cot	D/1″	lg tan	lg sin	D/1″	M.	Gr.

Logarithmen der goniometrischen Funktionen   97

Gr.	M.	lg sin	D/1″	lg tan	D/1″	lg cot	lg cos	D/1″	′	°
24	30	9,61 77<u>3</u>	0,46	9,65 870	0,56	10,34 13<u>0</u>	9,95 902	0,10	30	65
	31	9,61 800	0,46	9,65 90<u>4</u>	0,56	10,34 096	9,95 89<u>7</u>	0,10	29	
	32	9,61 828	0,46	9,65 937	0,56	10,34 063	9,95 89<u>1</u>	0,10	28	
	33	9,61 85<u>6</u>	0,46	9,65 97<u>1</u>	0,56	10,34 029	9,95 88<u>5</u>	0,10	27	
	34	9,61 883	0,46	9,66 004	0,56	10,33 99<u>6</u>	9,95 879	0,10	26	
	35	9,61 911	0,46	9,66 03<u>8</u>	0,56	10,33 962	9,95 873	0,10	25	
	36	9,61 93<u>9</u>	0,46	9,66 07<u>1</u>	0,56	10,33 929	9,95 86<u>8</u>	0,10	24	
	37	9,61 966	0,46	9,66 104	0,56	10,33 896	9,95 86<u>2</u>	0,10	23	
	38	9,61 99<u>4</u>	0,46	9,66 13<u>8</u>	0,56	10,33 862	9,95 856	0,10	22	
	39	9,62 021	0,46	9,66 171	0,56	10,33 829	9,95 850	0,10	21	
24	40	9,62 04<u>9</u>	0,46	9,66 204	0,56	10,33 796	9,95 84<u>4</u>	0,10	20	65
	41	9,62 076	0,46	9,66 23<u>8</u>	0,56	10,33 762	9,95 83<u>9</u>	0,10	19	
	42	9,62 10<u>4</u>	0,46	9,66 27<u>1</u>	0,55	10,33 729	9,95 83<u>3</u>	0,10	18	
	43	9,62 131	0,46	9,66 304	0,55	10,33 696	9,95 827	0,10	17	
	44	9,62 15<u>9</u>	0,46	9,66 337	0,55	10,33 66<u>3</u>	9,95 821	0,10	16	
	45	9,62 186	0,46	9,66 37<u>1</u>	0,55	10,33 629	9,95 815	0,10	15	
	46	9,62 21<u>4</u>	0,46	9,66 40<u>4</u>	0,55	10,33 596	9,95 81<u>0</u>	0,10	14	
	47	9,62 24<u>1</u>	0,46	9,66 437	0,55	10,33 56<u>3</u>	9,95 80<u>4</u>	0,10	13	
	48	9,62 268	0,46	9,66 470	0,55	10,33 53<u>0</u>	9,95 79<u>8</u>	0,10	12	
	49	9,62 29<u>6</u>	0,46	9,66 503	0,55	10,33 49<u>7</u>	9,95 792	0,10	11	
24	50	9,62 32<u>3</u>	0,45	9,66 53<u>7</u>	0,55	10,33 463	9,95 786	0,10	10	65
	51	9,62 350	0,45	9,66 57<u>0</u>	0,55	10,33 430	9,95 780	0,10	9	
	52	9,62 377	0,45	9,66 60<u>3</u>	0,55	10,33 397	9,95 77<u>5</u>	0,10	8	
	53	9,62 40<u>5</u>	0,45	9,66 636	0,55	10,33 364	9,95 76<u>9</u>	0,10	7	
	54	9,62 43<u>2</u>	0,45	9,66 669	0,55	10,33 33<u>1</u>	9,95 76<u>3</u>	0,10	6	
	55	9,62 459	0,45	9,66 702	0,55	10,33 298	9,95 75<u>7</u>	0,10	5	
	56	9,62 486	0,45	9,66 735	0,55	10,33 26<u>5</u>	9,95 751	0,10	4	
	57	9,62 513	0,45	9,66 768	0,55	10,33 23<u>2</u>	9,95 745	0,10	3	
	58	9,62 54<u>1</u>	0,45	9,66 801	0,55	10,33 19<u>9</u>	9,95 739	0,10	2	
	59	9,62 56<u>8</u>	0,45	9,66 834	0,55	10,33 16<u>6</u>	9,95 733	0,10	1	
25	0	9,62 59<u>5</u>		9,66 867		10,33 13<u>3</u>	9,95 72<u>8</u>		0	65
°	′	lg cos	D/1″	lg cot	D/1″	lg tan	lg sin	D/1″	M.	Gr.

Logarithmen der goniometrischen Funktionen

Gr.	M.	lg sin	D/1″	lg tan	D/1″	lg cot	lg cos	D/1″	′	°
25	0	9,62 59$\underline{5}$	0,45	9,66 867	0,55	10,33 13$\underline{3}$	9,95 72$\underline{8}$	0,10	0	65
	1	9,62 62$\underline{2}$	0,45	9,66 900	0,55	10,33 10$\underline{0}$	9,95 72$\underline{2}$	0,10	59	
	2	9,62 64$\underline{9}$	0,45	9,66 933	0,55	10,33 06$\underline{7}$	9,95 71$\underline{6}$	0,10	58	
	3	9,62 67$\underline{6}$	0,45	9,66 966	0,55	10,33 03$\underline{4}$	9,95 71$\underline{0}$	0,10	57	
	4	9,62 703	0,45	9,66 999	0,55	10,33 00$\underline{1}$	9,95 70$\underline{4}$	0,10	56	
	5	9,62 730	0,45	9,67 03$\underline{2}$	0,55	10,32 968	9,95 698	0,10	55	
	6	9,62 757	0,45	9,67 06$\underline{5}$	0,55	10,32 935	9,95 692	0,10	54	
	7	9,62 78$\underline{4}$	0,45	9,67 09$\underline{8}$	0,55	10,32 902	9,95 686	0,10	53	
	8	9,62 81$\underline{1}$	0,45	9,67 131	0,55	10,32 869	9,95 680	0,10	52	
	9	9,62 83$\underline{8}$	0,45	9,67 163	0,55	10,32 837	9,95 674	0,10	51	
25	10	9,62 86$\underline{5}$	0,45	9,67 196	0,55	10,32 80$\underline{4}$	9,95 668	0,10	50	64
	11	9,62 89$\underline{2}$	0,45	9,67 229	0,55	10,32 77$\underline{1}$	9,95 66$\underline{3}$	0,10	49	
	12	9,62 918	0,45	9,67 26$\underline{2}$	0,55	10,32 738	9,95 65$\underline{7}$	0,10	48	
	13	9,62 945	0,45	9,67 29$\underline{5}$	0,55	10,32 705	9,95 65$\underline{1}$	0,10	47	
	14	9,62 972	0,45	9,67 327	0,55	10,32 67$\underline{3}$	9,95 64$\underline{5}$	0,10	46	
	15	9,62 99$\underline{9}$	0,45	9,67 360	0,55	10,32 64$\underline{0}$	9,95 63$\underline{9}$	0,10	45	
	16	9,63 02$\underline{6}$	0,45	9,67 39$\underline{3}$	0,55	10,32 607	9,95 63$\underline{3}$	0,10	44	
	17	9,63 052	0,45	9,67 42$\underline{6}$	0,55	10,32 574	9,95 62$\underline{7}$	0,10	43	
	18	9,63 079	0,45	9,67 458	0,55	10,32 54$\underline{2}$	9,95 62$\underline{1}$	0,10	42	
	19	9,63 10$\underline{6}$	0,45	9,67 491	0,55	10,32 50$\underline{9}$	9,95 615	0,10	41	
25	20	9,63 13$\underline{3}$	0,44	9,67 52$\underline{4}$	0,54	10,32 476	9,95 60$\underline{9}$	0,10	40	64
	21	9,63 159	0,44	9,67 556	0,54	10,32 44$\underline{4}$	9,95 60$\underline{3}$	0,10	39	
	22	9,63 18$\underline{6}$	0,44	9,67 589	0,54	10,32 41$\underline{1}$	9,95 59$\underline{7}$	0,10	38	
	23	9,63 21$\underline{3}$	0,44	9,67 62$\underline{2}$	0,54	10,32 378	9,95 59$\underline{1}$	0,10	37	
	24	9,63 239	0,44	9,67 654	0,54	10,32 34$\underline{6}$	9,95 58$\underline{5}$	0,10	36	
	25	9,63 26$\underline{6}$	0,44	9,67 687	0,54	10,32 313	9,95 57$\underline{9}$	0,10	35	
	26	9,63 292	0,44	9,67 719	0,54	10,32 28$\underline{1}$	9,95 57$\underline{3}$	0,10	34	
	27	9,63 31$\underline{9}$	0,44	9,67 752	0,54	10,32 24$\underline{8}$	9,95 56$\underline{7}$	0,10	33	
	28	9,63 345	0,44	9,67 785	0,54	10,32 215	9,95 56$\underline{1}$	0,10	32	
	29	9,63 37$\underline{2}$	0,44	9,67 817	0,54	10,32 18$\underline{3}$	9,95 55$\underline{5}$	0,10	31	
25	30	9,63 398		9,67 85$\underline{0}$		10,32 150	9,95 54$\underline{9}$		30	64
°	′	lg cos	D/1″	lg cot	D/1″	lg tan	lg sin	D/1″	M.	Gr.

Logarithmen der goniometrischen Funktionen 99

Gr.	M.	lg sin	D/1″	lg tan	D/1″	lg cot	lg cos	D/1″	′	0
25	30	9,63 398	0,44	9,67 850	0,54	10,32 150	9,95 549	0,10	30	64
	31	9,63 425	0,44	9,67 882	0,54	10,32 118	9,95 543	0,10	29	
	32	9,63 451	0,44	9,67 915	0,54	10,32 085	9,95 537	0,10	28	
	33	9,63 478	0,44	9,67 947	0,54	10,32 053	9,95 531	0,10	27	
	34	9,63 504	0,44	9,67 980	0,54	10,32 020	9,95 525	0,10	26	
	35	9,63 531	0,44	9,68 012	0,54	10,31 988	9,95 519	0,10	25	
	36	9,63 557	0,44	9,68 044	0,54	10,31 956	9,95 513	0,10	24	
	37	9,63 583	0,44	9,68 077	0,54	10,31 923	9,95 507	0,10	23	
	38	9,63 610	0,44	9,68 109	0,54	10,31 891	9,95 500	0,10	22	
	39	9,63 636	0,44	9,68 142	0,54	10,31 858	9,95 494	0,10	21	
25	40	9,63 662	0,44	9,68 174	0,54	10,31 826	9,95 488	0,10	20	64
	41	9,63 689	0,44	9,68 206	0,54	10,31 794	9,95 482	0,10	19	
	42	9,63 715	0,44	9,68 239	0,54	10,31 761	9,95 476	0,10	18	
	43	9,63 741	0,44	9,68 271	0,54	10,31 729	9,95 470	0,10	17	
	44	9,63 767	0,44	9,68 303	0,54	10,31 697	9,95 464	0,10	16	
	45	9,63 794	0,44	9,68 336	0,54	10,31 664	9,95 458	0,10	15	
	46	9,63 820	0,44	9,68 368	0,54	10,31 632	9,95 452	0,10	14	
	47	9,63 846	0,44	9,68 400	0,54	10,31 600	9,95 446	0,10	13	
	48	9,63 872	0,44	9,68 432	0,54	10,31 568	9,95 440	0,10	12	
	49	9,63 898	0,44	9,68 465	0,54	10,31 535	9,95 434	0,10	11	
25	50	9,63 924	0,43	9,68 497	0,54	10,31 503	9,95 427	0,10	10	64
	51	9,63 950	0,43	9,68 529	0,54	10,31 471	9,95 421	0,10	9	
	52	9,63 976	0,43	9,68 561	0,54	10,31 439	9,95 415	0,10	8	
	53	9,64 002	0,43	9,68 593	0,54	10,31 407	9,95 409	0,10	7	
	54	9,64 028	0,43	9,68 626	0,54	10,31 374	9,95 403	0,10	6	
	55	9,64 054	0,43	9,68 658	0,54	10,31 342	9,95 397	0,10	5	
	56	9,64 080	0,43	9,68 690	0,54	10,31 310	9,95 391	0,10	4	
	57	9,64 106	0,43	9,68 722	0,54	10,31 278	9,95 394	0,10	3	
	58	9,64 132	0,43	9,68 754	0,53	10,31 246	9,95 378	0,10	2	
	59	9,64 158	0,43	9,68 786	0,53	10,31 214	9,95 372	0,10	1	
26	0	9,64 184		9,68 818		10,31 182	9,95 366		0	64
0	′	lg cos	D/1″	lg cot	D/1″	lg tan	lg sin	D/1″	M.	Gr.

Logarithmen der goniometrischen Funktionen

Gr.	M.	lg sin	D/1″	lg tan	D/1″	lg cot	lg cos	D/1″	′	°
26	0	9,64 184	0,43	9,68 818	0,53	10,31 18<u>2</u>	9,95 366	0,10	0	64
	1	9,64 210	0,43	9,68 850	0,53	10,31 15<u>0</u>	9,95 36<u>0</u>	0,10	59	
	2	9,64 23<u>6</u>	0,43	9,68 882	0,53	10,31 11<u>8</u>	9,95 35<u>4</u>	0,10	58	
	3	9,64 26<u>2</u>	0,43	9,68 914	0,53	10,31 086	9,95 34<u>8</u>	0,10	57	
	4	9,64 28<u>8</u>	0,43	9,68 946	0,53	10,31 05<u>4</u>	9,95 34<u>1</u>	0,10	56	
	5	9,64 313	0,43	9,68 978	0,53	10,31 022	9,95 335	0,10	55	
	6	9,64 339	0,43	9,69 010	0,53	10,30 990	9,95 32<u>9</u>	0,10	54	
	7	9,64 365	0,43	9,69 042	0,53	10,30 95<u>8</u>	9,95 32<u>3</u>	0,10	53	
	8	9,64 39<u>1</u>	0,43	9,69 074	0,53	10,30 926	9,95 31<u>7</u>	0,10	52	
	9	9,64 41<u>7</u>	0,43	9,69 106	0,53	10,30 894	9,95 310	0,10	51	
26	10	9,64 442	0,43	9,69 138	0,53	10,30 862	9,95 304	0,10	50	63
	11	9,64 468	0,43	9,69 17<u>0</u>	0,53	10,30 830	9,95 29<u>8</u>	0,10	49	
	12	9,64 49<u>4</u>	0,43	9,69 20<u>2</u>	0,53	10,30 798	9,95 29<u>2</u>	0,10	48	
	13	9,64 519	0,43	9,69 23<u>4</u>	0,53	10,30 766	9,95 28<u>6</u>	0,10	47	
	14	9,64 54<u>5</u>	0,43	9,69 266	0,53	10,30 734	9,95 279	0,10	46	
	15	9,64 57<u>1</u>	0,43	9,69 29<u>8</u>	0,53	10,30 702	9,95 273	0,10	45	
	16	9,64 596	0,43	9,69 329	0,53	10,30 67<u>1</u>	9,95 26<u>7</u>	0,10	44	
	17	9,64 62<u>2</u>	0,43	9.69 361	0,53	10,30 639	9,95 26<u>1</u>	0,10	43	
	18	9,64 647	0,43	9,69 393	0,53	10,30 607	9,95 254	0,10	42	
	19	9,64 67<u>3</u>	0,43	9,69 42<u>5</u>	0,53	10,30 575	9,95 248	0,10	41	
26	20	9,64 698	0,43	9,69 457	0,53	10,30 543	9,95 24<u>2</u>	0,10	40	63
	21	9,64 72<u>4</u>	0,43	9,69 488	0,53	10,30 512	9,95 23<u>6</u>	0,10	39	
	22	9,64 749	0,42	9,69 520	0,53	10,30 48<u>0</u>	9,95 229	0,10	38	
	23	9,64 77<u>5</u>	0,42	9,69 55<u>2</u>	0,53	10,30 448	9,95 223	0,10	37	
	24	9,64 80<u>0</u>	0,42	9,69 58<u>4</u>	0,53	10,30 416	9,95 21<u>7</u>	0,10	36	
	25	9,64 82<u>6</u>	0,42	9,69 615	0,53	10,30 38<u>5</u>	9,95 21<u>1</u>	0,10	35	
	26	9,64 851	0,42	9,69 64<u>7</u>	0,53	10,30 353	9,95 204	0,10	34	
	27	9,64 87<u>7</u>	0,42	9,69 679	0,53	10,30 321	9,95 19<u>8</u>	0,10	33	
	28	9,64 902	0,42	9,69 710	0,53	10,30 29<u>0</u>	9,95 19<u>2</u>	0,10	32	
	29	9,64 927	0,42	9,69 74<u>2</u>	0,53	10,30 258	9,95 185	0,10	31	
26	30	9,64 95<u>3</u>		9,69 77<u>4</u>		10,30 226	9,95 179		30	63
°	′	lg cos	D/1″	lg cot	D/1″	lg tan	lg sin	D/1″	M.	Gr.

Gr.	M.	lg sin	D/1″	lg tan	D/1″	lg cot	lg cos	D/1″	′	°
26	**30**	9,64 953	0,42	9,69 774	0,53	10,30 226	9,95 179	0,10	**30**	**63**
	31	9,64 978	0,42	9,69 805	0,53	10,30 195	9,95 173	0,10	29	
	32	9,65 003	0,42	9,69 837	0,53	10,30 163	9,95 167	0,10	28	
	33	9,65 029	0,42	9,69 868	0,53	10,30 132	9.95 160	0,10	27	
	34	9,65 054	0,42	9,69 900	0,53	10,30 100	9,95 154	0,11	26	
	35	9,65 079	0,42	9,69 932	0,53	10,30 068	9,95 148	0,11	25	
	36	9,65 104	0,42	9,69 963	0,53	10,30 037	9,95 141	0,11	24	
	37	9,65 130	0,42	9,69 995	0,53	10,30 005	9,95 135	0,11	23	
	38	9,65 155	0,42	9,70 026	0,53	10,29 974	9,95 129	0,11	22	
	39	9,65 180	0,42	9,70 058	0,53	10,29 942	9,95 122	0,11	21	
26	**40**	9,65 205	0,42	9,70 089	0,53	10,29 911	9,95 116	0,11	**20**	**63**
	41	9,65 230	0,42	9,70 121	0,52	10,29 879	9,95 110	0,11	19	
	42	9,65 255	0,42	9,70 152	0,52	10,29 848	9,95 103	0,11	18	
	43	9,65 281	0,42	9,70 184	0,52	10,29 816	9,95 097	0,11	17	
	44	9,65 306	0,42	9,70 215	0,52	10,29 785	9,95 090	0,11	16	
	45	9,65 331	0,42	9,70 247	0,52	10,29 753	9,95 084	0,11	15	
	46	9,65 356	0,42	9,70 278	0,52	10,29 722	9,95 078	0,11	14	
	47	9,65 381	0,42	9,70 309	0,52	10,29 691	9,95 071	0,11	13	
	48	9,65 406	0,42	9,70 341	0,52	10,29 659	9,95 065	0,11	12	
	49	9,65 431	0,42	9,70 372	0,52	10,29 628	9,95 059	0,11	11	
26	**50**	9,65 456	0,42	9,70 404	0,52	10,29 596	9,95 052	0,11	**10**	**63**
	51	9,65 481	0,42	9,70 435	0,52	10,29 565	9,95 046	0,11	9	
	52	9,65 506	0,42	9,70 466	0,52	10,29 534	9,95 039	0,11	8	
	53	9.65 531	0,42	9,70 498	0,52	10,29 502	9,95 033	0,11	7	
	54	9,65 556	0,42	9,70 529	0,52	10,29 471	9,95 027	0,11	6	
	55	9,65 580	0,41	9,70 560	0,52	10,29 440	9,95 020	0,11	5	
	56	9,65 605	0,41	9,70 592	0,52	10,29 408	9,95 014	0,11	4	
	57	9,65 630	0,41	9,70 623	0,52	10,29 377	9,95 007	0,11	3	
	58	9,65 655	0,41	9,70 654	0,52	10,29 346	9.95 001	0,11	2	
	59	9,65 680	0,41	9,70 685	0,52	10,29 315	9,94 995	0,11	1	
27	**0**	9,65 705		9,70 717		10,29 283	9,94 988		**0**	**63**
°	′	lg cos	D/1″	lg cot	D/1″	lg tan	lg sin	D/1″	M.	Gr.

Gr.	M.	lg sin	D/1″	lg tan	D/1″	lg cot	lg cos	D/1″	′	°
27	0	9,65 705	0,41	9,70 717	0,52	10,29 283	9,94 988	0,11	0	63
	1	9,65 729	0,41	9,70 748	0,52	10,29 252	9,94 982	0,11	59	
	2	9,65 754	0,41	9,70 779	0,52	10,29 221	9,94 975	0,11	58	
	3	9,65 779	0,41	9,70 810	0,52	10,29 190	9,94 969	0,11	57	
	4	9,65 804	0,41	9,70 841	0,52	10,29 159	9,94 962	0,11	56	
	5	9,65 828	0,41	9,70 873	0,52	10,29 127	9,94 956	0,11	55	
	6	9,65 853	0,41	9,70 904	0,52	10,29 096	9,94 949	0,11	54	
	7	9,65 878	0,41	9,70 935	0,52	10,29 065	9,94 943	0,11	53	
	8	9,65 902	0,41	9,70 966	0,52	10,29 034	9,94 936	0,11	52	
	9	9,65 927	0,41	9,70 997	0,52	10,29 003	9,94 930	0,11	51	
27	10	9,65 952	0,41	9,71 028	0,52	10,28 972	9,94 923	0,11	50	62
	11	9,65 976	0,41	9,71 059	0,52	10,28 941	9,94 917	0,11	49	
	12	9,66 001	0,41	9,71 090	0,52	10,28 910	9,94 911	0,11	48	
	13	9,66 025	0,41	9,71 121	0,52	10,28 879	9,94 904	0,11	47	
	14	9,66 050	0,41	9,71 153	0,52	10,28 847	9,94 898	0,11	46	
	15	9,66 075	0,41	9,71 184	0,52	10,28 816	9,94 891	0,11	45	
	16	9,66 099	0,41	9,71 215	0,52	10,28 785	9,94 885	0,11	44	
	17	9,66 124	0,41	9,71 246	0,52	10,28 754	9,94 878	0,11	43	
	18	9,66 148	0,41	9,71 277	0,52	10,28 723	9,94 871	0,11	42	
	19	9,66 173	0,41	9,71 308	0,52	10,28 692	9,94 865	0,11	41	
27	20	9,66 197	0,41	9,71 339	0,52	10,28 661	9,94 858	0,11	40	62
	21	9,65 221	0,41	9,71 370	0,52	10,28 630	9,94 852	0,11	39	
	22	9,66 246	0,41	9,71 401	0,52	10,28 599	9,94 845	0,11	38	
	23	9,66 270	0,41	9,71 431	0,52	10,28 569	9,94 839	0,11	37	
	24	9,66 295	0,41	9,71 462	0,52	10,28 538	9,94 832	0,11	36	
	25	9,66 319	0,41	9,71 493	0,52	10,28 507	9,94 826	0,11	35	
	26	9,66 343	0,41	9,71 524	0,52	10,28 476	9,94 819	0,11	34	
	27	9,66 368	0,41	9,71 555	0,51	10,28 445	9,94 813	0,11	33	
	28	9,66 392	0,41	9,71 586	0,51	10,28 414	9,94 806	0,11	32	
	29	9,66 416	0,40	9,71 617	0,51	10,28 383	9,94 799	0,11	31	
27	30	9,66 441		9,71 648		10,28 352	9,94 793		30	62
°	′	lg cos	D/1″	lg cot	D/1″	lg tan	lg sin	D/1″	M.	Gr.

Logarithmen der goniometrischen Funktionen 103

Gr.	M.	lg sin	D/1″	lg tan	D/1″	lg cot	lg cos	D/1″	′	°
27	30	9,66 44<u>1</u>	0,40	9,71 64<u>8</u>	0,51	10,28 352	9,94 79<u>3</u>	0,11	30	62
	31	9,66 46<u>5</u>	0,40	9,71 67<u>9</u>	0,51	10,28 321	9,94 786	0,11	29	
	32	9,66 489	0,40	9,71 709	0,51	10,28 29<u>1</u>	9,94 78<u>0</u>	0,11	28	
	33	9,66 513	0,40	9,71 740	0,51	10,28 26<u>0</u>	9,94 773	0,11	27	
	34	9,66 537	0,40	9,71 77<u>1</u>	0,51	10,28 229	9,94 76<u>7</u>	0,11	26	
	35	9,66 56<u>2</u>	0,40	9,71 80<u>2</u>	0,51	10,28 198	9,94 76<u>0</u>	0,11	25	
	36	9,66 58<u>6</u>	0,40	9,71 83<u>3</u>	0,51	10,28 167	9,94 753	0,11	24	
	37	9,66 610	0,40	9,71 863	0,51	10,28 13<u>7</u>	9,94 74<u>7</u>	0,11	23	
	38	9,66 634	0,40	9,71 894	0,51	10,28 106	9,94 740	0,11	22	
	39	9,66 658	0,40	9,71 92<u>5</u>	0,51	10,28 075	9,94 73<u>4</u>	0,11	21	
27	40	9,66 682	0,40	9,71 955	0,51	10,28 04<u>5</u>	9,94 727	0,11	20	62
	41	9,66 706	0,40	9,71 986	0,51	10,28 01<u>4</u>	9,94 720	0,11	19	
	42	9,66 73<u>1</u>	0,40	9,72 01<u>7</u>	0,51	10,27 983	9,94 71<u>4</u>	0,11	18	
	43	9,66 75<u>5</u>	0,40	9,72 04<u>8</u>	0,51	10,27 952	9,94 707	0,11	17	
	44	9,66 77<u>9</u>	0,40	9,72 078	0,51	10,27 92<u>2</u>	9,94 700	0,11	16	
	45	9,66 80<u>3</u>	0,40	9,72 109	0,51	10,27 891	9,94 69<u>4</u>	0,11	15	
	46	9,66 82<u>7</u>	0,40	9,72 14<u>0</u>	0,51	10,27 860	9,94 687	0,11	14	
	47	9,66 85<u>1</u>	0,40	9,72 170	0,51	10,27 83<u>0</u>	9,94 680	0,11	13	
	48	9,66 87<u>5</u>	0,40	9,72 20<u>1</u>	0,51	10,27 799	9,94 67<u>4</u>	0,11	12	
	49	9,66 89<u>9</u>	0,40	9,72 231	0,51	10,27 76<u>9</u>	9,94 667	0,11	11	
27	50	9,66 922	0,40	9,72 262	0,51	10,27 73<u>8</u>	9,94 660	0,11	10	62
	51	9,66 946	0,40	9,72 29<u>3</u>	0,51	10,27 707	9,94 65<u>4</u>	0,11	9	
	52	9,66 970	0,40	9,72 323	0,51	10,27 67<u>7</u>	9,94 647	0,11	8	
	53	9,66 994	0,40	9,72 35<u>4</u>	0,51	10,27 646	9,94 640	0,11	7	
	54	9,67 018	0,40	9,72 384	0,51	10,27 61<u>6</u>	9,94 63<u>4</u>	0,11	6	
	55	9,67 04<u>2</u>	0,40	9,72 41<u>5</u>	0,51	10,27 585	9,94 627	0,11	5	
	56	9,67 06<u>6</u>	0,40	9,72 445	0,51	10,27 55<u>5</u>	9,94 620	0,11	4	
	57	9,67 09<u>0</u>	0,40	9,72 476	0,51	10,27 524	9,94 61<u>4</u>	0,11	3	
	58	9,67 113	0,40	9,72 506	0,51	10,27 494	9,94 60<u>7</u>	0,11	2	
	59	9,67 137	0,40	9,72 53<u>7</u>	0,51	10,27 463	9,94 600	0,11	1	
28	0	9,67 16<u>1</u>		9,72 567		10,27 43<u>3</u>	9,94 593		0	62
°	′	lg cos	D/1″	lg cot	D/1″	lg tan	lg sin	D/1″	M.	Gr.

Logarithmen der goniometrischen Funktionen

Gr.	M.	lg sin	D/1″	lg tan	D/1″	lg cot	lg cos	D/1″	′	°
28	0	9,67 161	0,40	9,72 567	0,51	10,27 433	9,94 593	0,11	0	62
	1	9,67 185	0,40	9,72 598	0,51	10,27 402	9,94 587	0,11	59	
	2	9,67 208	0,40	9,72 628	0,51	10,27 372	9,94 580	0,11	58	
	3	9,67 232	0,40	9,72 659	0,51	10,27 341	9,94 573	0,11	57	
	4	9,67 256	0,39	9,72 689	0,51	10,27 311	9,94 567	0,11	56	
	5	9,67 280	0,39	9,72 720	0,51	10,27 280	9,94 560	0,11	55	
	6	9,67 303	0,39	9,72 750	0,51	10,27 250	9,94 553	0,11	54	
	7	9,67 327	0,39	9,72 780	0,51	10,27 220	9,94 546	0,11	53	
	8	9,67 350	0,39	9,72 811	0,51	10,27 189	9,94 540	0,11	52	
	9	9,67 374	0,39	9,72 841	0,51	10,27 159	9,94 533	0,11	51	
28	10	9,67 398	0,39	9,72 872	0,51	10,27 128	9,94 526	0,11	50	61
	11	9,67 421	0,39	9,72 902	0,51	10,27 098	9,94 519	0,11	49	
	12	9,67 445	0,39	9,72 932	0,51	10,27 068	9,94 513	0,11	48	
	13	9,67 468	0,39	9,72 963	0,51	10,27 037	9,94 506	0,11	47	
	14	9,67 492	0,39	9,72 993	0,51	10,27 007	9,94 499	0,11	46	
	15	9,67 515	0,39	9,73 023	0,51	10,26 977	9,94 492	0,11	45	
	16	9,67 539	0,39	9,73 054	0,50	10,26 946	9,94 485	0,11	44	
	17	9,67 562	0,39	9,73 084	0,50	10,26 916	9,94 479	0,11	43	
	18	9,67 586	0,39	9,73 114	0,50	10,26 886	9,94 472	0,11	42	
	19	9,67 609	0,39	9,73 144	0,50	10,26 856	9,94 465	0,11	41	
28	20	9,67 633	0,39	9,73 175	0,50	10,26 825	9,94 458	0,11	40	61
	21	9,67 656	0,39	9,73 205	0,50	10,26 795	9,94 451	0,11	39	
	22	9,67 680	0,39	9,73 235	0,50	10,26 765	9,94 445	0,11	38	
	23	9,67 703	0,39	9,73 265	0,50	10,26 735	9,94 438	0,11	37	
	24	9,67 726	0,39	9,73 295	0,50	10,26 705	9,94 431	0,11	36	
	25	9,67 750	0,39	9,73 326	0,50	10,26 674	9,94 424	0,11	35	
	26	9,67 773	0,39	9,73 356	0,50	10,26 644	9,94 417	0,11	34	
	27	9,67 796	0,39	9,73 386	0,50	10,26 614	9,94 410	0,11	33	
	28	9,67 820	0,39	9,73 416	0,50	10,26 584	9,94 404	0,11	32	
	29	9,67 843	0,39	9,73 446	0,50	10,26 554	9,94 397	0,11	31	
28	30	9,67 866		9,73 476		10,26 524	9,94 390		30	61
°	′	lg cos	D/1″	lg cot	D/1″	lg tan	lg sin	D/1″	M.	Gr.

Gr.	M.	lg sin	D/1″	lg tan	D/1″	lg cot	lg cos	D/1″	′	°
28	**30**	9,67 866	0,39	9,73 476	0,50	10,26 524	9,94 390	0,11	**30**	**61**
	31	9,67 890	0,39	9,73 507	0,50	10,26 493	9,94 383	0,11	29	
	32	9,67 913	0,39	9,73 537	0,50	10,26 463	9,94 376	0,11	28	
	33	9,67 936	0,39	9,73 567	0,50	10,26 433	9,94 369	0,11	27	
	34	9,67 959	0,39	9,73 597	0,50	10,26 403	9,94 362	0,11	26	
	35	9,67 982	0,39	9,73 627	0,50	10,26 373	9,94 355	0,11	25	
	36	9,68 006	0,39	9,73 657	0,50	10,26 343	9,94 349	0,11	24	
	37	9,68 029	0,39	9,73 687	0,50	10,26 313	9,94 342	0,11	23	
	38	9,68 052	0,39	9,73 717	0,50	10,26 283	9,94 335	0,11	22	
	39	9,68 075	0,39	9,73 747	0,50	10,26 253	9,94 328	0,12	21	
28	**40**	9,68 098	0,39	9,73 777	0,50	10,26 223	9,94 321	0,12	**20**	**61**
	41	9,68 121	0,38	9,73 807	0,50	10,26 193	9,94 314	0,12	19	
	42	9,68 144	0,38	9,73 837	0,50	10,26 163	9,94 307	0,12	18	
	43	9,68 167	0,38	9,73 867	0,50	10,26 133	9,94 300	0,12	17	
	44	9,68 190	0,38	9,73 897	0,50	10,26 103	9,94 293	0,12	16	
	45	9,68 213	0,38	9,73 927	0,50	10,26 073	9,94 286	0,12	15	
	46	9,68 237	0,38	9,73 957	0,50	10,26 043	9,94 279	0,12	14	
	47	9,68 260	0,38	9,73 987	0,50	10,26 013	9,94 273	0,12	13	
	48	9,68 283	0,38	9,74 017	0,50	10,25 983	9,94 266	0,12	12	
	49	9,68 305	0,38	9,74 047	0,50	10,25 953	9,94 259	0,12	11	
28	**50**	9,68 328	0,38	9,74 077	0,50	10,25 923	9,94 252	0,12	**10**	**61**
	51	9,68 351	0,38	9,74 107	0,50	10,25 893	9,94 245	0,12	9	
	52	9,68 374	0,38	9,74 137	0,50	10,25 863	9,94 238	0,12	8	
	53	9,68 397	0,38	9,74 166	0,50	10,25 834	9,94 231	0,12	7	
	54	9,68 420	0,38	9,74 196	0,50	10,25 804	9,94 224	0,12	6	
	55	9,68 443	0,38	9,74 226	0,50	10,25 774	9,94 217	0,12	5	
	56	9,68 466	0,38	9,74 256	0,50	10,25 744	9,94 210	0,12	4	
	57	9,68 489	0,38	9,74 286	0,50	10,25 714	9,94 203	0,12	3	
	58	9,68 512	0,38	9,74 316	0,50	10,25 684	9,94 196	0,12	2	
	59	9,68 534	0,38	9,74 345	0,50	10,25 655	9,94 189	0,12	1	
29	**0**	9,68 557		9,74 375		10,25 625	9,94 182		**0**	**61**
°	′	lg cos	D/1″	lg cot	D/1″	lg tan	lg sin	D/1″	M.	Gr.

Logarithmen der goniometrischen Funktionen

Gr.	M.	lg sin	D/1″	lg tan	D/1″	lg cot	lg cos	D/1″	′	°
29	**0**	9,68 557	0,38	9,74 375	0,50	10,25 625	9,94 182	0,12	**0**	**61**
	1	9,68 580	0,38	9,74 405	0,50	10,25 595	9,94 175	0,12	59	
	2	9,68 603	0,38	9,74 435	0,50	10,25 565	9,94 168	0,12	58	
	3	9,68 625	0,38	9,74 465	0,50	10,25 535	9,94 161	0,12	57	
	4	9,68 648	0,38	9,74 494	0,50	10,25 506	9,94 154	0,12	56	
	5	9,68 671	0,38	9,74 524	0,50	10,25 476	9,94 147	0,12	55	
	6	9,68 694	0,38	9,74 554	0,50	10,25 446	9,94 140	0,12	54	
	7	9,68 716	0,38	9,74 583	0,50	10,25 417	9,94 133	0,12	53	
	8	9,68 739	0,38	9,74 613	0,50	10,25 387	9,94 126	0,12	52	
	9	9,68 762	0,38	9,74 643	0,50	10,25 357	9,94 119	0,12	51	
29	**10**	9,68 784	0,38	9,74 673	0,50	10,25 327	9,94 112	0,12	**50**	**60**
	11	9,68 807	0,38	9,74 702	0,49	10,25 298	9,94 105	0,12	49	
	12	9,68 829	0,38	9,74 732	0,49	10,25 268	9,94 098	0,12	48	
	13	9,68 852	0,38	9,74 762	0,49	10,25 238	9,94 090	0,12	47	
	14	9,68 875	0,38	9,74 791	0,49	10,25 209	9,94 083	0,12	46	
	15	9,68 897	0,38	9,74 821	0,49	10,25 179	9,94 076	0,12	45	
	16	9,68 920	0,38	9,74 851	0,49	10,25 149	9,94 069	0,12	44	
	17	9,68 942	0,38	9,74 880	0,49	10,25 120	9,94 062	0,12	43	
	18	9,68 965	0,38	9,74 910	0,49	10,25 090	9,94 055	0,12	42	
	19	9,68 987	0,38	9,74 939	0,49	10,25 061	9,94 048	0,12	41	
29	**20**	9,69 010	0,37	9,74 969	0,49	10,25 031	9,94 041	0,12	**40**	**60**
	21	9,69 032	0,37	9,74 998	0,49	10,25 002	9,94 034	0,12	39	
	22	9,69 055	0,37	9,75 028	0,49	10,24 972	9,94 027	0,12	38	
	23	9,69 077	0,37	9,75 058	0,49	10,24 942	9,94 020	0,12	37	
	24	9,69 100	0,37	9,75 087	0,49	10,24 913	9,94 012	0,12	36	
	25	9,69 122	0,37	9,75 117	0,49	10,24 883	9,94 005	0,12	35	
	26	9,69 144	0,37	9,75 146	0,49	10,24 854	9,93 998	0,12	34	
	27	9,69 167	0,37	9,75 176	0,49	10,24 824	9,93 991	0,12	33	
	28	9,69 189	0,37	9,75 205	0,49	10,24 795	9,93 984	0,12	32	
	29	9,69 212	0,37	9,75 235	0,49	10,24 765	9,93 977	0,12	31	
29	**30**	9,69 234		9,75 264		10,24 736	9,93 970		**30**	**60**
°	′	lg cos	D/1″	lg cot	D/1″	lg tan	lg sin	D/1″	M.	Gr.

Logarithmen der goniometrischen Funktionen 107

Gr.	M.	lg sin	D/1″	lg tan	D/1″	lg cot	lg cos	D/1″	′	°
29	**30**	9,69 234̲	0,37	9,75 264	0,49	10,24 736̲	9,93 970̲	0,12	**30**	**60**
	31	9,69 256	0,37	9,75 294̲	0,49	10,24 706	9,93 963̲	0,12	29	
	32	9,69 279̲	0,37	9,75 323	0,49	10,24 677̲	9,93 955	0,12	28	
	33	9,69 301̲	0,37	9,75 353̲	0,49	10,24 647	9,93 948	0,12	27	
	34	9,69 323	0,37	9,75 382	0,49	10,24 618̲	9,93 941	0,12	26	
	35	9,69 345	0,37	9,75 411	0,49	10,24 589̲	9,93 934̲	0,12	25	
	36	9,69 368̲	0,37	9,75 441̲	0,49	10,24 559̲	9,93 927̲	0,12	24	
	37	9,69 390̲	0,37	9,75 470	0,49	10,24 530̲	9,93 920̲	0,12	23	
	38	9,69 412	0,37	9,75 500̲	0,49	10,24 500̲	9,93 912̲	0,12	22	
	39	9,69 434	0,37	9,75 529	0,49	10,24 471̲	9,93 905	0,12	21	
29	**40**	9,69 456	0,37	9,75 558	0,49	10,24 442̲	9,93 898	0,12	**20**	**60**
	41	9,69 479̲	0,37	9,75 588̲	0,49	10,24 412	9,93 891̲	0,12	19	
	42	9,69 501̲	0,37	9,75 617	0,49	10,24 383̲	9,93 884̲	0,12	18	
	43	9,69 523̲	0,37	9,75 647̲	0,49	10,24 353̲	9,93 876	0,12	17	
	44	9,69 545	0,37	9,75 676̲	0,49	10,24 324	9,93 869	0,12	16	
	45	9,69 567	0,37	9,75 705	0,49	10,24 295̲	9,93 862̲	0,12	15	
	46	9,69 589	0,37	9,75 735̲	0,49	10,24 265̲	9,93 855̲	0,12	14	
	47	9,69 611	0,37	9,75 764̲	0,49	10,24 236̲	9,93 847	0,12	13	
	48	9,69 633	0,37	9,75 793	0,49	10,24 207̲	9,93 840	0,12	12	
	49	9,69 655	0,37	9,75 822	0,49	10,24 178̲	9,93 833̲	0,12	11	
29	**50**	9,69 677̲	0,37	9,75 852̲	0,49	10,24 148̲	9,93 826̲	0,12	**10**	**60**
	51	9,69 699	0,37	9,75 881̲	0,49	10,24 119	9,93 819̲	0,12	9	
	52	9,69 721	0,37	9,75 910	0,49	10,24 090̲	9,93 811	0,12	8	
	53	9,69 743	0,37	9,75 939	0,49	10,24 061̲	9,93 804̲	0,12	7	
	54	9,69 765	0,37	9,75 969	0,49	10,24 031	9,93 797̲	0,12	6	
	55	9,69 787	0,37	9,75 998̲	0,49	10,24 002̲	9,93 789̲	0,12	5	
	56	9,69 809	0,37	9,76 027	0,49	10,23 973̲	9,93 782̲	0,12	4	
	57	9,69 831	0,37	9,76 056	0,49	10,23 944̲	9,93 775̲	0,12	3	
	58	9,69 853	0,37	9,76 086̲	0,49	10,23 914	9,93 768̲	0,12	2	
	59	9,69 875	0,37	9,76 115̲	0,49	10,23 885	9,93 760	0,12	1	
30	**0**	9,69 897		9,76 144̲		10,23 856	9,93 753		**0**	**60**
°	′	lg cos	D/1″	lg cot	D/1″	lg tan	lg sin	D/1″	M.	Gr.

Logarithmen der goniometrischen Funktionen

Gr.	M.	lg sin	D/1″	lg tan	D/1″	lg cot	lg cos	D/1″	′	°
30	0	9,69 897	0,36	9,76 144̲	0,49	10,23 856	9,93 753	0,12	**0**	**60**
	1	9,69 91̲9	0,36	9,76 173	0,49	10,23 827	9,93 74̲6	0,12	59	
	2	9,69 94̲1	0,36	9,76 202	0,49	10,23 79̲8	9,93 738	0,12	58	
	3	9,69 96̲3	0,36	9,76 231	0,49	10,23 76̲9	9,93 731	0,12	57	
	4	9,69 984	0,36	9,76 26̲1	0,49	10,23 739	9,93 72̲4	0,12	56	
	5	9,70 006	0,36	9,76 29̲0	0,49	10,23 710	9,93 717	0,12	55	
	6	9,70 028	0,36	9,76 31̲9	0,49	10,23 681	9,93 709	0,12	54	
	7	9,70 05̲0	0,36	9,76 348	0,49	10,23 652	9,93 70̲2	0,12	53	
	8	9,70 07̲2	0,36	9,76 377	0,49	10,23 62̲3	9,93 695	0,12	52	
	9	9,70 093	0,36	9,76 406	0,49	10,23 59̲4	9,93 687	0,12	51	
30	10	9,70 115	0,36	9,76 435	0,48	10,23 56̲5	9,93 68̲0	0,12	**50**	**59**
	11	9,70 137	0,36	9,76 464	0,48	10,23 536	9,93 67̲3	0,12	49	
	12	9,70 15̲9	0,36	9,76 493	0,48	10,23 507	9,93 665	0,12	48	
	13	9,70 180	0,36	9,76 522	0,48	10,23 47̲8	9,93 65̲8	0,12	47	
	14	9,70 20̲2	0,36	9,76 551	0,48	10,23 44̲9	9,93 650	0,12	46	
	15	9,70 22̲4	0,36	9,76 580	0,48	10,23 42̲0	9,93 643	0,12	45	
	16	9,70 245	0,36	9,76 609	0,48	10,23 39̲1	9,93 63̲6	0,12	44	
	17	9,70 26̲7	0,36	9,76 63̲9	0,48	10,23 361	9,93 628	0,12	43	
	18	9,70 288	0,36	9,76 66̲8	0,48	10,23 332	9,93 62̲1	0,12	42	
	19	9,70 31̲0	0,36	9,76 69̲7	0,48	10,23 303	9,93 61̲4	0,12	41	
30	20	9,70 33̲2	0,36	9,76 725	0,48	10,23 275	9,93 606	0,12	**40**	**59**
	21	9,70 353	0,36	9,76 754	0,48	10,23 24̲6	9,93 59̲9	0,12	39	
	22	9,70 37̲5	0,36	9,76 783	0,48	10,23 217	9,93 591	0,12	38	
	23	9,70 396	0,36	9,76 812	0,48	10,23 18̲8	9,93 584	0,12	37	
	24	9,70 41̲8	0,36	9,76 841	0,48	10,23 159	9,93 57̲7	0,12	36	
	25	9,70 439	0,36	9,76 870	0,48	10,23 13̲0	9,93 569	0,12	35	
	26	9,70 46̲1	0,36	9,76 899	0,48	10,23 10̲1	9,93 56̲2	0,12	34	
	27	9,70 482	0,36	9,76 928	0,48	10,23 07̲2	9,93 554	0,12	33	
	28	9,70 50̲4	0,36	9,76 957	0,48	10,23 043	9,93 54̲7	0,12	32	
	29	9,70 525	0,36	9,76 98̲6	0,48	10,23 014	9,93 539	0,12	31	
30	**30**	9,70 54̲7		9,77 01̲5		10,22 985	9,93 532		**30**	**59**
°	′	lg cos	D/1″	lg cot	D/1″	lg tan	lg sin	D/1″	M.	Gr.

Logarithmen der goniometrischen Funktionen 109

Gr.	M.	lg sin	D/1″	lg tan	D/1″	lg cot	lg cos	D/1″	′	°
30	**30**	9,70 54<u>7</u>	0,36	9,77 01<u>5</u>	0,48	10,22 985	9,93 532	0,12	**30**	**59**
	31	9,70 568	0,36	9,77 04<u>4</u>	0,48	10,22 956	9,93 52<u>5</u>	0,12	29	
	32	9,70 59<u>0</u>	0,36	9,77 07<u>3</u>	0,48	10,22 927	9,93 51<u>7</u>	0,12	28	
	33	9,70 611	0,36	9,77 101	0,48	10,22 899	9,93 51<u>0</u>	0,12	27	
	34	9,70 63<u>3</u>	0,36	9,77 130	0,48	10,22 87<u>0</u>	9,93 50<u>2</u>	0,12	26	
	35	9,70 65<u>4</u>	0,36	9,77 159	0,48	10,22 84<u>1</u>	9,93 49<u>5</u>	0,12	25	
	36	9,70 675	0,36	9,77 188	0,48	10,22 81<u>2</u>	9,93 487	0,12	24	
	37	9,70 69<u>7</u>	0,36	9,77 21<u>7</u>	0,48	10,22 783	9,93 48<u>0</u>	0,12	23	
	38	9,70 718	0,36	9,77 24<u>6</u>	0,48	10,22 754	9,93 472	0,12	22	
	39	9,70 739	0,36	9,77 274	0,48	10,22 726	9,93 46<u>5</u>	0,12	21	
30	**40**	9,70 761	0,36	9,77 303	0,48	10,22 69<u>7</u>	9,93 457	0,12	**20**	**59**
	41	9,70 78<u>2</u>	0,36	9,77 332	0,48	10,22 66<u>8</u>	9,93 45<u>0</u>	0,12	19	
	42	9,70 803	0,36	9,77 36<u>1</u>	0,48	10,22 639	9,93 442	0,13	18	
	43	9,70 824	0,36	9,77 39<u>0</u>	0,48	10,22 610	9,93 43<u>5</u>	0,13	17	
	44	9,70 84<u>6</u>	0,35	9,77 418	0,48	10,22 58<u>2</u>	9,93 427	0,13	16	
	45	9,70 867	0,35	9,77 447	0,48	10,22 553	9,93 42<u>0</u>	0,13	15	
	46	9,70 888	0,35	9,77 47<u>6</u>	0,48	10,22 524	9,93 412	0,13	14	
	47	9,70 909	0,35	9,77 50<u>5</u>	0,48	10,22 495	9,93 40<u>5</u>	0,13	13	
	48	9,70 93<u>1</u>	0,35	9,77 533	0,48	10,22 467	9,93 397	0,13	12	
	49	9,70 95<u>2</u>	0,35	9,77 562	0,48	10,22 43<u>8</u>	9,93 39<u>0</u>	0,13	11	
30	**50**	9,70 973	0,35	9,77 59<u>1</u>	0,48	10,22 409	9,93 382	0,13	**10**	**59**
	51	9,70 994	0,35	9,77 619	0,48	10,22 38<u>1</u>	9,93 37<u>5</u>	0,13	9	
	52	9,71 015	0,35	9,77 648	0,48	10,22 35<u>2</u>	9,93 367	0,13	8	
	53	9,71 036	0,35	9,77 67<u>7</u>	0,48	10,22 323	9,93 360	0,13	7	
	54	9,71 05<u>8</u>	0,35	9,77 70<u>6</u>	0,48	10,22 294	9,93 352	0,13	6	
	55	9,71 07<u>9</u>	0,35	9,77 734	0,48	10,22 266	9,93 344	0,13	5	
	56	9,71 10<u>0</u>	0,35	9,77 76<u>3</u>	0,48	10,22 237	9,93 33<u>7</u>	0,13	4	
	57	9,71 12<u>1</u>	0,35	9,77 791	0,48	10,22 209	9,93 329	0,13	3	
	58	9,71 14<u>2</u>	0,35	9,77 820	0,48	10,22 180	9,93 32<u>2</u>	0,13	2	
	59	9,71 16<u>3</u>	0,35	9,77 84<u>9</u>	0,48	10,22 151	9,93 314	0,13	1	
31	**0**	9,71 18<u>4</u>		9,77 877		10,22 12<u>3</u>	9,93 30<u>7</u>		**0**	**59**
0	′	lg cos	D/1″	lg cot	D/1″	lg tan	lg sin	D/1″	M.	Gr.

Logarithmen der goniometrischen Funktionen

Gr.	M.	lg sin	D/1″	lg tan	D/1″	lg cot	lg cos	D/1″	′	°
31	0	9,71 184	0,35	9,77 877	0,48	10,22 123	9,93 307	0,13	0	59
	1	9,71 205	0,35	9,77 906	0,48	10,22 094	9,93 299	0,13	59	
	2	9,71 226	0,35	9,77 935	0,48	10,22 065	9,93 291	0,13	58	
	3	9,71 247	0,35	9,77 963	0,48	10,22 037	9,93 284	0,13	57	
	4	9,71 268	0,35	9,77 992	0,48	10,22 008	9,93 276	0,13	56	
	5	9,71 289	0,35	9,78 020	0,48	10,21 980	9,93 269	0,13	55	
	6	9,71 310	0,35	9,78 049	0,48	10,21 951	9,93 261	0,13	54	
	7	9,71 331	0,35	9,78 077	0,48	10,21 923	9,93 253	0,13	53	
	8	9,71 352	0,35	9,78 106	0,48	10,21 894	9,93 246	0,13	52	
	9	9,71 373	0,35	9,78 135	0,48	10,21 865	9,93 238	0,13	51	
31	10	9,71 393	0,35	9,78 163	0,48	10,21 837	9,93 230	0,13	50	58
	11	9,71 414	0,35	9,78 192	0,48	10,21 808	9,93 223	0,13	49	
	12	9,71 435	0,35	9,78 220	0,48	10,21 780	9,93 215	0,13	48	
	13	9,71 456	0,35	9,78 249	0,48	10,21 751	9,93 207	0,13	47	
	14	9,71 477	0,35	9,78 277	0,48	10,21 723	9,93 200	0,13	46	
	15	9,71 498	0,35	9,78 306	0,48	10,21 694	9,93 192	0,13	45	
	16	9,71 519	0,35	9,78 334	0,47	10,21 666	9,93 184	0,13	44	
	17	9,71 539	0,35	9,78 363	0,47	10,21 637	9,93 177	0,13	43	
	18	9,71 560	0,35	9,78 391	0,47	10,21 609	9,93 169	0,13	42	
	19	9,71 581	0,35	9,78 419	0,47	10,21 581	9,93 161	0,13	41	
31	20	9,71 602	0,35	9,78 448	0,47	10,21 552	9,93 154	0,13	40	58
	21	9,71 622	0,35	9,78 476	0,47	10,21 524	9,93 146	0,13	39	
	22	9,71 643	0,35	9,78 505	0,47	10,21 495	9,93 138	0,13	38	
	23	9,71 664	0,35	9,78 533	0,47	10,21 467	9,93 131	0,13	37	
	24	9,71 685	0,35	9,78 562	0,47	10,21 438	9,93 123	0,13	36	
	25	9,71 705	0,35	9,78 590	0,47	10,21 410	9,93 115	0,13	35	
	26	9,71 726	0,35	9,78 618	0,47	10,21 382	9,93 108	0,13	34	
	27	9,71 747	0,34	9,78 647	0,47	10,21 353	9,93 100	0,13	33	
	28	9,71 767	0,34	9,78 675	0,47	10,21 325	9,93 092	0,13	32	
	29	9,71 788	0,34	9,78 704	0,47	10,21 296	9,93 084	0,13	31	
31	30	9,71 809		9,78 732		10,21 268	9,93 077		30	58
°	′	lg cos	D/1″	lg cot	D/1″	lg tan	lg sin	D/1″	M.	Gr.

Logarithmen der goniometrischen Funktionen 111

Gr.	M.	lg sin	D/1''	lg tan	D/1''	lg cot	lg cos	D/1''	'	o
31	30	9,71 80<u>9</u>	0,34	9,78 73<u>2</u>	0,47	10,21 268	9,93 07<u>7</u>	0,13	**30**	**58**
	31	9,71 829	0,34	9,78 760	0,47	10,21 24<u>0</u>	9,93 06<u>9</u>	0,13	29	
	32	9,71 85<u>0</u>	0,34	9,78 78<u>9</u>	0,47	10,21 211	9,93 061	0,13	28	
	33	9,71 870	0,34	9,78 81<u>7</u>	0,47	10,21 183	9,93 053	0,13	27	
	34	9,71 89<u>1</u>	0,34	9,78 845	0,47	10,21 15<u>5</u>	9,93 04<u>6</u>	0,13	26	
	35	9,71 911	0,34	9,78 87<u>4</u>	0,47	10,21 126	9,93 03<u>8</u>	0,13	25	
	36	9,71 93<u>2</u>	0,34	9,78 90<u>2</u>	0,47	10,21 098	9,93 030	0,13	24	
	37	9,71 952	0,34	9,78 930	0,47	10,21 07<u>0</u>	9,93 022	0,13	23	
	38	9,71 973	0,34	9,78 95<u>9</u>	0,47	10,21 041	9,93 014	0,13	22	
	39	9,71 99<u>4</u>	0,34	9,78 98<u>7</u>	0,47	10,21 013	9,93 00<u>7</u>	0,13	21	
31	40	9,72 01<u>4</u>	0,34	9,79 015	0,47	10,20 98<u>5</u>	9,92 99<u>9</u>	0,13	**20**	**58**
	41	9,72 034	0,34	9,79 043	0,47	10,20 95<u>7</u>	9,92 991	0,13	19	
	42	9,72 05<u>5</u>	0,34	9,79 07<u>2</u>	0,47	10,20 928	9,92 983	0,13	18	
	43	9,72 075	0,34	9,79 10<u>0</u>	0,47	10,20 900	9,92 976	0,13	17	
	44	9,72 09<u>6</u>	0,34	9,79 128	0,47	10,20 87<u>2</u>	9,92 968	0,13	16	
	45	9,72 116	0,34	9,79 156	0,47	10,20 84<u>4</u>	9,92 96<u>0</u>	0,13	15	
	46	9,72 13<u>7</u>	0,34	9,79 18<u>5</u>	0,47	10,20 815	9,92 952	0,13	14	
	47	9,72 157	0,34	9,79 21<u>3</u>	0,47	10,20 787	9,92 944	0,13	13	
	48	9,72 177	0,34	9,79 241	0,47	10,20 75<u>9</u>	9,92 936	0,13	12	
	49	9,72 19<u>8</u>	0,34	9,79 269	0,47	10,20 73<u>1</u>	9,92 92<u>9</u>	0,13	11	
31	50	9,72 218	0,34	9,79 297	0,47	10,20 70<u>3</u>	9,92 92<u>1</u>	0,13	**10**	**58**
	51	9,72 238	0,34	9,79 32<u>6</u>	0,47	10,20 674	9,92 91<u>3</u>	0,13	9	
	52	9,72 25<u>9</u>	0,34	9,79 35<u>4</u>	0,47	10,20 646	9,92 905	0,13	8	
	53	9,72 279	0,34	9,79 38<u>2</u>	0,47	10,20 618	9,92 897	0,13	7	
	54	9,72 299	0,34	9,79 410	0,47	10,20 59<u>0</u>	9,92 889	0,13	6	
	55	9,72 32<u>0</u>	0,34	9,79 438	0,47	10,20 56<u>2</u>	9,92 881	0,13	5	
	56	9,72 34<u>0</u>	0,34	9,79 466	0,47	10,20 53<u>4</u>	9,92 87<u>4</u>	0,13	4	
	57	9,72 360	0,34	9,79 49<u>5</u>	0,47	10,20 505	9,92 86<u>6</u>	0,13	3	
	58	9,72 38<u>1</u>	0,34	9,79 52<u>3</u>	0,47	10,20 477	9,92 85<u>8</u>	0,13	2	
	59	9,72 40<u>1</u>	0,34	9,79 55<u>1</u>	0,47	10,20 449	9,92 85<u>0</u>	0,13	1	
32	0	9,72 42<u>1</u>		9,79 57<u>9</u>		10.20 421	9,92 842		**0**	**58**
o	'	lg cos	D/1''	lg cot	D/1''	lg tan	lg sin	D/1''	M.	Gr.

Logarithmen der goniometrischen Funktionen

Gr.	M.	lg sin	D/1″	lg tan	D/1″	lg cot	lg cos	D/1″	′	°
32	0	9,72 421	0,34	9,79 579	0,47	10,20 421	9,92 842	0,13	0	58
	1	9,72 441	0,34	9,79 607	0,47	10,20 393	9,92 834	0,13	59	
	2	9,72 461	0,34	9,79 635	0,47	10,20 365	9,92 826	0,13	58	
	3	9,72 482	0,34	9,79 663	0,47	10,20 337	9,92 818	0,13	57	
	4	9,72 502	0,34	9,79 691	0,47	10,20 309	9,92 810	0,13	56	
	5	9,72 522	0,34	9,79 719	0,47	10,20 281	9,92 803	0,13	55	
	6	9,72 542	0,34	9,79 747	0,47	10,20 253	9,92 795	0,13	54	
	7	9,72 562	0,34	9,79 776	0,47	10,20 224	9,92 787	0,13	53	
	8	9,72 582	0,34	9,79 804	0,47	10,20 196	9,92 779	0,13	52	
	9	9,72 602	0,34	9,79 832	0,47	10,20 168	9,92 771	0,13	51	
32	10	9,72 622	0,34	9,79 860	0,47	10,20 140	9,92 763	0,13	50	57
	11	9,72 643	0,34	9,79 888	0,47	10,20 112	9,92 755	0,13	49	
	12	9,72 663	0,33	9,79 916	0,47	10,20 084	9,92 747	0,13	48	
	13	9,72 683	0,33	9,79 944	0,47	10,20 056	9,92 739	0,13	47	
	14	9,72 703	0,33	9,79 972	0,47	10,20 028	9,92 731	0,13	46	
	15	9,72 723	0,33	9,80 000	0,47	10,20 000	9,92 723	0,13	45	
	16	9,72 743	0,33	9,80 028	0,47	10,19 972	9,92 715	0,13	44	
	17	9,72 763	0,33	9,80 056	0,47	10,19 944	9,92 707	0,13	43	
	18	9,72 783	0,33	9,80 084	0,47	10,19 916	9,92 699	0,13	42	
	19	9,72 803	0,33	9,80 112	0,47	10,19 888	9,92 691	0,13	41	
32	20	9,72 823	0,33	9,80 140	0,47	10,19 860	9,92 683	0,13	40	57
	21	9,72 843	0,33	9,80 168	0,47	10,19 832	9,92 675	0,13	39	
	22	9,72 863	0,33	9,80 195	0,47	10,19 805	9,92 667	0,13	38	
	23	9,72 883	0,33	9,80 223	0,47	10,19 777	9,92 659	0,13	37	
	24	9,72 902	0,33	9,80 251	0,47	10,19 749	9,92 651	0,13	36	
	25	9,72 922	0,33	9,80 279	0,47	10,19 721	9,92 643	0,13	35	
	26	9,72 942	0,33	9,80 307	0,47	10,19 693	9,92 635	0,13	34	
	27	9,72 962	0,33	9,80 335	0,47	10,19 665	9,92 627	0,13	33	
	28	9,72 982	0,33	9,80 363	0,47	10,19 637	9,92 619	0,13	32	
	29	9,73 002	0,33	9,80 391	0,47	10,19 609	9,92 611	0,13	31	
32	30	9,73 022		9,80 419		10,19 581	9,92 603		30	57
°	′	lg cos	D/1″	lg cot	D/1″	lg tan	lg sin	D/1″	M.	Gr.

Logarithmen der goniometrischen Funktionen 113

Gr.	M.	lg sin	D/1″	lg tan	D/1″	lg cot	lg cos	D/1″	′	°
32	**30**	9,73 022	0,32	9,80 419	0,47	10,19 581	9,92 603	0,13	**30**	**57**
	31	9,73 041	0,33	9,80 447	0,46	10,19 553	9,92 595	0,13	29	
	32	9,73 061	0,33	9,80 474	0,46	10,19 526	9,92 587	0,13	28	
	33	9,73 081	0,33	9,80 502	0,46	10,19 498	9,92 579	0,13	27	
	34	9,73 101	0,33	9,80 530	0,46	10,19 470	9,92 571	0,13	26	
	35	9,73 121	0,33	9,80 558	0,46	10,19 442	9,92 563	0,13	25	
	36	9,73 140	0,33	9,80 586	0,46	10,19 414	9,92 555	0,13	24	
	37	9,73 160	0,33	9,80 614	0,46	10,19 386	9,92 546	0,13	23	
	38	9,73 180	0,33	9,80 642	0,46	10,19 358	9,92 538	0,13	22	
	39	9,73 200	0,33	9,80 669	0,46	10,19 331	9,92 530	0,13	21	
32	**40**	9,73 219	0,33	9,80 697	0,46	10,19 303	9,92 522	0,14	**20**	**57**
	41	9,73 239	0,33	9,80 725	0,46	10,19 275	9,92 514	0,14	19	
	42	9,73 259	0,33	9,80 753	0,46	10,19 247	9,92 506	0,14	18	
	43	9.73 278	0,33	9,80 781	0,46	10,19 219	9,92 498	0,14	17	
	44	9,73 298	0,33	9,80 808	0,46	10,19 192	9,92 490	0,14	16	
	45	9,73 318	0,33	9,80 836	0,46	10,19 164	9,92 482	0,14	15	
	46	9,73 337	0,33	9,80 864	0,46	10,19 136	9,92 473	0,14	14	
	47	9,73 357	0,33	9,80 892	0,46	10.19 108	9,92 465	0,14	13	
	48	9.73 377	0,33	9,80 919	0,46	10,19 081	9,92 457	0,14	12	
	49	9,73 396	0,33	9,80 947	0,46	10,19 053	9,92 449	0,14	11	
32	**50**	9,73 416	0,33	9,80 975	0,46	10,19 025	9,92 441	0,14	**10**	**57**
	51	9,73 435	0,33	9,81 003	0,46	10,18 997	9,92 433	0,14	9	
	52	9,73 455	0,33	9,81 030	0,46	10,18 970	9,92 425	0,14	8	
	53	9,73 474	0,33	9,81 058	0,46	10,18 942	9,92 416	0,14	7	
	54	9,73 494	0,33	9,81 086	0,46	10,18 914	9,92 408	0,14	6	
	55	9,73 513	0,33	9,81 113	0,46	10,18 887	9,92 400	0,14	5	
	56	9,73 533	0,33	9,81 141	0,46	10,18 859	9,92 392	0,14	4	
	57	9,73 552	0,33	9,81 169	0,46	10,18 831	9,92 384	0,14	3	
	58	9,73 572	0,33	9,81 196	0,46	10,18 804	9,92 376	0,14	2	
	59	9,73 591	0,33	9.81 224	0,46	10,18 776	9.92 367	0,14	1	
33	**0**	9,73 611		9,81 252		10,18 748	9,92 359		**0**	**57**
°	′	lg cos	D/1″	lg cot	D/1″	lg tan	lg sin	D/1″	M.	Gr.

Logarithmen der goniometrischen Funktionen

Gr.	M.	lg sin	D/1″	lg tan	D/1″	lg cot	lg cos	D/1″	′	°
33	0	9,73 61_1_		9,81 25_2_		10,18 748	9,92 359		0	57
			0,32		0,46			0,14		
	1	9,73 630	0,32	9,81 279	0,46	10,18 72_1_	9,92 35_1_	0,14	59	
	2	9,73 65_0_	0,32	9,81 307	0,46	10,18 693	9,92 34_3_	0,14	58	
	3	9,73 669	0,32	9,81 33_5_	0,46	10,18 665	9,92 33_5_	0,14	57	
	4	9,73 68_9_	0,32	9,81 362	0,46	10,18 63_8_	9,92 326	0,14	56	
	5	9,73 708	0,32	9,81 39_0_	0,46	10,18 610	9,92 318	0,14	55	
	6	9,73 727	0,32	9,81 41_8_	0,46	10,18 582	9,92 31_0_	0,14	54	
	7	9,73 74_7_	0,32	9,81 445	0,46	10,18 55_5_	9,92 30_2_	0,14	53	
	8	9,73 766	0,32	9,81 47_3_	0,46	10,18 527	9,92 293	0,14	52	
	9	9,73 785	0,32	9,81 500	0,46	10,18 50_0_	9,92 285	0,14	51	
33	10	9,73 805	0,32	9,81 52_8_	0,46	10,18 472	9,92 27_7_	0,14	50	56
	11	9,73 824	0,32	9,81 55_6_	0,46	10,18 444	9,92 26_9_	0,14	49	
	12	9,73 843	0,32	9,81 583	0,46	10,18 41_7_	9,92 260	0,14	48	
	13	9,73 86_3_	0,32	9,81 61_1_	0,46	10,18 389	9,92 252	0,14	47	
	14	9,73 882	0,32	9,81 638	0,46	10,18 36_2_	9,92 24_4_	0,14	46	
	15	9,73 901	0,32	9,81 66_6_	0,46	10,18 334	9,92 235	0,14	45	
	16	9,73 92_1_	0,32	9,81 693	0,46	10,18 30_7_	9,92 227	0,14	44	
	17	9,73 94_0_	0,32	9,81 72_1_	0,46	10,18 279	9,92 21_9_	0,14	43	
	18	9,73 959	0,32	9,81 748	0,46	10,18 25_2_	9,92 21_1_	0,14	42	
	19	9,73 978	0,32	9,81 77_6_	0,46	10,18 224	9,92 202	0,14	41	
33	20	9,73 997	0,32	9,81 803	0,46	10,18 197	9,92 194	0,14	40	56
	21	9,74 01_7_	0,32	9,81 83_1_	0,46	10,18 169	9,92 18_6_	0,14	39	
	22	9,74 03_6_	0,32	9,81 858	0,46	10,18 14_2_	9,92 177	0,14	38	
	23	9,74 055	0,32	9,81 88_6_	0,46	10,18 114	9,92 169	0,14	37	
	24	9,74 074	0,32	9,81 913	0,46	10,18 08_7_	9,92 16_1_	0,14	36	
	25	9,74 093	0,32	9,81 94_1_	0,46	10,18 059	9,92 152	0,14	35	
	26	9,74 11_3_	0,32	9,81 968	0,46	10,18 03_2_	9,92 14_4_	0,14	34	
	27	9,74 13_2_	0,32	9,81 996	0,46	10,18 004	9,92 13_6_	0,14	33	
	28	9,74 15_1_	0,32	9,82 023	0,46	10,17 97_7_	9,92 127	0,14	32	
	29	9,74 170	0,32	9,82 05_1_	0,46	10,17 949	9,92 119	0,14	31	
33	30	9,74 18_9_		9,82 078		10,17 92_2_	9,92 11_1_		30	56
°	′	lg cos	D/1″	lg cot	D/1″	lg tan	lg sin	D/1″	M.	Gr.

Logarithmen der goniometrischen Funktionen

Gr.	M.	lg sin	D/1″	lg tan	D/1″	lg cot	lg cos	D/1″	′	°
33	30	9,74 189		9,82 078		10,17 922	9.92 111		30	56
	31	9,74 208	0,32	9.82 106	0,46	10,17 894	9.92 102	0.14	29	
	32	9,74 227	0,32	9.82 133	0,46	10,17 867	9.92 094	0,14	28	
	33	9,74 246	0,32	9.82 161	0,46	10,17 839	9,92 086	0,14	27	
	34	9,74 265	0,32	9,82 188	0,46	10,17 812	9,92 077	0,14	26	
			0,32		0,46			0,14		
	35	9,74 284	0,32	9,82 215	0,46	10,17 785	9.92 069	0,14	25	
	36	9,74 303	0,32	9,82 243	0,46	10,17 757	9.92 060	0,14	24	
	37	9,74 322	0,32	9,82 270	0,46	10,17 730	9.92 052	0,14	23	
	38	9,74 341	0,32	9,82 298	0,46	10,17 702	9.92 044	0,14	22	
	39	9,74 360	0,32	9,82 325	0,46	10,17 675	9,92 035	0,14	21	
33	40	9,74 379	0,32	9,82 352	0,46	10,17 648	9.92 027	0,14	20	56
	41	9,74 398	0,32	9,82 380	0,46	10,17 620	9.92 018	0,14	19	
	42	9,74 417	0,32	9,82 407	0,46	10,17 593	9.92 010	0,14	18	
	43	9,74 436	0,32	9,82 435	0,46	10,17 565	9.92 002	0,14	17	
	44	9,74 455	0,32	9,82 462	0,46	10,17 538	9,91 993	0,14	16	
	45	9,74 474	0,32	9,82 489	0,46	10,17 511	9.91 985	0,14	15	
	46	9,74 493	0,32	9,82 517	0,46	10,17 483	9.91 976	0,14	14	
	47	9,74 512	0,32	9,82 544	0,46	10,17 456	9.91 968	0,14	13	
	48	9,74 531	0,31	9,82 571	0,46	10,17 429	9,91 959	0,14	12	
	49	9,74 549	0,31	9,82 599	0,46	10,17 401	9,91 951	0,14	11	
33	50	9,74 568	0,31	9,82 626	0,46	10,17 374	9,91 942	0,14	10	56
	51	9,74 587	0,31	9,82 653	0,46	10,17 347	9,91 934	0,14	9	
	52	9,74 606	0,31	9,82 681	0,46	10,17 319	9,91 925	0,14	8	
	53	9,74 625	0,31	9,82 708	0,46	10,17 292	9,91 917	0,14	7	
	54	9,74 644	0,31	9,82 735	0,46	10,17 265	9,91 908	0,14	6	
	55	9,74 662	0,31	9,82 762	0,46	10,17 238	9,91 900	0,14	5.	
	56	9,74 681	0,31	9,82 790	0,46	10,17 210	9.91 891	0,14	4	
	57	9,74 700	0,31	9,82 817	0,45	10,17 183	9.91 883	0,14	3	
	58	9,74 719	0,31	9,82 844	0,45	10,17 156	9.91 874	0,14	2	
	59	9,74 737	0,31	9,82 871	0,45	10,17 129	9.91 866	0,14	1	
34	0	9,74 756		9,82 899		10,17 101	9,91 857		0	56
°	′	lg cos	D/1″	lg cot	D/1″	lg tan	lg sin	D/1″	M.	Gr.

Logarithmen der goniometrischen Funktionen

Gr.	M.	lg sin	D/1″	lg tan	D/1″	lg cot	lg cos	D/1″	′	°
34	0	9,74 756	0,31	9,82 899	0,45	10,17 101	9,91 857	0,14	0	56
	1	9,74 775	0,31	9.82 926	0,45	10.17 074	9,91 849	0,14	59	
	2	9,74 794	0,31	9,82 953	0,45	10,17 047	9,91 840	0,14	58	
	3	9,74 812	0,31	9,82 980	0,45	10,17 020	9,91 832	0,14	57	
	4	9,74 831	0,31	9,83 008	0,45	10,16 992	9,91 823	0,14	56	
	5	9,74 850	0,31	9,83 035	0,45	10,16 965	9,91 815	0,14	55	
	6	9.74 868	0,31	9,83 062	0,45	10,16 938	9,91 806	0,14	54	
	7	9,74 887	0,31	9,83 089	0,45	10,16 911	9,91 798	0,14	53	
	8	9,74 906	0,31	9,83 117	0,45	10,16 883	9,91 789	0,14	52	
	9	9,74 924	0,31	9,83 144	0,45	10,16 856	9,91 781	0,14	51	
34	10	9,74 943	0,31	9,83 171	0,45	10,16 829	9,91 772	0,14	50	55
	11	9,74 961	0,31	9,83 198	0,45	10,16 802	9,91 763	0,14	49	
	12	9,74 980	0,31	9,83 225	0,45	10,16 775	9,91 755	0,14	48	
	13	9,74 999	0,31	9,83 252	0,45	10,16 748	9,91 746	0,14	47	
	14	9,75 017	0,31	9,83 280	0,45	10,16 720	9,91 738	0,14	46	
	15	9,75 036	0,31	9,83 307	0,45	10,16 693	9,91 729	0,14	45	
	16	9,75 054	0,31	9,83 334	0,45	10,16 666	9,91 720	0,14	44	
	17	9,75 073	0,31	9,83 361	0,45	10,16 639	9,91 712	0,14	43	
	18	9,75 091	0,31	9,83 388	0,45	10,16 612	9,91 703	0,14	42	
	19	9,75 110	0,31	9,83 415	0,45	10,16 585	9,91 695	0,14	41	
34	20	9,75 128	0,31	9,83 442	0,45	10,16 558	9,91 686	0,14	40	55
	21	9,75 147	0,31	9,83 470	0,45	10,16 530	9,91 677	0,14	39	
	22	9,75 165	0,31	9,83 497	0,45	10,16 503	9,91 669	0,14	38	
	23	9,75 184	0,31	9,83 524	0,45	10,16 476	9,91 660	0,14	37	
	24	9,75 202	0,31	9,83 551	0,45	10,16 449	9,91 651	0,14	36	
	25	9,75 221	0,31	9,83 578	0,45	10,16 422	9,91 643	0,14	35	
	26	9,75 239	0,31	9,83 605	0,45	10,16 395	9,91 634	0,14	34	
	27	9,75 258	0,31	9,83 632	0,45	10,16 368	9,91 625	0,14	33	
	28	9,75 276	0,31	9,83 659	0,45	10,16 341	9,91 617	0,14	32	
	29	9,75 294	0,31	9,83 686	0,45	10,16 314	9,91 608	0,14	31	
34	30	9,75 313		9.83 713		10,16 287	9.91 599		30	55
°	′	lg cos	D/1″	lg cot	D/1″	lg tan	lg sin	D/1″	M.	Gr.

Logarithmen der goniometrischen Funktionen

Gr.	M.	lg sin	D/1″	lg tan	D/1″	lg cot	lg cos	D/1″	′	°
34	30	9,75 31<u>3</u>	0,31	9,83 713	0,45	10,16 28<u>7</u>	9,91 599	0,14	30	55
	31	9,75 331	0,31	9,83 740	0,45	10,16 26<u>0</u>	9,91 59<u>1</u>	0,14	29	
	32	9,75 35<u>0</u>	0,31	9,83 76<u>8</u>	0,45	10,16 232	9,91 58<u>2</u>	0,14	28	
	33	9,75 36<u>8</u>	0,31	9,83 79<u>5</u>	0,45	10,16 205	9,91 573	0,15	27	
	34	9,75 386		9,83 82<u>2</u>		10,16 178	9,91 56<u>5</u>		26	
			0,31		0,45			0,15		
	35	9,75 40<u>5</u>	0,31	9,83 84<u>9</u>	0,45	10,16 151	9,91 55<u>6</u>	0,15	25	
	36	9,75 42<u>3</u>	0,31	9,83 87<u>6</u>	0,45	10,16 124	9,91 547	0,15	24	
	37	9,75 441	0,31	9,83 90<u>3</u>	0,45	10,16 097	9,91 538	0,15	23	
	38	9,75 45<u>9</u>	0,31	9,83 93<u>0</u>	0,45	10,16 070	9,91 53<u>0</u>	0,15	22	
	39	9,75 47<u>8</u>		9,83 95<u>7</u>		10,16 043	9,91 521		21	
			0,31		0,45			0,15		
34	40	9,75 49<u>6</u>	0,30	9,83 98<u>4</u>	0,45	10,16 016	9,91 512	0,15	20	55
	41	9,75 514	0,30	9,84 01<u>1</u>	0,45	10,15 989	9,91 50<u>4</u>	0,15	19	
	42	9,75 53<u>3</u>	0,30	9,84 038	0,45	10,15 962	9,91 49<u>5</u>	0,15	18	
	43	9,75 55<u>1</u>	0,30	9,84 065	0,45	10,15 935	9,91 486	0,15	17	
	44	9,75 569		9,84 09<u>2</u>		10,15 908	9,91 477		16	
			0,30		0,45			0,15		
	45	9,75 587	0,30	9,84 119	0,45	10,15 881	9,91 46<u>9</u>	0,15	15	
	46	9,75 605	0,30	9,84 146	0,45	10,15 854	9,91 46<u>0</u>	0,15	14	
	47	9,75 62<u>4</u>	0,30	9,84 173	0,45	10,15 827	9,91 45<u>1</u>	0,15	13	
	48	9,75 64<u>2</u>	0,30	9,84 200	0,45	10,15 800	9,91 442	0,15	12	
	49	9,75 66<u>0</u>		9,84 227		10,15 773	9,91 433		11	
			0,30		0,45			0,15		
34	50	9,75 678	0,30	9,84 25<u>4</u>	0,45	10,15 746	9,91 42<u>5</u>	0,15	10	55
	51	9,75 696	0,30	9,84 280	0,45	10,15 72<u>0</u>	9,91 41<u>6</u>	0,15	9	
	52	9,75 714	0,30	9,84 307	0,45	10,15 69<u>3</u>	9,91 407	0,15	8	
	53	9,75 73<u>3</u>	0,30	9,84 334	0,45	10,15 666	9,91 398	0,15	7	
	54	9,75 75<u>1</u>		9,84 361		10,15 639	9,91 389		6	
			0,30		0,45			0,15		
	55	9,75 76<u>9</u>	0,30	9,84 388	0,45	10,15 61<u>2</u>	9,91 38<u>1</u>	0,15	5	
	56	9,75 78<u>7</u>	0,30	9,84 415	0,45	10,15 58<u>5</u>	9,91 37<u>2</u>	0,15	4	
	57	9,75 80<u>5</u>	0,30	9,84 44<u>2</u>	0,45	10,15 558	9,91 36<u>3</u>	0,15	3	
	58	9,75 823	0,30	9,84 46<u>9</u>	0,45	10,15 531	9,91 354	0,15	2	
	59	9,75 841		9,84 49<u>6</u>		10,15 504	9,91 345		1	
			0,30		0,45			0,15		
35	0	9,75 85<u>9</u>		9,84 52<u>3</u>		10,15 477	9,91 336		0	55

| ° | ′ | lg cos | D/1″ | lg cot | D/1″ | lg tan | lg sin | D/1″ | M. | Gr. |

Logarithmen der goniometrischen Funktionen

Gr.	M.	lg sin	D/1″	lg tan	D/1″	lg cot	lg cos	D/1″	′	°
35	0	9,75 859	0,30	9,84 523	0,45	10,15 477	9,91 336	0,15	0	55
	1	9,75 877	0,30	9,84 550	0,45	10,15 450	9,91 328	0,15	59	
	2	9,75 895	0,30	9,84 576	0,45	10,15 424	9,91 319	0,15	58	
	3	9,75 913	0,30	9,84 603	0,45	10,15 397	9,91 310	0,15	57	
	4	9,75 931	0,30	9,84 630	0,45	10,15 370	9,91 301	0,15	56	
	5	9,75 949	0,30	9,84 657	0,45	10,15 343	9,91 292	0,15	55	
	6	9,75 967	0,30	9,84 684	0,45	10,15 316	9,91 283	0,15	54	
	7	9,75 985	0,30	9,84 711	0,45	10,15 289	9,91 274	0,15	53	
	8	9,76 003	0,30	9,84 738	0,45	10,15 262	9,91 266	0,15	52	
	9	9,76 021	0,30	9,84 764	0,45	10,15 236	9,91 257	0,15	51	
35	10	9,76 039	0,30	9,84 791	0,45	10,15 209	9,91 248	0,15	50	54
	11	9,76 057	0,30	9,84 818	0,45	10,15 182	9,91 239	0,15	49	
	12	9,76 075	0,30	9,84 845	0,45	10,15 155	9,91 230	0,15	48	
	13	9,76 093	0,30	9,84 872	0,45	10,15 128	9,91 221	0,15	47	
	14	9,76 111	0,30	9,84 899	0,45	10,15 101	9,91 212	0,15	46	
	15	9,76 129	0,30	9,84 925	0,45	10,15 075	9,91 203	0,15	45	
	16	9,76 146	0,30	9,84 952	0,45	10,15 048	9,91 194	0,15	44	
	17	9,76 164	0,30	9,84 979	0,45	10,15 021	9,91 185	0,15	43	
	18	9,76 182	0,30	9,85 006	0,45	10,14 994	9,91 176	0,15	42	
	19	9,76 200	0,30	9,85 033	0,45	10,14 967	9,91 167	0,15	41	
35	20	9,76 218	0,30	9,85 059	0,45	10,14 941	9,91 158	0,15	40	54
	21	9,76 236	0,30	9,85 086	0,45	10,14 914	9,91 149	0,15	39	
	22	9,76 253	0,30	9,85 113	0,45	10,14 887	9,91 141	0,15	38	
	23	9,76 271	0,30	9,85 140	0,45	10,14 860	9,91 132	0,15	37	
	24	9,76 289	0,30	9,85 166	0,45	10,14 834	9,91 123	0,15	36	
	25	9,76 307	0,30	9,85 193	0,45	10,14 807	9,91 114	0,15	35	
	26	9,76 324	0,30	9,85 220	0,45	10,14 780	9,91 105	0,15	34	
	27	9,76 342	0,30	9,85 247	0,45	10,14 753	9,91 096	0,15	33	
	28	9,76 360	0,30	9,85 273	0,45	10,14 727	9,91 087	0,15	32	
	29	9,76 378	0,30	9,85 300	0,45	10,14 700	9,91 078	0,15	31	
35	30	9,76 395		9,85 327		10,14 673	9,91 069		30	54
°	′	lg cos	D/1″	lg cot	D/1″	lg tan	lg sin	D/1″	M.	Gr.

Logarithmen der goniometrischen Funktionen 119

Gr.	M.	lg sin	D/1″	lg tan	D/1″	lg cot	lg cos	D/1″	′	°
35	30	9,76 395	0,30	9,85 327	0,45	10,14 673	9,91 069	0,15	30	54
	31	9,76 413	0,30	9,85 354	0,45	10,14 646	9,91 060	0,15	29	
	32	9,76 431	0,30	9,85 380	0,45	10,14 620	9,91 051	0,15	28	
	33	9,76 448	0,30	9,85 407	0,45	10,14 593	9,91 042	0,15	27	
	34	9,76 466	0,29	9,85 434	0,45	10,14 566	9,91 033	0,15	26	
	35	9,76 484	0,29	9,85 460	0,45	10,14 540	9,91 023	0,15	25	
	36	9,76 501	0,29	9,85 487	0,45	10,14 513	9,91 014	0,15	24	
	37	9,76 519	0,29	9,85 514	0,45	10,14 486	9,91 005	0,15	23	
	38	9,76 537	0,29	9,85 540	0,45	10,14 460	9,90 996	0,15	22	
	39	9,76 554	0,29	9,85 567	0,45	10,14 433	9,90 987	0,15	21	
35	40	9,76 572	0,29	9,85 594	0,44	10,14 406	9,90 978	0,15	20	54
	41	9,76 590	0,29	9,85 620	0,44	10,14 380	9,90 969	0,15	19	
	42	9,76 607	0,29	9,85 647	0,44	10,14 353	9,90 960	0,15	18	
	43	9,76 625	0,29	9,85 674	0,44	10,14 326	9,90 951	0,15	17	
	44	9,76 642	0,29	9,85 700	0,44	10,14 300	9,90 942	0,15	16	
	45	9,76 660	0,29	9,85 727	0,44	10,14 273	9,90 933	0,15	15	
	46	9,76 677	0,29	9,85 754	0,44	10,14 246	9,90 924	0,15	14	
	47	9,76 695	0,29	9,85 780	0,44	10,14 220	9,90 915	0,15	13	
	48	9,76 712	0,29	9,85 807	0,44	10,14 193	9,90 906	0,15	12	
	49	9,76 730	0,29	9,85 834	0,44	10,14 166	9,90 896	0,15	11	
35	50	9,76 747	0,29	9,85 860	0,44	10,14 140	9,90 887	0,15	10	54
	51	9,76 765	0,29	9,85 887	0,44	10,14 113	9,90 878	0,15	9	
	52	9,76 782	0,29	9,85 913	0,44	10,14 087	9,90 869	0,15	8	
	53	9,76 800	0,29	9,85 940	0,44	10,14 060	9,90 860	0,15	7	
	54	9,76 817	0,29	9,85 967	0,44	10,14 033	9,90 851	0,15	6	
	55	9,76 835	0,29	9,85 993	0,44	10,14 007	9,90 842	0,15	5	
	56	9,76 852	0,29	9,86 020	0,44	10,13 980	9,90 832	0,15	4	
	57	9,76 870	0,29	9,86 046	0,44	10,13 954	9,90 823	0,15	3	
	58	9,76 887	0,29	9,86 073	0,44	10,13 927	9,90 814	0,15	2	
	59	9,76 904	0,29	9,86 100	0,44	10,13 900	9,90 805	0,15	1	
36	0	9,76 922		9,86 126		10,13 874	9,90 796		0	54
°	′	lg cos	D/1″	lg cot	D/1″	lg tan	lg sin	D/1″	M.	Gr.

Logarithmen der goniometrischen Funktionen

Gr.	M.	lg sin	D/1''	lg tan	D/1''	lg cot	lg cos	D/1''	'	o
36	0	9,76 922	0,29	9,86 126	0,44	10,13 874	9,90 796	0,15	0	54
	1	9,76 939	0,29	9,86 153	0,44	10,13 847	9,90 787	0,15	59	
	2	9,76 957	0,29	9,86 179	0,44	10,13 821	9,90 777	0,15	58	
	3	9,76 974	0,29	9,86 206	0,44	10,13 794	9,90 768	0,15	57	
	4	9,76 991	0,29	9,86 232	0,44	10,13 768	9,90 759	0,15	56	
	5	9,77 009	0,29	9,86 259	0,44	10,13 741	9,90 750	0,15	55	
	6	9,77 026	0,29	9,86 285	0,44	10,13 715	9,90 741	0,15	54	
	7	9,77 043	0,29	9,86 312	0,44	10,13 688	9,90 731	0,15	53	
	8	9,77 061	0,29	9,86 338	0,44	10,13 662	9,90 722	0,15	52	
	9	9,77 078	0,29	9,86 365	0,44	10,13 635	9,90 713	0,15	51	
36	10	9,77 095	0,29	9,86 392	0,44	10,13 608	9,90 704	0,15	50	53
	11	9,77 112	0,29	9,86 418	0,44	10,13 582	9,90 694	0,15	49	
	12	9,77 130	0,29	9,86 445	0,44	10,13 555	9,90 685	0,15	48	
	13	9,77 147	0,29	9,86 471	0,44	10,13 529	9,90 676	0,15	47	
	14	9,77 164	0,29	9,86 498	0,44	10,13 502	9,90 667	0,15	46	
	15	9,77 181	0,29	9,86 524	0,44	10,13 476	9,90 657	0,15	45	
	16	9,77 199	0,29	9,86 551	0,44	10,13 449	9,90 648	0,15	44	
	17	9,77 216	0,29	9,86 577	0,44	10,13 423	9,90 639	0,15	43	
	18	9,77 233	0,29	9,86 603	0,44	10,13 397	9,90 630	0,15	42	
	19	9,77 250	0,29	9,86 630	0,44	10,13 370	9,90 620	0,15	41	
36	20	9,77 268	0,29	9,86 656	0,44	10,13 344	9,90 611	0,15	40	53
	21	9,77 285	0,29	9,86 683	0,44	10,13 317	9,90 602	0,16	39	
	22	9,77 302	0,29	9,86 709	0,44	10,13 291	9,90 592	0,16	38	
	23	9,77 319	0,29	9,86 736	0,44	10,13 264	9,90 583	0,16	37	
	24	9,77 336	0,29	9,86 762	0,44	10,13 238	9,90 574	0,16	36	
	25	9,77 353	0,29	9,86 789	0,44	10,13 211	9,90 565	0,16	35	
	26	9,77 370	0,29	9,86 815	0,44	10,13 185	9,90 555	0,16	34	
	27	9,77 387	0,29	9,86 842	0,44	10,13 158	9,90 546	0,15	33	
	28	9,77 405	0,29	9,86 868	0,44	10,13 132	9,90 537	0,16	32	
	29	9,77 422	0,29	9,86 894	0,44	10,13 106	9,90 527	0,16	31	
36	30	9,77 439		9,86 921		10,13 079	9.90 518		30	53
o	'	lg cos	D/1''	lg cot	D/1''	lg tan	lg sin	D/1''	M.	Gr.

Logarithmen der goniometrischen Funktionen

Gr.	M.	lg sin	D/1″	lg tan	D/1″	lg cot	lg cos	D/1″	′	o
36	**30**	9,77 43\underline{9}	0,29	9,86 92\underline{1}	0,44	10,13 079	9,90 51\underline{8}	0,16	**30**	**53**
	31	9,77 45\underline{6}	0,28	9,86 947	0,44	10,13 05\underline{3}	9,90 50\underline{9}	0,16	29	
	32	9,77 47\underline{3}	0,28	9,86 97\underline{4}	0,44	10,13 026	9,90 499	0,16	28	
	33	9,77 49\underline{0}	0,28	9,87 000	0,44	10,13 00\underline{0}	9,90 49\underline{0}	0,16	27	
	34	9,77 50\underline{7}	0,28	9,87 02\underline{7}	0,44	10,12 973	9,90 480	0,16	26	
	35	9,77 52\underline{4}	0,28	9,87 05\underline{3}	0,44	10,12 947	9,90 471	0,16	25	
	36	9,77 541	0,28	9,87 079	0,44	10,12 92\underline{1}	9,90 46\underline{2}	0,16	24	
	37	9,77 558	0,28	9,87 10\underline{6}	0,44	10,12 894	9,90 452	0,16	23	
	38	9,77 575	0,28	9,87 132	0,44	10,12 86\underline{8}	9,90 44\underline{3}	0,16	22	
	39	9,77 59\underline{2}	0,28	9,87 158	0,44	10,12 84\underline{2}	9,90 43\underline{4}	0,16	21	
36	**40**	9,77 60\underline{9}	0,28	9,87 18\underline{5}	0,44	10,12 815	9,90 424	0,16	**20**	**53**
	41	9,77 62\underline{6}	0,28	9,87 211	0,44	10,12 789	9,90 41\underline{5}	0,16	19	
	42	9,77 64\underline{3}	0,28	9,87 23\underline{8}	0,44	10,12 762	9,90 405	0,16	18	
	43	9,77 66\underline{0}	0,28	9,87 26\underline{4}	0,44	10,12 736	9,90 39\underline{6}	0,16	17	
	44	9,77 67\underline{7}	0,28	9,87 290	0,44	10,12 71\underline{0}	9,90 386	0,16	16	
	45	9,77 69\underline{4}	0,28	9,87 317	0,44	10,12 683	9,90 377	0,16	15	
	46	9,77 71\underline{1}	0,28	9,87 343	0,44	10,12 65\underline{7}	9,90 36\underline{8}	0,16	14	
	47	9,77 72\underline{8}	0,28	9,87 369	0,44	10,12 63\underline{1}	9,90 358	0,16	13	
	48	9,77 744	0,28	9,87 39\underline{6}	0,44	10,12 604	9,90 34\underline{9}	0,16	12	
	49	9,77 761	0,28	9,87 422	0,44	10,12 57\underline{8}	9,90 339	0,16	11	
36	**50**	9,77 778	0,28	9,87 448	0,44	10,12 55\underline{2}	9,90 33\underline{0}	0,16	**10**	**53**
	51	9,77 795	0,28	9,87 47\underline{5}	0,44	10,12 525	9,90 320	0,16	9	
	52	9,77 812	0,28	9,87 501	0,44	10,12 49\underline{9}	9,90 31\underline{1}	0,16	8	
	53	9,77 82\underline{9}	0,28	9,87 527	0,44	10,12 47\underline{3}	9,90 301	0,16	7	
	54	9,77 84\underline{6}	0,28	9,87 55\underline{4}	0,44	10,12 446	9,90 29\underline{2}	0,16	6	
	55	9,77 862	0,28	9,87 58\underline{0}	0,44	10,12 420	9,90 282	0,16	5	
	56	9,77 879	0,28	9,87 606	0,44	10,12 394	9,90 27\underline{3}	0,16	4	
	57	9,77 89\underline{6}	0,28	9,87 63\underline{3}	0,44	10,12 367	9,90 263	0,16	3	
	58	9,77 91\underline{3}	0,28	9,87 65\underline{9}	0,44	10,12 341	9,90 25\underline{4}	0,16	2	
	59	9,77 93\underline{0}	0,28	9,87 685	0,44	10,12 315	9,90 244	0,16	1	
37	**0**	9,77 946		9,87 711		10,12 28\underline{9}	9,90 23\underline{5}		**0**	**53**
o	′	lg cos	D/1″	lg cot	D/1″	lg tan	lg sin	D/1″	M.	Gr.

Logarithmen der goniometrischen Funktionen

Gr.	M.	lg sin	D/1″	lg tan	D/1″	lg cot	lg cos	D/1″	′	°
37	0	9,77 946	0,28	9,87 711	0,44	10,12 289	9,90 235	0,16	0	53
	1	9,77 963	0,28	9,87 738	0,44	10,12 262	9,90 225	0,16	59	
	2	9,77 980	0,28	9,87 764	0,44	10,12 236	9,90 216	0,16	58	
	3	9,77 997	0,28	9,87 790	0,44	10,12 210	9,90 206	0,16	57	
	4	9,78 013	0,28	9,87 817	0,44	10,12 183	9,90 197	0,16	56	
	5	9,78 030	0,28	9,87 843	0,44	10,12 157	9,90 187	0,16	55	
	6	9,78 047	0,28	9,87 869	0,44	10,12 131	9,90 178	0,16	54	
	7	9,78 063	0,28	9,87 895	0,44	10,12 105	9,90 168	0,16	53	
	8	9,78 080	0,28	9,87 922	0,44	10,12 078	9,90 159	0,16	52	
	9	9,78 097	0,28	9,87 948	0,44	10,12 052	9,90 149	0,16	51	
37	10	9,78 113	0,28	9,87 974	0,44	10,12 026	9,90 139	0,16	50	52
	11	9,78 130	0,28	9,88 000	0,44	10,12 000	9,90 130	0,16	49	
	12	9,78 147	0,28	9,88 027	0,44	10,11 973	9,90 120	0,16	48	
	13	9,78 163	0,28	9,88 053	0,44	10,11 947	9,90 111	0,16	47	
	14	9,78 180	0,28	9,88 079	0,44	10,11 921	9,90 101	0,16	46	
	15	9,78 197	0,28	9,88 105	0,44	10,11 895	9,90 091	0,16	45	
	16	9,78 213	0,28	9,88 131	0,44	10,11 869	9,90 082	0,16	44	
	17	9,78 230	0,28	9,88 158	0,44	10,11 842	9,90 072	0,16	43	
	18	9,78 246	0,28	9,88 184	0,44	10,11 816	9,90 063	0,16	42	
	19	9,78 263	0,28	9,88 210	0,44	10,11 790	9,90 053	0,16	41	
37	20	9,78 280	0,28	9,88 236	0,44	10,11 764	9,90 043	0,16	40	52
	21	9,78 296	0,28	9,88 262	0,44	10,11 738	9,90 034	0,16	39	
	22	9,78 313	0,28	9,88 289	0,44	10,11 711	9,90 024	0,16	38	
	23	9,78 329	0,28	9,88 315	0,44	10,11 685	9,90 014	0,16	37	
	24	9,78 346	0,28	9,88 341	0,44	10,11 659	9,90 005	0,16	36	
	25	9,78 362	0,28	9,88 367	0,44	10,11 633	9,89 995	0,16	35	
	26	9,78 379	0,28	9,88 393	0,44	10,11 607	9,89 985	0,16	34	
	27	9,78 395	0,28	9,88 420	0,44	10,11 580	9,89 976	0,16	33	
	28	9,78 412	0,28	9,88 446	0,44	10,11 554	9,89 966	0,16	32	
	29	9,78 428	0,28	9,88 472	0,44	10,11 528	9,89 956	0,16	31	
37	30	9,78 445		9,88 498		10,11 502	9,89 947		30	52
°	′	lg cos	D/1″	lg cot	D/1″	lg tan	lg sin	D/1″	M.	Gr.

Logarithmen der goniometrischen Funktionen 123

Gr.	M.	lg sin	D/1″	lg tan	D/1″	lg cot	lg cos	D/1″	′	o
37	30	9,78 445	0,27	9,88 498	0,44	10,11 502	9,89 947	0,16	30	52
	31	9,78 461	0,27	9,88 524	0,44	10,11 476	9,89 937	0,16	29	
	32	9,78 478	0,27	9,88 550	0,44	10,11 450	9,89 927	0,16	28	
	33	9,78 494	0,27	9,88 577	0,44	10,11 423	9,89 918	0,16	27	
	34	9,78 510	0,27	9,88 603	0,44	10,11 397	9,89 908	0,16	26	
	35	9,78 527	0,27	9,88 629	0,44	10,11 371	9,89 898	0,16	25	
	36	9,78 543	0,27	9,88 655	0,44	10,11 345	9,89 888	0,16	24	
	37	9,78 560	0,27	9,88 681	0,44	10,11 319	9,89 879	0,16	23	
	38	9,78 576	0,27	9,88 707	0,44	10,11 293	9,89 869	0,16	22	
	39	9,78 592	0,27	9,88 733	0,44	10,11 267	9,89 859	0,16	21	
37	40	9,78 609	0,27	9,88 759	0,44	10,11 241	9,89 849	0,16	20	52
	41	9,78 625	0,27	9,88 786	0,44	10,11 214	9,89 840	0,16	19	
	42	9,78 642	0,27	9,88 812	0,44	10,11 188	9,89 830	0,16	18	
	43	9,78 658	0,27	9,88 838	0,44	10,11 162	9,89 820	0,16	17	
	44	9,78 674	0,27	9,88 864	0,44	10,11 136	9,89 810	0,16	16	
	45	9,78 691	0,27	9,88 890	0,44	10,11 110	9,89 801	0,16	15	
	46	9,78 707	0,27	9,88 916	0,44	10,11 084	9,89 791	0,16	14	
	47	9,78 723	0,27	9,88 942	0,44	10,11 058	9,89 781	0,16	13	
	48	9,78 739	0,27	9,88 968	0,44	10,11 032	9,89 771	0,16	12	
	49	9,78 756	0,27	9,88 994	0,44	10,11 006	9,89 761	0,16	11	
37	50	9,78 772	0,27	9,89 020	0,43	10,10 980	9,89 752	0,16	10	52
	51	9,78 788	0,27	9,89 046	0,43	10,10 954	9,89 742	0,16	9	
	52	9,78 805	0,27	9,89 073	0,43	10,10 927	9,89 732	0,16	8	
	53	9,78 821	0,27	9,89 099	0,43	10,10 901	9,89 722	0,16	7	
	54	9,78 837	0,27	9,89 125	0,43	10,10 875	9,89 712	0,16	6	
	55	9,78 853	0,27	9,89 151	0,43	10,10 849	9,89 702	0,16	5	
	56	9,78 869	0,27	9,89 177	0,43	10,10 823	9,89 693	0,16	4	
	57	9,78 886	0,27	9,89 203	0,43	10,10 797	9,89 683	0,16	3	
	58	9,78 902	0,27	9,89 229	0,43	10,10 771	9,89 673	0,16	2	
	59	9,78 918	0,27	9,89 255	0,43	10,10 745	9,89 663	0,16	1	
38	0	9,78 934		9,89 281		10,10 719	9,89 653		0	52
o	′	lg cos	D/1″	lg cot	D/1″	lg tan	lg sin	D/1″	M.	Gr.

Logarithmen der goniometrischen Funktionen

Gr.	M.	lg sin	D/1″	lg tan	D/1″	lg cot	lg cos	D/1″	′	o
38	0	9,78 934	0,27	9,89 281	0,43	10,10 719	9,89 653	0,16	**0**	**52**
	1	9,78 950	0,27	9,89 307	0,43	10,10 693	9,89 643	0,16	59	
	2	9,78 967	0,27	9,89 333	0,43	10,10 667	9,89 633	0,16	58	
	3	9,78 983	0,27	9,89 359	0,43	10,10 641	9,89 624	0,16	57	
	4	9,78 999	0,27	9,89 385	0,43	10,10 615	9,89 614	0,16	56	
	5	9,79 015	0,27	9,89 411	0,43	10,10 589	9,89 604	0,17	55	
	6	9,79 031	0,27	9,89 437	0,43	10,10 563	9,89 594	0,17	54	
	7	9,79 047	0,27	9,89 463	0,43	10,10 537	9,89 584	0,17	53	
	8	9,79 063	0,27	9,89 489	0,43	10,10 511	9,89 574	0,17	52	
	9	9,79 079	0,27	9,89 515	0,43	10,10 485	9,89 564	0,17	51	
38	10	9,79 095	0,27	9,89 541	0,43	10,10 459	9,89 554	0,17	**50**	**51**
	11	9,79 111	0,27	9,89 567	0,43	10,10 433	9,89 544	0,17	49	
	12	9,79 128	0,27	9,89 593	0,43	10,10 407	9,89 534	0,17	48	
	13	9,79 144	0,27	9,89 619	0,43	10,10 381	9,89 524	0,17	47	
	14	9,79 160	0,27	9,89 645	0,43	10,10 355	9,89 514	0,17	46	
	15	9,79 176	0,27	9,89 671	0,43	10,10 329	9,89 504	0,17	45	
	16	9,79 192	0,27	9,89 697	0,43	10,10 303	9,89 495	0,17	44	
	17	9,79 208	0,27	9,89 723	0,43	10,10 277	9,89 485	0,17	43	
	18	9,79 224	0,27	9,89 749	0,43	10,10 251	9,89 475	0,17	42	
	19	9,79 240	0,27	9,89 775	0,43	10,10 225	9,89 465	0,17	41	
38	20	9,79 256	0,27	9,89 801	0,43	10,10 199	9,89 455	0,17	**40**	**51**
	21	9,79 272	0,27	9,89 827	0,43	10,10 173	9,89 445	0,17	39	
	22	9,79 288	0,27	9,89 853	0,43	10,10 147	9,89 435	0,17	38	
	23	9,79 304	0,27	9,89 879	0,43	10,10 121	9,89 425	0,17	37	
	24	9,79 319	0,27	9,89 905	0,43	10,10 095	9,89 415	0,17	36	
	25	9,79 335	0,27	9,89 931	0,43	10,10 069	9,89 405	0,17	35	
	26	9,79 351	0,27	9,89 957	0,43	10,10 043	9,89 395	0,17	34	
	27	9,79 367	0,27	9,89 983	0,43	10,10 017	9,89 385	0,17	33	
	28	9,79 383	0,27	9,90 009	0,43	10,09 991	9,89 375	0,17	32	
	29	9,79 399	0,27	9,90 035	0,43	10,09 965	9,89 364	0,17	31	
38	30	9,79 415		9,90 061		10,09 939	9,89 354		**30**	**51**
o	′	lg cos	D/1″	lg cot	D/1″	lg tan	lg sin	D/1″	M.	Gr.

Logarithmen der goniometrischen Funktionen   125

Gr.	M.	lg sin	D/1''	lg tan	D/1''	lg cot	lg cos	D/1''	'	°
38	30	9,79 415	0,27	9,90 061	0,43	10,09 939	9,89 354	0,17	30	51
	31	9,79 431	0,27	9,90 086	0,43	10,09 914	9,89 344	0,17	29	
	32	9,79 447	0,27	9,90 112	0,43	10,09 888	9,89 334	0,17	28	
	33	9,79 463	0,26	9,90 138	0,43	10,09 862	9,89 324	0,17	27	
	34	9,79 478		9,90 164		10,09 836	9,89 314		26	
			0,26		0,43			0,17		
	35	9,79 494	0,26	9,90 190	0,43	10,09 810	9,89 304	0,17	25	
	36	9,79 510	0,26	9,90 216	0,43	10,09 784	9,89 294	0,17	24	
	37	9,79 526	0,26	9,90 242	0,43	10,09 758	9,89 284	0,17	23	
	38	9,79 542	0,26	9,90 268	0,43	10,09 732	9,89 274	0,17	22	
	39	9,79 558		9,90 294		10,09 706	9,89 264		21	
			0,26		0,43			0,17		
38	40	9,79 573	0,26	9,90 320	0,43	10,09 680	9,89 254	0,17	20	51
	41	9,79 589	0,26	9,90 346	0,43	10,09 654	9,89 244	0,17	19	
	42	9,79 605	0,26	9,90 371	0,43	10,09 629	9,89 233	0,17	18	
	43	9,79 621	0,26	9,90 397	0,43	10,09 603	9,89 223	0,17	17	
	44	9,79 636		9,90 423		10,09 577	9,89 213		16	
			0,26		0,43			0,17		
	45	9,79 652	0,26	9,90 449	0,43	10,09 551	9,89 203	0,17	15	
	46	9,79 668	0,26	9,90 475	0,43	10,09 525	9,89 193	0,17	14	
	47	9,79 684	0,26	9,90 501	0,43	10,09 499	9,89 183	0,17	13	
	48	9,79 699	0,26	9,90 527	0,43	10,09 473	9,89 173	0,17	12	
	49	9,79 715		9,90 553		10,09 447	9,89 162		11	
			0,26		0,43			0,17		
38	50	9,79 731	0,26	9,90 578	0,43	10,09 422	9,89 152	0,17	10	51
	51	9,79 746	0,26	9,90 604	0,43	10,09 396	9,89 142	0,17	9	
	52	9,79 762	0,26	9,90 630	0,43	10,09 370	9,89 132	0,17	8	
	53	9,79 778	0,26	9,90 656	0,43	10,09 344	9,89 122	0,17	7	
	54	9,79 793		9,90 682		10,09 318	9,89 112		6	
			0,26		0,43			0,17		
	55	9,79 809	0,26	9,90 708	0,43	10,09 292	9,89 101	0,17	5	
	56	9,79 825	0,26	9,90 734	0,43	10,09 266	9,89 091	0,17	4	
	57	9,79 840	0,26	9,90 759	0,43	10,09 241	9,89 081	0,17	3	
	58	9,79 856	0,26	9,90 785	0,43	10,09 215	9,89 071	0,17	2	
	59	9,79 872		9,90 811		10,09 189	9,89 060		1	
			0,26		0,43			0,17		
39	0	9,79 887		9,90 837		10,09 163	9,89 050		0	51
°	'	lg cos	D/1''	lg cot	D/1''	lg tan	lg sin	D/1''	M.	Gr.

Logarithmen der goniometrischen Funktionen

Gr.	M.	lg sin	D/1″	lg tan	D/1″	lg cot	lg cos	D/1″	′	°
39	**0**	9,79 887	0,26	9,90 83<u>7</u>	0,43	10,09 163	9,89 050	0,17	**0**	**51**
	1	9,79 90<u>3</u>	0,26	9,90 86<u>3</u>	0,43	10,09 137	9,89 040	0,17	59	
	2	9,79 918	0,26	9,90 889	0,43	10,09 111	9,89 03<u>0</u>	0,17	58	
	3	9,79 93<u>4</u>	0,26	9,90 914	0,43	10,09 08<u>6</u>	9,89 02<u>0</u>	0,17	57	
	4	9,79 95<u>0</u>	0,26	9,90 940	0,43	10,09 06<u>0</u>	9,89 009	0,17	56	
	5	9,79 965	0,26	9,90 966	0,43	10,09 03<u>4</u>	9,88 999	0,17	55	
	6	9,79 98<u>1</u>	0,26	9,90 99<u>2</u>	0,43	10,09 008	9,88 98<u>9</u>	0,17	54	
	7	9,79 996	0,26	9,91 01<u>8</u>	0,43	10,08 982	9,88 978	0,17	53	
	8	9,80 01<u>2</u>	0,26	9,91 043	0,43	10,08 95<u>7</u>	9,88 968	0,17	52	
	9	9,80 027	0,26	9,91 069	0,43	10,08 93<u>1</u>	9,88 95<u>8</u>	0,17	51	
39	**10**	9,80 04<u>3</u>	0,26	9,91 095	0,43	10,08 905	9,88 94<u>8</u>	0,17	**50**	**50**
	11	9,80 058	0,26	9,91 12<u>1</u>	0,43	10,08 879	9,88 937	0,17	49	
	12	9,80 07<u>4</u>	0,26	9,91 14<u>7</u>	0,43	10,08 853	9,88 927	0,17	48	
	13	9,80 089	0,26	9,91 172	0,43	10,08 82<u>8</u>	9,88 917	0,17	47	
	14	9,80 10<u>5</u>	0,26	9,91 198	0,43	10,08 80<u>2</u>	9,88 906	0,17	46	
	15	9,80 120	0,26	9,91 224	0,43	10,08 77<u>6</u>	9,88 896	0,17	45	
	16	9,80 13<u>6</u>	0,26	9,91 25<u>0</u>	0,43	10,08 750	9,88 886	0,17	44	
	17	9,80 151	0,26	9,91 27<u>6</u>	0,43	10,08 724	9,88 875	0,17	43	
	18	9,80 166	0,26	9,91 301	0,43	10,08 69<u>9</u>	9,88 865	0,17	42	
	19	9,80 18<u>2</u>	0,26	9,91 327	0,43	10,08 67<u>3</u>	9,88 855	0,17	41	
39	**20**	9,80 197	0,26	9,91 35<u>3</u>	0,43	10,08 647	9,88 844	0,17	**40**	**50**
	21	9,80 21<u>3</u>	0,26	9,91 37<u>9</u>	0,43	10,08 621	9,88 834	0,17	39	
	22	9,80 228	0,26	9,91 404	0,43	10,08 59<u>6</u>	9,88 82<u>4</u>	0,17	38	
	23	9,80 24<u>4</u>	0,26	9,91 430	0,43	10,08 57<u>0</u>	9,88 813	0,17	37	
	24	9,80 25<u>9</u>	0,26	9,91 456	0,43	10,08 544	9,88 80<u>3</u>	0,17	36	
	25	9,80 274	0,26	9,91 48<u>2</u>	0,43	10,08 518	9,88 79<u>3</u>	0,17	35	
	26	9,80 29<u>0</u>	0,26	9,91 507	0,43	10,08 49<u>3</u>	9,88 78<u>2</u>	0,17	34	
	27	9,80 305	0,26	9,91 533	0,43	10,08 467	9,88 77<u>2</u>	0,17	33	
	28	9,80 320	0,26	9,91 55<u>9</u>	0,43	10,08 441	9,88 761	0,17	32	
	29	9,80 33<u>6</u>	0,26	9,91 58<u>5</u>	0,43	10,08 415	9,88 751	0,17	31	
39	**30**	9,80 351		9,91 610		10,08 39<u>0</u>	9,88 74<u>1</u>		**30**	**50**
°	′	lg cos	D/1″	lg cot	D/1″	lg tan	lg sin	D/1″	M.	Gr.

Gr.	M.	lg sin	D/1″	lg tan	D/1″	lg cot	lg cos	D/1″	′	°
39	30	9,80 351	0,26	9,91 610	0,43	10,08 390	9,88 741	0,17	30	50
	31	9,80 366	0,26	9,91 636	0,43	10,08 364	9,88 730	0,17	29	
	32	9,80 382	0,26	9,91 662	0,43	10,08 338	9,88 720	0,17	28	
	33	9,80 397	0,26	9,91 688	0,43	10,08 312	9,88 709	0,17	27	
	34	9,80 412	0,26	9,91 713	0,43	10,08 287	9,88 699	0,17	26	
	35	9,80 428	0,26	9,91 739	0,43	10,08 261	9,88 688	0,17	25	
	36	9,80 443	0,25	9,91 765	0,43	10,08 235	9,88 678	0,17	24	
	37	9,80 458	0,25	9,91 791	0,43	10,08 209	9,88 668	0,17	23	
	38	9,80 473	0,25	9,91 816	0,43	10,08 184	9,88 657	0,17	22	
	39	9,80 489	0,25	9,91 842	0,43	10,08 158	9,88 647	0,17	21	
39	40	9,80 504	0,25	9,91 868	0,43	10,08 132	9,88 636	0,17	20	50
	41	9,80 519	0,25	9,91 893	0,43	10,08 107	9,88 626	0,17	19	
	42	9,80 534	0,25	9,91 919	0,43	10,08 081	9,88 615	0,17	18	
	43	9,80 550	0,25	9,91 945	0,43	10,08 055	9,88 605	0,18	17	
	44	9,80 565	0,25	9,91 971	0,43	10,08 029	9,88 594	0,18	16	
	45	9,80 580	0,25	9,91 996	0,43	10,08 004	9,88 584	0,18	15	
	46	9,80 595	0,25	9,92 022	0,43	10,07 978	9,88 573	0,18	14	
	47	9,80 610	0,25	9,92 048	0,43	10,07 952	9,88 563	0,18	13	
	48	9,80 625	0,25	9,92 073	0,43	10,07 927	9,88 552	0,18	12	
	49	9,80 641	0,25	9,92 099	0,43	10,07 901	9,88 542	0,18	11	
39	50	9,80 656	0,25	9,92 125	0,43	10,07 875	9,88 531	0,18	10	50
	51	9,80 671	0,25	9,92 150	0,43	10,07 850	9,88 521	0,18	9	
	52	9,80 686	0,25	9,92 176	0,43	10,07 824	9,88 510	0,18	8	
	53	9,80 701	0,25	9,92 202	0,43	10,07 798	9,88 499	0,18	7	
	54	9,80 716	0,25	9,92 227	0,43	10,07 773	9,88 489	0,18	6	
	55	9,80 731	0,25	9,92 253	0,43	10,07 747	9,88 478	0,18	5	
	56	9,80 746	0,25	9,92 279	0,43	10,07 721	9,88 468	0,18	4	
	57	9,80 762	0,25	9,92 304	0,43	10,07 696	9,88 457	0,18	3	
	58	9,80 777	0,25	9,92 330	0,43	10,07 670	9,88 447	0,18	2	
	59	9,80 792	0,25	9,92 356	0,43	10,07 644	9,88 436	0,18	1	
40	0	9,80 807		9,92 381		10,07 619	9,88 425		0	50
°	′	lg cos	D/1″	lg cot	D/1″	lg tan	lg sin	D/1″	M.	Gr.

Logarithmen der goniometrischen Funktionen

Gr.	M.	lg sin	D/1″	lg tan	D/1″	lg cot	lg cos	D/1″	′	°
40	0	9,80 807	0,25	9,92 381	0,43	10,07 619	9,88 425	0,18	0	50
	1	9,80 822	0,25	9,92 407	0,43	10,07 593	9,88 415	0,18	59	
	2	9,80 837	0,25	9,92 433	0,43	10,07 567	9,88 404	0,18	58	
	3	9,80 852	0,25	9,92 458	0,43	10,07 542	9,88 394	0,18	57	
	4	9,80 867	0,25	9,92 484	0,43	10,07 516	9,88 383	0,18	56	
	5	9,80 882	0,25	9,92 510	0,43	10,07 490	9,88 372	0,18	55	
	6	9,80 897	0,25	9,92 535	0,43	10,07 465	9,88 362	0,18	54	
	7	9,80 912	0,25	9,92 561	0,43	10,07 439	9,88 351	0,18	53	
	8	9,80 927	0,25	9,92 587	0,43	10,07 413	9,88 340	0,18	52	
	9	9,80 942	0,25	9,92 612	0,43	10,07 388	9,88 330	0,18	51	
40	10	9,80 957	0,25	9,92 638	0,43	10,07 362	9,88 319	0,18	50	49
	11	9,80 972	0,25	9,92 663	0,43	10,07 337	9,88 308	0,18	49	
	12	9,80 987	0,25	9,92 689	0,43	10,07 311	9,88 298	0,18	48	
	13	9,81 002	0,25	9,92 715	0,43	10,07 285	9,88 287	0,18	47	
	14	9,81 017	0,25	9,92 740	0,43	10,07 260	9,88 276	0,18	46	
	15	9,81 032	0,25	9,92 766	0,43	10,07 234	9,88 266	0,18	45	
	16	9,81 047	0,25	9,92 792	0,43	10,07 208	9,88 255	0,18	44	
	17	9,81 061	0,25	9,92 817	0,43	10,07 183	9,88 244	0,18	43	
	18	9,81 076	0,25	9,92 843	0,43	10,07 157	9,88 234	0,18	42	
	19	9,81 091	0,25	9,92 868	0,43	10,07 132	9,88 223	0,18	41	
40	20	9,81 106	0,25	9,92 894	0,43	10,07 106	9,88 212	0,18	40	49
	21	9,81 121	0,25	9,92 920	0,43	10,07 080	9,88 201	0,18	39	
	22	9,81 136	0,25	9,92 945	0,43	10,07 055	9,88 191	0,18	38	
	23	9,81 151	0,25	9,92 971	0,43	10,07 029	9,88 180	0,18	37	
	24	9,81 166	0,25	9,92 996	0,43	10,07 004	9,88 169	0,18	36	
	25	9,81 180	0,25	9,93 022	0,43	10,06 978	9,88 158	0,18	35	
	26	9,81 195	0,25	9,93 048	0,43	10,06 952	9,88 148	0,18	34	
	27	9,81 210	0,25	9,93 073	0,43	10,06 927	9,88 137	0,18	33	
	28	9,81 225	0,25	9,93 099	0,43	10,06 901	9,88 126	0,18	32	
	29	9,81 240	0,25	9,93 124	0,43	10,06 876	9,88 115	0,18	31	
40	30	9,81 254		9,93 150		10,06 850	9,88 105		30	49
°	′	lg cos	D/1″	lg cot	D/1″	lg tan	lg sin	D/1″	M.	Gr.

Gr.	M.	lg sin	D/1″	lg tan	D/1″	lg cot	lg cos	D/1″	′	°
40	30	9,81 254	0,25	9,93 150	0,43	10,06 850	9,88 105	0,18	30	49
	31	9,81 269	0,25	9,93 175	0,43	10,06 825	9,88 094	0,18	29	
	32	9,81 284	0,25	9,93 201	0,43	10,06 799	9,88 083	0,18	28	
	33	9,81 299	0,25	9,93 227	0,43	10,06 773	9,88 072	0,18	27	
	34	9,81 314	0,25	9,93 252	0,43	10,06 748	9,88 061	0,18	26	
	35	9,81 328	0,25	9,93 278	0,43	10,06 722	9,88 051	0,18	25	
	36	9,81 343	0,25	9,93 303	0,43	10,06 697	9,88 040	0,18	24	
	37	9,81 358	0,25	9,93 329	0,43	10,06 671	9,88 029	0,18	23	
	38	9,81 372	0,25	9,93 354	0,43	10,06 646	9,88 018	0,18	22	
	39	9,81 387	0,25	9,93 380	0,43	10,06 620	9,88 007	0,18	21	
40	40	9,81 402	0,25	9,93 406	0,43	10,06 594	9,87 996	0,18	20	49
	41	9,81 417	0,25	9,93 431	0,43	10,06 569	9,87 985	0,18	19	
	42	9,81 431	0,25	9,93 457	0,43	10,06 543	9,87 975	0,18	18	
	43	9,81 446	0,25	9,93 482	0,43	10,06 518	9,87 964	0,18	17	
	44	9,81 461	0,24	9,93 508	0,43	10,06 492	9,87 953	0,18	16	
	45	9,81 475	0,24	9,93 533	0,43	10,06 467	9,87 942	0,18	15	
	46	9,81 490	0,24	9,93 559	0,43	10,06 441	9,87 931	0,18	14	
	47	9,81 505	0,24	9,93 584	0,43	10,06 416	9,87 920	0,18	13	
	48	9,81 519	0,24	9,93 610	0,43	10,06 390	9,87 909	0,18	12	
	49	9,81 534	0,24	9,93 636	0,43	10,06 364	9,87 898	0,18	11	
40	50	9,81 549	0,24	9,93 661	0,43	10,06 339	9,87 887	0,18	10	49
	51	9,81 563	0,24	9,93 687	0,43	10,06 313	9,87 877	0,18	9	
	52	9,81 578	0,24	9,93 712	0,43	10,06 288	9,87 866	0,18	8	
	53	9,81 592	0,24	9,93 738	0,43	10,06 262	9,87 855	0,18	7	
	54	9,81 607	0,24	9,93 763	0,43	10,06 237	9,87 844	0,18	6	
	55	9,81 622	0,24	9,93 789	0,43	10,06 211	9,87 833	0,18	5	
	56	9,81 636	0,24	9,93 814	0,43	10,06 186	9,87 822	0,18	4	
	57	9,81 651	0,24	9,93 840	0,43	10,06 160	9,87 811	0,18	3	
	58	9,81 665	0,24	9,93 865	0,43	10,06 135	9,87 800	0,18	2	
	59	9,81 680	0,24	9,93 891	0,43	10,06 109	9,87 789	0,18	1	
41	0	9,81 694		9,93 916		10,06 084	9,87 778		0	49
°	′	lg cos	D/1″	lg cot	D/1″	lg tan	lg sin	D/1″	M.	Gr.

Gr.	M.	lg sin	D/1″	lg tan	D/1″	lg cot	lg cos	D/1″	′	°
41	**0**	9,81 694	0,24	9,93 916	0,43	10,06 084	9,87 778	0,18	**0**	**49**
	1	9,81 709	0,24	9,93 942	0,43	10,06 058	9,87 767	0,18	59	
	2	9,81 723	0,24	9,93 967	0,43	10,06 033	9,87 756	0,18	58	
	3	9,81 738	0,24	9,93 993	0,43	10,06 007	9,87 745	0,18	57	
	4	9,81 752	0,24	9,94 018	0,43	10,05 982	9,87 734	0,18	56	
	5	9,81 767	0,24	9,94 044	0,43	10,05 956	9,87 723	0,18	55	
	6	9,81 781	0,24	9,94 069	0,43	10,05 931	9,87 712	0,18	54	
	7	9,81 796	0,24	9,94 095	0,43	10,05 905	9,87 701	0,18	53	
	8	9,81 810	0,24	9,94 120	0,43	10,05 880	9,87 690	0,18	52	
	9	9,81 825	0.24	9,94 146	0,43	10,05 854	9,87 679	0,18	51	
41	**10**	9,81 839	0,24	9,94 171	0,43	10,05 829	9,87 668	0,18	**50**	**48**
	11	9,81 854	0,24	9,94 197	0,43	10,05 803	9,87 657	0,18	49	
	12	9,81 868	0.24	9,94 222	0,43	10,05 778	9,87 646	0,18	48	
	13	9,81 882	0,24	9,94 248	0,43	10,05 752	9,87 635	0,18	47	
	14	9,81 897	0,24	9,94 273	0,43	10,05 727	9,87 624	0,18	46	
	15	9,81 911	0,24	9,94 299	0,43	10,05 701	9,87 613	0,18	45	
	16	9,81 926	0,24	9,94 324	0,43	10,05 676	9,87 601	0,18	44	
	17	9,81 940	0,24	9,94 350	0,43	10,05 650	9,87 590	0,18	43	
	18	9,81 955	0,24	9,94 375	0,43	10,05 625	9,87 579	0,19	42	
	19	9,81 969	0,24	9,94 401	0,43	10,05 599	9,87 568	0,19	41	
41	**20**	9,81 983	0,24	9,94 426	0,43	10,05 574	9,87 557	0,19	**40**	**48**
	21	9,81 998	0,24	9,94 452	0,43	10,05 548	9,87 546	0,19	39	
	22	9,82 012	0,24	9,94 477	0,43	10,05 523	9,87 535	0,19	38	
	23	9,82 026	0,24	9,94 503	0,43	10,05 497	9,87 524	0,19	37	
	24	9,82 041	0,24	9,94 528	0,42	10,05 472	9,87 513	0,19	36	
	25	9,82 055	0,24	9,94 554	0,42	10,05 446	9,87 501	0,19	35	
	26	9,82 069	0,24	9,94 579	0,42	10,05 421	9,87 490	0,19	34	
	27	9,82 084	0,24	9,94 604	0,42	10,05 396	9,87 479	0,19	33	
	28	9,82 098	0,24	9,94 630	0,42	10,05 370	9,87 468	0,19	32	
	29	9,82 112	0,24	9,94 655	0,42	10,05 345	9,87 457	0,19	31	
41	**30**	9,82 126		9,94 681		10,05 319	9,87 446		**30**	**48**
°	′	lg cos	D/1″	lg cot	D/1″	lg tan	lg sin	D/1″	M.	Gr.

Logarithmen der goniometrischen Funktionen 131

Gr.	M.	lg sin	D/1″	lg tan	D/1″	lg cot	lg cos	D/1″	′	°
41	30	9,82 126	0,24	9,94 68<u>1</u>	0,42	10,05 319	9,87 44<u>6</u>	0,19	30	48
	31	9,82 14<u>1</u>	0,24	9,94 706	0,42	10,05 29<u>4</u>	9,87 434	0,19	29	
	32	9,82 15<u>5</u>	0,24	9,94 732	0,42	10,05 268	9,87 423	0,19	28	
	33	9,82 169	0,24	9,94 757	0,42	10,05 24<u>3</u>	9,87 412	0,19	27	
	34	9,82 18<u>4</u>	0,24	9,94 78<u>3</u>	0,42	10,05 217	9,87 40<u>1</u>	0,19	26	
	35	9,82 198	0,24	9,94 808	0,42	10,05 19<u>2</u>	9,87 39<u>0</u>	0,19	25	
	36	9,82 21<u>2</u>	0,24	9,94 83<u>4</u>	0,42	10,05 166	9,87 378	0,19	24	
	37	9,82 226	0,24	9,94 85<u>9</u>	0,42	10,05 141	9,87 367	0,19	23	
	38	9,82 240	0,24	9,94 884	0,42	10,05 11<u>6</u>	9,87 35<u>6</u>	0,19	22	
	39	9,82 25<u>5</u>	0,24	9,94 91<u>0</u>	0,42	10,05 090	9,87 34<u>5</u>	0,19	21	
41	40	9,82 26<u>9</u>	0,24	9,94 935	0,42	10,05 06<u>5</u>	9,87 33<u>4</u>	0,19	20	48
	41	9,82 283	0,24	9,94 96<u>1</u>	0,42	10,05 039	9,87 322	0,19	19	
	42	9,82 297	0,24	9,94 986	0,42	10,05 01<u>4</u>	9,87 311	0,19	18	
	43	9,82 311	0,24	9,95 012	0,42	10,04 988	9,87 30<u>0</u>	0,19	17	
	44	9,82 32<u>6</u>	0,24	9,95 037	0,42	10,04 96<u>3</u>	9,87 288	0,19	16	
	45	9,82 34<u>0</u>	0,24	9,95 062	0,42	10,04 938	9,87 277	0,19	15	
	46	9,82 35<u>4</u>	0,24	9,95 08<u>8</u>	0,42	10,04 912	9,87 26<u>6</u>	0,19	14	
	47	9,82 36<u>8</u>	0,24	9,95 113	0,42	10,04 887	9,87 25<u>5</u>	0,19	13	
	48	9,82 382	0,24	9,95 13<u>9</u>	0,42	10,04 861	9,87 243	0,19	12	
	49	9,82 396	0,24	9,95 164	0,42	10,04 83<u>6</u>	9,87 232	0,19	11	
41	50	9,82 410	0,24	9,95 19<u>0</u>	0,42	10,04 810	9,87 22<u>1</u>	0,19	10	48
	51	9,82 424	0,24	9,95 215	0,42	10,04 78<u>5</u>	9,87 209	0,19	9	
	52	9,82 43<u>9</u>	0,24	9,95 240	0,42	10,04 76<u>0</u>	9,87 198	0,19	8	
	53	9,82 45<u>3</u>	0,24	9,95 266	0,42	10,04 734	9,87 18<u>7</u>	0,19	7	
	54	9,82 46<u>7</u>	0,24	9,95 291	0,42	10,04 70<u>9</u>	9,87 175	0,19	6	
	55	9,82 48<u>1</u>	0,23	9,95 31<u>7</u>	0,42	10,04 683	9,87 164	0,19	5	
	56	9,82 49<u>5</u>	0,23	9,95 342	0,42	10,04 65<u>8</u>	9,87 15<u>3</u>	0,19	4	
	57	9,82 50<u>9</u>	0,23	9,95 36<u>8</u>	0,42	10,04 632	9,87 141	0,19	3	
	58	9,82 523	0,23	9,95 39<u>3</u>	0,42	10,04 607	9,87 130	0,19	2	
	59	9,82 537	0,23	9,95 418	0,42	10,04 58<u>2</u>	9,87 11<u>9</u>	0,19	1	
42	0	9,82 551		9,95 44<u>4</u>		10,04 556	9,87 107		0	48
°	′	lg cos	D/1″	lg cot	D/1″	lg tan	lg sin	D/1″	M.	Gr.

Logarithmen der goniometrischen Funktionen

Gr.	M.	lg sin	D/1″	lg tan	D/1″	lg cot	lg cos	D/1″	′	°
42	0	9,82 551	0,23	9,95 444	0,42	10,04 556	9,87 107	0,19	0	48
	1	9,82 565	0,23	9,95 469	0,42	10,04 531	9,87 096	0,19	59	
	2	9,82 579	0,23	9,95 495	0,42	10,04 505	9,87 085	0,19	58	
	3	9,82 593	0,23	9,95 520	0,42	10,04 480	9,87 073	0,19	57	
	4	9,82 607	0,23	9,95 545	0,42	10,04 455	9,87 062	0,19	56	
	5	9,82 621	0,23	9,95 571	0,42	10,04 429	9,87 050	0,19	55	
	6	9,82 635	0,23	9,95 596	0,42	10,04 404	9,87 039	0,19	54	
	7	9,82 649	0,23	9,95 622	0,42	10,04 378	9,87 028	0,19	53	
	8	9,82 663	0,23	9,95 647	0,42	10,04 353	9,87 016	0,19	52	
	9	9,82 677	0,23	9,95 672	0,42	10,04 328	9,87 005	0,19	51	
42	10	9,82 691	0,23	9,95 698	0,42	10,04 302	9,86 993	0,19	50	47
	11	9,82 705	0,23	9,95 723	0,42	10,04 277	9,86 982	0,19	49	
	12	9,82 719	0,23	9,95 748	0,42	10,04 252	9,86 970	0,19	48	
	13	9,82 733	0,23	9,95 774	0,42	10,04 226	9,86 959	0,19	47	
	14	9,82 747	0,23	9,95 799	0,42	10,04 201	9,86 947	0,19	46	
	15	9,82 761	0,23	9,95 825	0,42	10,04 175	9,36 936	0,19	45	
	16	9,82 775	0,23	9,95 850	0,42	10,04 150	9,86 924	0,19	44	
	17	9,82 788	0,23	9,95 875	0,42	10,04 125	9,86 913	0,19	43	
	18	9,82 802	0,23	9,95 901	0,42	10,04 099	9,86 902	0,19	42	
	19	9,82 816	0,23	9,95 926	0,42	10,04 074	9,86 890	0,19	41	
42	20	9,82 830	0,23	9,95 952	0,42	10,04 048	9,86 879	0,19	40	47
	21	9,82 844	0,23	9,95 977	0,42	10,04 023	9,86 867	0,19	39	
	22	9,82 858	0,23	9,96 002	0,42	10,03 998	9,86 855	0,19	38	
	23	9,82 872	0,23	9,96 028	0,42	10,03 972	9,86 844	0,19	37	
	24	9,82 885	0,23	9,96 053	0,42	10,03 947	9,86 832	0,19	36	
	25	9,82 899	0,23	9,96 078	0,42	10,03 922	9,86 821	0,19	35	
	26	9,82 913	0,23	9,96 104	0,42	10,03 896	9,86 809	0,19	34	
	27	9,82 927	0,23	9,96 129	0,42	10,03 871	9,86 798	0,19	33	
	28	9,82 941	0,23	9,96 155	0,42	10,03 845	9,86 786	0,19	32	
	29	9,82 955	0,23	9,96 180	0,42	10,03 820	9,86 775	0,19	31	
42	30	9,82 968		9,96 205		10,03 795	9,86 763		30	47
°	′	lg cos	D/1″	lg cot	D/1″	lg tan	lg sin	D/1″	M.	Gr.

Logarithmen der goniometrischen Funktionen 133

Gr.	M.	lg sin	D/1''	lg tan	D/1''	lg cot	lg cos	D/1''	'	°
42	**30**	9,82 968	0,23	9,96 205	0,42	10,03 795	9,86 763	0,19	**30**	**47**
	31	9,82 982	0,23	9,96 231	0,42	10,03 769	9,86 752	0,19	29	
	32	9,82 996	0,23	9,96 256	0,42	10,03 744	9,86 740	0,19	28	
	33	9,83 010	0,23	9,96 281	0,42	10,03 719	9,86 728	0,19	27	
	34	9,83 023	0,23	9,96 307	0,42	10,03 693	9,86 717	0,19	26	
	35	9,83 037	0,23	9,96 332	0,42	10,03 668	9,86 705	0,19	25	
	36	9,83 051	0,23	9,96 357	0,42	10,03 643	9,86 694	0,19	24	
	37	9,83 065	0,23	9,96 383	0,42	10,03 617	9,86 682	0,19	23	
	38	9,83 078	0,23	9,96 408	0,42	10,03 592	9,86 670	0,19	22	
	39	9,83 092	0,23	9,96 433	0,42	10,03 567	9,86 659	0,19	21	
42	**40**	9,83 106	0,23	9,96 459	0,42	10,03 541	9.86 647	0,19	**20**	**47**
	41	9,83 120	0,23	9,96 484	0,42	10,03 516	9,86 635	0,19	19	
	42	9,83 133	0,23	9,96 510	0,42	10,03 490	9,86 624	0,19	18	
	43	9,83 147	0,23	9,96 535	0,42	10,03 465	9,86 612	0,19	17	
	44	9,83 161	0,23	9,96 560	0,42	10,03 440	9,86 600	0,19	16	
	45	9,83 174	0,23	9,96 586	0,42	10,03 414	9,86 589	0,19	15	
	46	9,83 188	0,23	9,96 611	0,42	10,03 389	9,86 577	0,19	14	
	47	9,83 202	0,23	9,96 636	0,42	10,03 364	9,86 565	0,19	13	
	48	9,83 215	0,23	9,96 662	0,42	10,03 338	9,86 554	0,20	12	
	49	9,83 229	0,23	9,96 687	0,42	10,03 313	9,86 542	0,20	11	
42	**50**	9,83 242	0,23	9,96 712	0,42	10,03 288	9,86 530	0,20	**10**	**47**
	51	9,83 256	0,23	9,96 738	0,42	10,03 262	9,86 518	0,20	9	
	52	9,83 270	0,23	9,96 763	0,42	10,03 237	9,86 507	0,20	8	
	53	9,83 283	0,23	9,96 788	0,42	10,03 212	9,86 495	0,20	7	
	54	9,83 297	0,23	9,96 814	0,42	10,03 186	9,86 483	0,20	6	
	55	9,83 310	0,23	9,96 839	0,42	10,03 161	9,86 472	0,20	5	
	56	9,83 324	0,23	9,96 864	0,42	10,03 136	9,86 460	0,20	4	
	57	9,83 338	0,23	9,96 890	0,42	10,03 110	9.86 448	0,20	3	
	58	9,83 351	0,23	9,96 915	0,42	10,03 085	9,86 436	0,20	2	
	59	9,83 365	0,23	9,96 940	0,42	10,03 060	9,86 425	0,20	1	
43	**0**	9,83 378		9,96 966		10,03 034	9.86 413		**0**	**47**
°	'	lg cos	D/1''	lg cot	D/1''	lg tan	lg sin	D/1''	M.	Gr.

Gr.	M.	lg sin	D/1"	lg tan	D/1"	lg cot	lg cos	D/1"	'	°
43	0	9,83 378		9,96 966		10,03 034	9,86 413		0	47
			0,23		0,42			0,20		
	1	9,83 392		9,96 991		10,03 009	9,86 401		59	
			0,23		0,42			0,20		
	2	9,83 405		9,97 016		10,02 984	9,86 389		58	
			0,23		0,42			0,20		
	3	9,83 419		9,97 042		10,02 958	9,86 377		57	
			0,23		0,42			0,20		
	4	9,83 432		9,97 067		10,02 933	9,86 366		56	
			0,23		0,42			0,20		
	5	9,83 446		9,97 092		10,02 908	9,86 354		55	
			0,23		0,42			0,20		
	6	9,83 459		9,97 118		10,02 882	9,86 342		54	
			0,23		0,42			0,20		
	7	9,83 473		9,97 143		10,02 857	9,86 330		53	
			0,23		0,42			0,20		
	8	9,83 486		9,97 168		10,02 832	9,86 318		52	
			0,23		0,42			0,20		
	9	9,83 500		9,97 193		10,02 807	9,86 306		51	
			0,23		0,42			0,20		
43	10	9,83 513		9,97 219		10,02 781	9,86 295		50	46
			0,22		0,42			0,20		
	11	9,83 527		9,97 244		10,02 756	9,86 283		49	
			0,22		0,42			0,20		
	12	9,83 540		9,97 269		10,02 731	9,86 271		48	
			0,22		0,42			0,20		
	13	9,83 554		9,97 295		10,02 705	9,86 259		47	
			0,22		0,42			0,20		
	14	9,83 567		9,97 320		10,02 680	9,86 247		46	
			0,22		0,42			0,20		
	15	9,83 581		9,97 345		10,02 655	9,86 235		45	
			0,22		0,42			0,20		
	16	9,83 594		9,97 371		10,02 629	9,86 223		44	
			0,22		0,42			0,20		
	17	9,83 608		9,97 396		10,02 604	9,86 211		43	
			0,22		0,42			0,20		
	18	9,83 621		9,97 421		10,02 579	9,86 200		42	
			0,22		0,42			0,20		
	19	9,83 634		9,97 447		10,02 553	9,86 188		41	
			0,22		0,42			0,20		
43	20	9,83 648		9,97 472		10,02 528	9,86 176		40	46
			0,22		0,42			0,20		
	21	9,83 661		9,97 497		10,02 503	9,86 164		39	
			0,22		0,42			0,20		
	22	9,83 674		9,97 523		10,02 477	9,86 152		38	
			0,22		0,42			0,20		
	23	9,83 688		9,97 548		10,02 452	9,86 140		37	
			0.22		0,42			0,20		
	24	9,83 701		9,97 573		10,02 427	9,86 128		36	
			0,22		0,42			0,20		
	25	9,83 715		9,97 598		10,02 402	9,86 116		35	
			0,22		0,42			0,20		
	26	9,83 728		9,97 624		10,02 376	9,86 104		34	
			0,22		0,42			0,20		
	27	9,83 741		9,97 649		10,02 351	9,86 092		33	
			0,22		0,42			0,20		
	28	9,83 755		9,97 674		10,02 326	9,86 080		32	
			0,22		0,42			0,20		
	29	9,83 768		9,97 700		10,02 300	9,86 068		31	
			0,22		0,42			0,20		
43	30	9,83 781		9,97 725		10,02 275	9,86 056		30	46
°	'	lg cos	D/1"	lg cot	D/1"	lg tan	lg sin	D/1"	M.	Gr.

Logarithmen der goniometrischen Funktionen

Gr.	M.	lg sin	D/1″	lg tan	D/1″	lg cot	lg cos	D/1″	′	°
43	30	9,83 781	0,22	9.97 72<u>5</u>	0,42	10,02 275	9,86 05<u>6</u>	0,20	30	46
	31	9,83 79<u>5</u>	0,22	9.97 750	0,42	10,02 25<u>0</u>	9,86 044	0,20	29	
	32	9,83 80<u>8</u>	0,22	9.97 77<u>6</u>	0,42	10,02 224	9,86 032	0,20	28	
	33	9,83 821	0,22	9.97 80<u>1</u>	0,42	10,02 199	9,86 020	0,20	27	
	34	9,83 834	0,22	9.97 826	0,42	10,02 17<u>4</u>	9,86 008	0,20	26	
	35	9,83 84<u>8</u>	0,22	9.97 851	0,42	10,02 14<u>9</u>	9,85 996	0,20	25	
	36	9,83 86<u>1</u>	0,22	9.97 87<u>7</u>	0,42	10,02 123	9,85 984	0,20	24	
	37	9,83 874	0,22	9.97 902	0,42	10,02 09<u>8</u>	9,85 972	0,20	23	
	38	9,83 887	0,22	9.97 927	0,42	10,02 07<u>3</u>	9,85 960	0,20	22	
	39	9,83 90<u>1</u>	0,22	9.97 95<u>3</u>	0,42	10,02 047	9,85 948	0,20	21	
43	40	9,83 914	0,22	9.97 978	0,42	10,02 022	9,85 936	0,20	20	46
	41	9,83 927	0,22	9.98 003	0,42	10,01 99<u>7</u>	9,85 92<u>4</u>	0,20	19	
	42	9,83 940	0,22	9.98 02<u>9</u>	0,42	10,01 971	9,85 91<u>2</u>	0,20	18	
	43	9,83 95<u>4</u>	0,22	9.98 05<u>4</u>	0,42	10,01 946	9,85 900	0,20	17	
	44	9,83 96<u>7</u>	0,22	9.98 079	0,42	10,01 92<u>1</u>	9,85 88<u>8</u>	0,20	16	
	45	9,83 980	0,22	9.98 104	0,42	10,01 89<u>6</u>	9,85 87<u>6</u>	0,20	15	
	46	9,83 993	0,22	9.98 13<u>0</u>	0,42	10,01 870	9,85 86<u>4</u>	0,20	14	
	47	9,84 006	0,22	9.98 155	0,42	10,01 84<u>5</u>	9,85 851	0,20	13	
	48	9,84 02<u>0</u>	0,22	9.98 180	0,42	10,01 82<u>0</u>	9,85 839	0,20	12	
	49	9,84 03<u>3</u>	0,22	9.98 20<u>6</u>	0,42	10,01 794	9,85 827	0,20	11	
43	50	9,84 04<u>6</u>	0,22	9.98 23<u>1</u>	0,42	10,01 769	9,85 815	0,20	10	46
	51	9,84 059	0,22	9.98 256	0,42	10,01 74<u>4</u>	9,85 803	0,20	9	
	52	9.84 072	0,22	9.98 281	0.42	10,01 71<u>9</u>	9,85 79<u>1</u>	0,20	8	
	53	9,84 085	0,22	9.98 30<u>7</u>	0,42	10,01 693	9,85 77<u>9</u>	0,20	7	
	54	9,84 098	0,22	9.98 33<u>2</u>	0,42	10,01 66<u>8</u>	9,85 766	0,20	6	
	55	9,84 11<u>2</u>	0,22	9.98 357	0,42	10,01 64<u>3</u>	9,85 754	0,20	5	
	56	9,84 12<u>5</u>	0,22	9.98 38<u>3</u>	0,42	10,01 617	9,85 742	0,20	4	
	57	9.84 13<u>8</u>	0,22	9.98 40<u>8</u>	0,42	10,01 592	9,85 73<u>0</u>	0,20	3	
	58	9,84 15<u>1</u>	0,22	9.98 433	0,42	10,01 567	9,85 718	0,20	2	
	59	9,84 164	0,22	9.98 458	0,42	10,01 54<u>2</u>	9,85 706	0,20	1	
44	0	9,84 177		9.98 48<u>4</u>		10,01 516	9,85 693		0	46
°	′	lg cos	D/1″	lg cot	D/1″	lg tan	lg sin	D/1″	M.	Gr.

Gr.	M.	lg sin	D/1″	lg tan	D/1″	lg cot	lg cos	D/1″	′	°
44	0	9,84 177	0,22	9,98 484	0,42	10,01 516	9,85 693	0,20	0	46
	1	9,84 190	0,22	9,98 509	0,42	10,01 491	9,85 681	0,20	59	
	2	9,84 203	0,22	9,98 534	0,42	10,01 466	9,85 669	0,20	58	
	3	9,84 216	0,22	9,98 560	0,42	10,01 440	9,85 657	0,20	57	
	4	9,84 229	0,22	9,98 585	0,42	10,01 415	9,85 645	0,20	56	
	5	9,84 242	0,22	9,98 610	0,42	10,01 390	9,85 632	0,20	55	
	6	9,84 255	0,22	9,98 635	0.42	10,01 365	9,85 620	0,20	54	
	7	9,84 269	0.22	9,98 661	0,42	10,01 339	9,85 608	0,20	53	
	8	9,84 282	0,22	9,98 686	0,42	10,01 314	9,85 596	0,20	52	
	9	9,84 295	0,22	9,98 711	0,42	10,01 289	9,85 583	0,20	51	
44	10	9,84 308	0,22	9,98 737	0,42	10,01 263	9,85 571	0,20	50	45
	11	9,84 321	0,22	9.98 762	0,42	10,01 238	9,85 559	0,20	49	
	12	9,84 334	0,22	9,98 787	0,42	10,01 213	9,85 547	0,20	48	
	13	9,84 347	0,22	9,98 812	0,42	10,01 188	9,85 534	0,20	47	
	14	9,84 360	0;22	9.98 838	0,42	10,01 162	9,85 522	0,21	46	
	15	9,84 373	0,22	9,98 863	0.42	10,01 137	9,85 510	0,21	45	
	16	9,84 385	0,22	9,98 888	0,42	10,01 112	9,85 497	0,21	44	
	17	9,84 398	0,22	9,98 913	0,42	10,01 087	9,85 485	0,21	43	
	18	9,84 411	0,22	9,98 939	0,42	10,01 061	9,85 473	0,21	42	
	19	9,84 424	0,22	9,98 964	0,42	10,01 036	9,85 460	0,21	41	
44	20	9,84 437	0,22	9,98 989	0,42	10,01 011	9,85 448	0,21	40	45
	21	9,84 450	0,22	9,99 015	0,42	10,00 985	9,85 436	0,21	39	
	22	9,84 463	0,22	9,99 040	0,42	10,00 960	9,85 423	0,21	38	
	23	9,84 476	0,22	9,99 065	0,42	10,00 935	9,85 411	0,21	37	
	24	9,84 489	0,22	9,99 090	0,42	10,00 910	9,85 399	0,21	36	
	25	9,84 502	0.22	9,99 116	0,42	10.00 884	9,85 386	0,21	35	
	26	9,84 515	0,22	9,99 141	0,42	10,00 859	9.85 374	0,21	34	
	27	9,84 528	0,22	9,99 166	0,42	10,00 834	9,85 361	0,21	33	
	28	9,84 540	0.21	9,99 191	0,42	10,00 809	9,85 349	0,21	32	
	29	9,84 553	0,21	9,99 217	0,42	10,00 783	9,85 337	0,21	31	
44	30	9,84 566		9,99 242		10,00 758	9,85 324		30	45
°	′	lg cos	D/1″	lg cot	D/1″	lg tan	lg sin	D/1″	M.	Gr.

Logarithmen der goniometrischen Funktionen

Gr.	M.	lg sin	D/1″	lg tan	D/1″	lg cot	lg cos	D/1″	′	°
44	30	9,84 566	0,21	9,99 242	0,42	10,00 758	9,85 324	0,21	30	45
	31	9,84 579	0,21	9,99 267	0,42	10,00 733	9,85 312	0,21	29	
	32	9,84 592	0,21	9,99 293	0,42	10,00 707	9,85 299	0,21	28	
	33	9,84 605	0,21	9,99 318	0,42	10,00 682	9,85 287	0,21	27	
	34	9,84 618	0,21	9,99 343	0,42	10,00 657	9,85 274	0,21	26	
	35	9,84 630	0,21	9,99 368	0,42	10,00 632	9,85 262	0,21	25	
	36	9,84 643	0,21	9,99 394	0,42	10,00 606	9,85 250	0,21	24	
	37	9,84 656	0,21	9,99 419	0,42	10,00 581	9,85 237	0,21	23	
	38	9,84 669	0,21	9,99 444	0,42	10,00 556	9,85 225	0,21	22	
	39	9,84 682	0,21	9,99 469	0,42	10,00 531	9,85 212	0,21	21	
44	40	9,84 694	0,21	9,99 495	0,42	10,00 505	9,85 200	0,21	20	45
	41	9,84 707	0,21	9,99 520	0,42	10,00 480	9,85 187	0,21	19	
	42	9,84 720	0,21	9,99 545	0,42	10,00 455	9,85 175	0,21	18	
	43	9,84 733	0,21	9,99 570	0,42	10,00 430	9,85 162	0,21	17	
	44	9,84 745	0,21	9,99 596	0,42	10,00 404	9,85 150	0,21	16	
	45	9,84 758	0,21	9,99 621	0,42	10,00 379	9,85 137	0,21	15	
	46	9,84 771	0,21	9,99 646	0,42	10,00 354	9,85 125	0,21	14	
	47	9,84 784	0,21	9,99 672	0,42	10,00 328	9,85 112	0,21	13	
	48	9,84 796	0,21	9,99 697	0,42	10,00 303	9,85 100	0,21	12	
	49	9,84 809	0,21	9,99 722	0,42	10,00 278	9,85 087	0,21	11	
44	50	9,84 822	0,21	9,99 747	0,42	10,00 253	3,85 074	0,21	10	45
	51	9,84 835	0,21	9,99 773	0,42	10,00 227	9,85 062	0,21	9	
	52	9,84 847	0,21	9,99 798	0,42	10,00 202	9.85 049	0,21	8	
	53	9,84 860	0,21	9,99 823	0,42	10,00 177	9,85 037	0,21	7	
	54	9,84 873	0,21	9,99 848	0,42	10,00 152	9,85 024	0,21	6	
	55	9,84 885	0,21	9,99 874	0,42	10,00 126	9,85 012	0,21	5	
	56	9,84 898	0,21	9,99 899	0,42	10,00 101	9,84 999	0,21	4	
	57	9,84 911	0,21	9,99 924	0,42	10,00 076	9,84 986	0,21	3	
	58	9,84 923	0,21	9,99 949	0,42	10,00 051	9,84 974	0,21	2	
	59	9,84 936	0,21	9,99 975	0,42	10,00 025	9,84 961	0,21	1	
45	0	9,84 949		10,00 000		10,00 000	9,84 949		0	45
°	′	lg cos	D/1″	lg cot	D/1″	lg tan	lg sin	D/1″	M.	Gr.

Verwandlung der Briggsschen Logarithmen in natürliche und umgekehrt							
ln z = ln 10 · lg z Vielfache von ln 10 = 2,302 585				lg x = lg e · ln x Vielfache von lg e = 0,434 294			
1	2,302 585	6	13,815 51<u>1</u>	1	0,434 294	6	2,605 76<u>7</u>
2	4,605 170	7	16,118 096	2	0,868 58<u>9</u>	7	3,040 061
3	6,907 755	8	18,420 68<u>1</u>	3	1,302 883	8	3,474 35<u>6</u>
4	9,210 340	9	20,723 266	4	1,737 17<u>8</u>	9	3,908 650
5	11,512 925	10	23,025 85<u>1</u>	5	2,171 472	10	4,342 94<u>5</u>

Die natürlichen Logarithmen der Zahlen von 1 bis 100

N	0	1	2	3	4	5	6	7	8	9
0	−∞	0,00000	0,69315	1,09861	1,38629	1,60944	1,79176	1,94591	2,07944	2,19722
1	2,30259	2,39790	2,48491	2,56495	2,63906	2,70805	2,77259	2,83321	2,89037	2,94444
2	2,99573	3,04452	3,09104	3,13549	3,17805	3,21888	3,25810	3,29584	3,33220	3,36730
3	3,40120	3,43399	3,46574	3,49651	3,52636	3,55535	3,58352	3,61092	3,63759	3,66356
4	3,68888	3,71357	3,73767	3,76120	3,78419	3,80666	3,82864	3,85015	3,87120	3,89182
5	3,91202	3,93183	3,95124	3,97029	3,98898	4,00733	4,02535	4,04305	4,06044	4,07754
6	4,09434	4,11087	4,12713	4,14313	4,15888	4,17439	4,18965	4,20469	4,21951	4,23411
7	4,24850	4,26268	4,27667	4,29046	4,30407	4,31749	4,33073	4,34381	4,35671	4,36945
8	4,38203	4,39445	4,40672	4,41884	4,43082	4,44265	4,45435	4,46591	4,47734	4,48864
9	4,49981	4,51086	4,52179	4,53260	4,54329	4,55388	4,56435	4,57471	4,58497	4,59512

Die reziproken Werte der Zahlen von 1 bis 100

n	0	1	2	3	4	5	6	7	8	9
0	∞	1,00000	0,50000	0,33333	0,25000	0,20000	0,16667	0,14286	0,12500	0,11111
1	0,10000	0,09091	0,08333	0,07692	0,07143	0,06667	0,06250	0,05882	0,05556	0,05263
2	0,05000	0,04762	0,04545	0,04348	0,04167	0,04000	0,03846	0,03704	0,03571	0,03448
3	0,03333	0,03226	0,03125	0,03030	0,02941	0,02857	0,02778	0,02703	0,02632	0,02564
4	0,02500	0,02439	0,02381	0,02326	0,02273	0,02222	0,02174	0,02128	0,02083	0,02041
5	0,02000	0,01961	0,01923	0,01887	0,01852	0,01818	0,01786	0,01754	0,01724	0,01695
6	0,01667	0,01639	0,01613	0,01587	0,01563	0,01538	0,01515	0,01493	0,01471	0,01449
7	0,01429	0,01408	0,01389	0,01370	0,01351	0,01333	0,01316	0,01299	0,01282	0,01266
8	0,01250	0,01235	0,01220	0,01205	0,01190	0,01176	0,01163	0,01149	0,01136	0,01124
9	0,01111	0,01099	0,01087	0,01075	0,01064	0,01053	0,01042	0,01031	0,01020	0,01010

Die ersten 8 Potenzen der Zahlen von 1 bis 20

n	n^2	n^3	n^4	n^5	n^6	n^7	n^8
1	1	1	1	1	1	1	1
2	4	8	16	32	64	128	256
3	9	27	81	243	729	2 187	6 561
4	16	64	256	1 024	4 096	16 384	65 536
5	25	125	625	3 125	15 625	78 125	390 625
6	36	216	1 296	7 776	46 656	279 936	1 679 616
7	49	343	2 401	16 807	117 649	823 543	5 764 801
8	64	512	4 096	32 768	262 144	2 097 152	16 777 216
9	81	729	6 561	59 049	531 441	4 782 969	43 046 721
10	100	1 000	10 000	100 000	1 000 000	10 000 000	100 000 000
11	121	1 331	14 641	161 051	1 771 561	19 487 171	214 358 881
12	144	1 728	20 736	248 832	2 985 984	35 831 808	429 981 696
13	169	2 197	28 561	371 293	4 826 809	62 748 517	815 730 721
14	196	2 744	38 416	537 824	7 529 536	105 413 504	1 475 789 056
15	225	3 375	50 625	759 375	11 390 625	170 859 375	2 562 890 625
16	256	4 096	65 536	1 048 576	16 777 216	268 435 456	4 294 967 296
17	289	4 913	83 521	1 419 857	24 137 569	410 338 673	6 975 757 441
18	324	5 832	104 976	1 889 568	34 012 224	612 220 032	11 019 960 576
19	361	6 859	130 321	2 476 099	47 045 881	893 871 739	16 983 563 041
20	400	8 000	160 000	3 200 000	64 000 000	1 280 000 000	25 600 000 000

Die 9. bis 12. Potenzen und die Fakultäten der Zahlen von 2 bis 9

n	n^9	n^{10}	n^{11}	n^{12}	$n!$
2	512	1 024	2 048	4 096	2
3	19 683	59 049	177 147	531 441	6
4	262 144	1 048 576	4 194 304	16 777 216	24
5	1 953 125	9 765 625	48 828 125	244 140 625	120
6	10 077 696	60 466 176	362 797 056	2 176 782 336	720
7	40 353 607	282 475 249	1 977 326 743	13 841 287 201	5 040
8	134 217 728	1 073 741 824	8 589 934 592	68 719 476 736	40 320
9	387 420 489	3 486 784 401	31 381 059 609	282 429 536 481	362 880

Fakultäten $n!$ siehe auch Seite 158.

Binomialkoeffizienten

n	$\binom{n}{1}$	$\binom{n}{2}$	$\binom{n}{3}$	$\binom{n}{4}$	$\binom{n}{5}$	$\binom{n}{6}$	$\binom{n}{7}$	$\binom{n}{8}$	$\binom{n}{9}$	$\binom{n}{10}$	$\binom{n}{11}$	$\binom{n}{12}$
1	1											
2	2	1										
3	3	3	1									
4	4	6	4	1								
5	5	10	10	5	1							
6	6	15	20	15	6	1						
7	7	21	35	35	21	7	1					
8	8	28	56	70	56	28	8	1				
9	9	36	84	126	126	84	36	9	1			
10	10	45	120	210	252	210	120	45	10	1		
11	11	55	165	330	462	462	330	165	55	11	1	
12	12	66	220	495	792	924	792	495	220	66	12	1

$$\binom{n}{k} = \frac{n(n-1)(n-2)(n-3)\ldots(n-k+1)}{1 \cdot 2 \cdot 3 \cdot 4 \cdot \ldots \cdot k}$$

$\binom{n}{0} = 1$ für alle $n \in \mathbb{N}$

Die Primzahlen zwischen 1 und 1000

2	97	227	367	509	661	829
3	101	229	373	521	673	839
5	103	233	379	523	677	853
7	107	239	383	541	683	857
11	109	241	389	547	691	859
13	113	251	397	557	701	863
17	127	257	401	563	709	877
19	131	263	409	569	719	881
23	137	269	419	571	727	883
29	139	271	421	577	733	887
31	149	277	431	587	739	907
37	151	281	433	593	743	911
41	157	283	439	599	751	919
43	163	293	443	601	757	929
47	167	307	449	607	761	937
53	173	311	457	613	769	941
59	179	313	461	617	773	947
61	181	317	463	619	787	953
67	191	331	467	631	797	967
71	193	337	479	641	809	971
73	197	347	487	643	811	977
79	199	349	491	647	821	983
83	211	353	499	653	823	991
89	223	359	503	659	827	997

Pythagoreische Zahlen

5	4	3	289	240	161	565	403	396
13	12	5	293	285	68	565	493	276
17	15	8	305	224	207	569	520	231
25	24	7	305	273	136	577	575	48
29	21	20	313	312	25	593	465	368
37	35	12	317	308	75	601	551	240
41	40	9	325	253	204	613	612	35
53	45	28	325	323	36	617	608	105
61	60	11	337	288	175	625	527	336
65	56	33	349	299	180	629	460	429
65	63	16	353	272	225	629	621	100
73	55	48	365	357	76	641	609	200
85	77	36	365	364	27	653	572	315
85	84	13	373	275	252	661	589	300
89	80	39	377	345	152	673	552	385
97	72	65	377	352	135	677	675	52
101	99	20	389	340	189	685	667	156
109	91	60	397	325	228	685	684	37
113	112	15	401	399	40	689	561	400
125	117	44	409	391	120	689	680	111
137	105	88	421	420	29	697	528	455
145	143	24	425	304	297	697	672	185
145	144	17	425	416	87	701	651	260
149	140	51	433	408	145	709	660	259
157	132	85	445	396	203	725	627	364
169	120	119	445	437	84	725	644	333
173	165	52	449	351	280	733	725	108
181	180	19	457	425	168	745	624	407
185	153	104	461	380	261	745	713	216
185	176	57	481	360	319	757	595	468
193	168	95	481	480	31	761	760	39
197	195	28	485	476	93	769	600	481
205	156	133	485	483	44	773	748	195
205	187	84	493	468	155	785	736	273
221	171	140	493	475	132	785	783	56
221	220	21	505	377	336	793	665	432
229	221	60	505	456	217	793	775	168
233	208	105	509	459	220	797	572	555
241	209	120	521	440	279	809	759	280
257	255	32	533	435	308	821	700	429
265	247	96	533	525	92	829	629	540
265	264	23	541	420	341	841	840	41
269	260	69	545	513	184	845	836	123
277	252	115	545	544	33	845	837	116
281	231	160	557	532	165	853	828	205

Quadratzahlen

(Abgekürzt auf 5 Stellen)

n	0	1	2	3	4	5	6	7	8	9
10	1 0000	0201	0404	0609	0816	1025	1236	1449	1664	1881
11	2100	2321	2544	2769	2996	3225	3456	3689	3924	4161
12	4400	4641	4884	5129	5376	5625	5876	6129	6384	6641
13	6900	7161	7424	7689	7956	8225	8496	8769	9044	9321
14	9600	9881	*0164	*0449	*0736	*1025	*1316	*1609	*1904	*2201
15	2 2500	2801	3104	3409	3716	4025	4336	4649	4964	5281
16	5600	5921	6244	6569	6896	7225	7556	7889	8224	8561
17	8900	9241	9584	9929	*0276	*0625	*0976	*1329	*1684	*2041
18	3 2400	2761	3124	3489	3856	4225	4596	4969	5344	5721
19	6100	6481	6864	7249	7636	8025	8416	8809	9204	9601
20	4 0000	0401	0804	1209	1616	2025	2436	2849	3264	3681
21	4100	4521	4944	5369	5796	6225	6656	7089	7524	7961
22	8400	8841	9284	9729	*0176	*0625	*1076	*1529	*1984	*2441
23	5 2900	3361	3824	4289	4756	5225	5696	6169	6644	7121
24	7600	8081	8564	9049	9536	*0025	*0516	*1009	*1504	*2001
25	6 2500	3001	3504	4009	4516	5025	5536	6049	6564	7081
26	7600	8121	8644	9169	9696	*0225	*0756	*1289	*1824	*2361
27	7 2900	3441	3984	4529	5076	5625	6176	6729	7284	7841
28	8400	8961	9524	*0089	*0656	*1225	*1796	*2369	*2944	*3521
29	8 4100	4681	5264	5849	6436	7025	7616	8209	8804	9401
30	9 0000	0601	1204	1809	2416	3025	3636	4249	4864	5481
31	6100	6721	7344	7969	8596	9225	9856	*0049	*0112	*0176
32	1 0240	0304	0368	0433	0498	0563	0628	0693	0758	0824
33	0890	0956	1022	1089	1156	1223	1290	1357	1424	1492
34	1560	1628	1696	1765	1834	1903	1972	2041	2110	2180
35	2250	2320	2390	2461	2532	2603	2674	2745	2816	2888
36	2960	3032	3104	3177	3250	3323	3396	3469	3542	3616
37	3690	3764	3838	3913	3988	4063	4138	4213	4288	4364
38	4440	4516	4592	4669	4746	4823	4900	4977	5054	5132
39	5210	5288	5366	5445	5524	5603	5682	5761	5840	5920
n	0	1	2	3	4	5	6	7	8	9

Beispiele: a) $2{,}74^2 = 7{,}5076$
b) $15{,}7^2 = 1{,}57^2 \cdot 10^2 = 2{,}4649 \cdot 10^2 = 246{,}49$

Quadratzahlen

n	0	1	2	3	4	5	6	7	8	9
40	1 6000	6080	6160	6241	6322	6403	6484	6565	6646	6728
41	6810	6892	6974	7057	7140	7223	7306	7389	7472	7556
42	7640	7724	7808	7893	7978	8063	8148	8233	8318	8404
43	8490	8576	8662	8749	8836	8923	9010	9097	9184	9272
44	9360	9448	9536	9625	9714	9803	9892	9981	*0070	*0160
45	2 0250	0340	0430	0521	0612	0703	0794	0885	0976	1068
46	1160	1252	1344	1437	1530	1623	1716	1809	1902	1996
47	2090	2184	2278	2373	2468	2563	2658	2753	2848	2944
48	3040	3136	3232	3329	3426	3523	3620	3717	3814	3912
49	4010	4108	4206	4305	4404	4503	4602	4701	4800	4900
50	5000	5100	5200	5301	5402	5503	5604	5705	5806	5908
51	6010	6112	6214	6317	6420	6523	6626	6729	6832	6936
52	7040	7144	7248	7353	7458	7563	7668	7773	7878	7984
53	8090	8196	8302	8409	8516	8623	8730	8837	8944	9052
54	9160	9268	9376	9485	9594	9703	9812	9921	*0030	*0140
55	3 0250	0360	0470	0581	0692	0803	0914	1025	1136	1248
56	1360	1472	1584	1697	1810	1923	2036	2149	2262	2376
57	2490	2604	2718	2833	2948	3063	3178	3293	3408	3524
58	3640	3756	3872	3989	4106	4223	4340	4457	4574	4692
59	4810	4928	5046	5165	5284	5403	5522	5641	5760	5880
60	6000	6120	6240	6361	6482	6603	6724	6845	6966	7088
61	7210	7332	7454	7577	7700	7823	7946	8069	8192	8316
62	8440	8564	8688	8813	8938	9063	9188	9313	9438	9564
63	9690	9816	9942	*0069	*0196	*0323	*0450	*0577	*0704	*0832
64	4 0960	1088	1216	1345	1474	1603	1732	1861	1990	2120
65	2250	2380	2510	2641	2772	2903	3034	3165	3296	3428
66	3560	3692	3824	3957	4090	4223	4356	4489	4622	4756
67	4890	5024	5158	5293	5428	5563	5698	5833	5968	6104
68	6240	6376	6512	6649	6786	6923	7060	7197	7334	7472
69	7610	7748	7886	8025	8164	8303	8442	8581	8720	8860
n	0	1	2	3	4	5	6	7	8	9

Beispiele: c) $63{,}5^2 \sim 4032{,}3$
d) $363^2 = 3{,}63^2 \cdot 100^2 \sim 13{,}177 \cdot 100^2 \sim 131\ 770$
e) $838^2 = 8{,}38^2 \cdot 100^2 \sim 702\ 240$

n	0	1	2	3	4	5	6	7	8	9
70	4 9000	9140	9280	9421	9562	9703	9844	9985	*0126	*0268
71	5 0410	0552	0694	0837	0980	1123	1266	1409	1552	1696
72	1840	1984	2128	2273	2418	2563	2708	2853	2998	3144
73	3290	3436	3582	3729	3876	4023	4170	4317	4464	4612
74	4760	4908	5056	5205	5354	5503	5652	5801	5950	6100
75	6250	6400	6550	6701	6852	7003	7154	7305	7456	7608
76	7760	7912	8064	8217	8370	8523	8676	8829	8982	9136
77	9290	9444	9598	9753	9908	*0063	*0218	*0373	*0528	*0684
78	6 0840	0996	1152	1309	1466	1623	1780	1937	2094	2252
79	2410	2568	2726	2885	3044	3203	3362	3521	3680	3840
80	4000	4160	4320	4481	4642	4803	4964	5125	5286	5448
81	5610	5772	5934	6097	6260	6423	6586	6749	6912	7076
82	7240	7404	7568	7733	7898	8063	8228	8393	8558	8724
83	8890	9056	9222	9389	9556	9723	9890	*0057	*0224	*0392
84	7 0560	0728	0896	1065	1234	1403	1572	1741	1910	2080
85	2250	2420	2590	2761	2932	3103	3274	3445	3616	3788
86	3960	4132	4304	4477	4650	4823	4996	5169	5342	5516
87	5690	5864	6038	6213	6388	6563	6738	6913	7088	7264
88	7440	7616	7792	7969	8146	8323	8500	8677	8854	9032
89	9210	9388	9566	9745	9924	*0103	*0282	*0461	*0640	*0820
90	8 1000	1180	1360	1541	1722	1903	2084	2265	2446	2628
91	2810	2992	3174	3357	3540	3723	3906	4089	4272	4456
92	4640	4824	5008	5193	5378	5563	5748	5933	6118	6304
93	6490	6676	6862	7049	7236	7423	7610	7797	7984	8172
94	8360	8548	8736	8925	9114	9303	9492	9681	9870	*0060
95	9 0250	0440	0630	0821	1012	1203	1394	1585	1776	1968
96	2160	2352	2544	2737	2930	3123	3316	3509	3702	3896
97	4090	4284	4478	4673	4868	5063	5258	5453	5648	5844
98	6040	6236	6432	6629	6826	7023	7220	7417	7614	7812
99	8010	8208	8406	8605	8804	9003	9202	9401	9600	9800
n	0	1	2	3	4	5	6	7	8	9

Beispiele: f) $0{,}75^2 = \frac{7{,}5^2}{100} = \frac{56{,}25}{100} = 0{,}5625$

g) $1{,}099^2 \sim 1{,}2078$
h) $55{,}37^2 \sim 3065{,}9$
} Interpolieren!

Quadratwurzeln

(Abgekürzt auf 5 Stellen)

n	0	1	2	3	4	5	6	7	8	9
0	0,0000	1,0000	1,4142	1,7321	2,0000	2,2361	2,4495	2,6458	2,8284	3,0000
1	3,1623	3,3166	3,4641	3,6056	3,7417	3,8730	4,0000	4,1231	4,2426	4,3589
2	4,4721	4,5826	4,6904	4,7958	4,8990	5,0000	5,0990	5,1962	5,2915	5,3852
3	5,4772	5,5678	5,6569	5,7446	5,8310	5,9161	6,0000	6,0828	6,1644	6,2450
4	6,3246	6,4031	6,4807	6,5574	6,6332	6,7082	6,7823	6,8557	6,9282	7,0000
5	7,0711	7,1414	7,2111	7,2801	7,3485	7,4162	7,4833	7,5498	7,6158	7,6811
6	7,7460	7,8102	7,8740	7,9373	8,0000	8,0623	8,1240	8,1854	8,2462	8,3066
7	8,3666	8,4261	8,4853	8,5440	8,6023	8,6603	8,7178	8,7750	8,8318	8,8882
8	8,9443	9,0000	9,0554	9,1104	9,1652	9,2195	9,2736	9,3274	9,3808	9,4340
9	9,4868	9,5394	9,5917	9,6437	9,6954	9,7468	9,7980	9,8489	9,8995	9,9499
10	10,000	10,050	10,100	10,149	10,198	10,247	10,296	10,344	10,392	10,440
11	10,488	10,536	10,583	10,630	10,677	10,724	10,770	10,817	10,863	10,909
12	10,955	11,000	11,045	11,091	11,136	11,180	11,225	11,269	11,314	11,358
13	11,402	11,446	11,489	11,533	11,576	11,619	11,662	11,705	11,747	11,790
14	11,832	11,874	11,916	11,958	12,000	12,042	12,083	12,124	12,166	12,207
15	12,247	12,288	12,329	12,369	12,410	12,450	12,490	12,530	12,570	12,610
16	12,649	12,689	12,728	12,767	12,806	12,845	12,884	12,923	12,962	13,000
17	13,038	13,077	13,115	13,153	13,191	13,229	13,267	13,304	13,342	13,379
18	13,416	13,454	13,491	13,528	13,565	13,602	13,638	13,675	13,711	13,748
19	13,784	13,820	13,856	13,892	13,928	13,964	14,000	14,036	14,071	14,107
20	14,142	14,177	14,213	14,248	14,283	14,318	14,353	14,388	14,422	14,457
21	14,491	14,526	14,560	14,595	14,629	14,663	14,697	14,731	14,765	14,799
22	14,832	14,866	14,900	14,933	14,967	15,000	15 033	15,067	15,100	15,133
23	15,166	15,199	15,232	15,264	15,297	15,330	15,362	15,395	15,427	15,460
24	15,492	15,524	15,556	15,589	15,621	15,653	15,684	15,716	15,748	15,780
25	15,811	15,843	15,875	15,906	15,937	15,969	16,000	16,031	16,062	16,094
26	16,125	16,156	16,186	16,217	16,248	16,279	16,310	16,340	16,371	16,401
27	16,432	16,462	16,492	16,523	16,553	16,583	16,613	16,643	16,673	16,703
28	16,733	16,763	16,793	16,823	16,852	16,882	16,912	16,941	16,971	17,000
29	17,029	17,059	17,088	17,117	17,146	17,176	17,205	17,234	17,263	17,292
n	0	1	2	3	4	5	6	7	8	9

Beispiele: a) $\sqrt{11} \sim 3{,}3166$
b) $\sqrt{369} \sim 19{,}209$
c) $\sqrt{898} \sim 29{,}967$

Quadratwurzeln

n	0	1	2	3	4	5	6	7	8	9
30	17,321	17,349	17,378	17,407	17,436	17,464	17,493	17,521	17,550	17,578
31	17,607	17,635	17,664	17,692	17,720	17,748	17,776	17,805	17,833	17,861
32	17,889	17,917	17,944	17,972	18,000	18,028	18,056	18,083	18,111	18,138
33	18,166	18,193	18,221	18,248	18,276	18,303	18,330	18,358	18,385	18,412
34	18,439	18,466	18,493	18,520	18,547	18,574	18,601	18,628	18,655	18,682
35	18,708	18,735	18,762	18,788	18,815	18,841	18,868	18,894	18,921	18,947
36	18,974	19,000	19,026	19,053	19,079	19,105	19,131	19,157	19,183	19,209
37	19,235	19,261	19,287	19,313	19,339	19,365	19,391	19,417	19,442	19,468
38	19,494	19,519	19,545	19,570	19,596	19,621	19,647	19,672	19,698	19,723
39	19,748	19,774	19,799	19,824	19,849	19,875	19,900	19,925	19,950	19,975
40	20,000	20,025	20,050	20,075	20,100	20,125	20,149	20,174	20,199	20,224
41	20,249	20,273	20,298	20,322	20,347	20,372	20,396	20,421	20,445	20,470
42	20,494	20,518	20,543	20,567	20,591	20,616	20,640	20,664	20,688	20,712
43	20,736	20,761	20,785	20,809	20,833	20,857	20,881	20,905	20,928	20,952
44	20,976	21,000	21,024	21,048	21,071	21,095	21,119	21,142	21,166	21,190
45	21,213	21,237	21,260	21,284	21,307	21,331	21,354	21,378	21,401	21,424
46	21,448	21,471	21,494	21,517	21,541	21,564	21,587	21,610	21,633	21,656
47	21,680	21,703	21,726	21,749	21,772	21,795	21,817	21,840	21,863	21,886
48	21,909	21,932	21,955	21,977	22,000	22,023	22,045	22,068	22,091	22,113
49	22,136	22,159	22,181	22,204	22,226	22,249	22,271	22,294	22,316	22,338
50	22,361	22,383	22,405	22,428	22,450	22,472	22,494	22,517	22,539	22,561
51	22,583	22,605	22,627	22,650	22,672	22,694	22,716	22,738	22,760	22,782
52	22,804	22,825	22,847	22,869	22,891	22,913	22,935	22,957	22,978	23,000
53	23,022	23,043	23,065	23,087	23,108	23,130	23,152	23,173	23,195	23,216
54	23,238	23,259	23,281	23,302	23,324	23,345	23,367	23,388	23,409	23,431
55	23,452	23,473	23,495	23,516	23,537	23,558	23,580	23,601	23,622	23,643
56	23,664	23,685	23,707	23,728	23,749	23,770	23,791	23,812	23,833	23,854
57	23,875	23,896	23,917	23,937	23,958	23,979	24,000	24,021	24,042	24,062
58	24,083	24,104	24,125	24,145	24,166	24,187	24,207	24,228	24,249	24,269
59	24,290	24,311	24,331	24,352	24,372	24,393	24,413	24,434	24,454	24,475
60	24,495	24,515	24,536	24,556	24,576	24,597	24,617	24,637	24,658	24,678
61	24,698	24,718	24,739	24,759	24,779	24,799	24,819	24,839	24,860	24,880
62	24,900	24,920	24,940	24,960	24,980	25,000	25,020	25,040	25,060	25,080
63	25,100	25,120	25,140	25,160	25,179	25,199	25,219	25,239	25,259	25,278
64	25,298	25,318	25,338	25,357	25,377	25,397	25,417	25,436	25,456	25,475
n	0	1	2	3	4	5	6	7	8	9

Beispiele: d) $\sqrt{0{,}4} = \frac{1}{10} \sqrt{40} \sim 0{,}632\,46$

e) $\sqrt{0{,}04} = 0{,}2$

f) $\sqrt{0{,}004} = \frac{1}{100} \sqrt{40} \sim 0{,}063\,246$

Quadratwurzeln

n	0	1	2	3	4	5	6	7	8	9
65	25,495	25,515	25,534	25 554	25,573	25,593	25,613	25,632	25,652	25,671
66	25,691	25,710	25,729	25,749	25,768	25,788	25,807	25,826	25,846	25,865
67	25,884	25,904	25,923	25,942	25,962	25,981	26,000	26,019	26,038	26,058
68	26,077	26,096	26,115	26,134	26,153	26,173	26,192	26,211	26,230	26,249
69	26,268	26,287	26,306	26,325	26,344	26,363	26,382	26,401	26,420	26,439
70	26,458	26,476	26,495	26,514	26,533	26,552	26,571	26,590	26,608	26,627
71	26,646	26,665	26,683	26,702	26,721	26,740	26,758	26,777	26,796	26,814
72	26,833	26,851	26,870	26,889	26,907	26,926	26,944	26,963	26,982	27,000
73	27,019	27,037	27,056	27,074	27,092	27,111	27,129	27,148	27,166	27,185
74	27,203	27,221	27,240	27,258	27,276	27,295	27,313	27,331	27,350	27,368
75	27,386	27,404	27,423	27,441	27,459	27,477	27,496	27,514	27,532	27,550
76	27,568	27,586	27,604	27,623	27,641	27,659	27,677	27,695	27,713	27,731
77	27,749	27,767	27,785	27,803	27,821	27,839	27,857	27,875	27,893	27,911
78	27,929	27,946	27,964	27,982	28,000	28,018	28,036	28,054	28,071	28,089
79	28,107	28,125	28,143	28,160	28,178	28,196	28,214	28,231	28,249	28,267
80	28,284	28,302	28,320	28.337	28,355	28,373	28,390	28,408	28,425	28,443
81	28,461	28,478	28,496	28,513	28,531	28,548	28,566	28,583	28,601	28,618
82	28,636	28,653	28,671	28,688	28,705	28,723	28,740	28,758	28,775	28,792
83	28,810	28,827	28,844	28,862	28,879	28,896	28,914	28,931	28,948	28,966
84	28,983	29,000	29,017	29,035	29,052	29,069	29,086	29,103	29,120	29,138
85	29,155	29,172	29,189	29,206	29,223	29,240	29,258	29,275	29,292	29,309
86	29,326	29,343	29,360	29,377	29,394	29,411	29,428	29,445	29,462	29,479
87	29,496	29,513	29,530	29,547	29,564	29,580	29,597	29,614	29,631	29,648
88	29,665	29,682	29,699	29,715	29,732	29,749	29,766	29,783	29,799	29,816
89	29,833	29,850	29,866	29,883	29,900	29,917	29,933	29,950	29,967	29,983
90	30,000	30,017	30,033	30,050	30,067	30,083	30,100	30,116	30,133	30,150
91	30,166	30,183	30,199	30,216	30,232	30,249	30,266	30,282	30,299	30,315
92	30,332	30,348	30,365	30,381	30,397	30,414	30,430	30,447	30,463	30,480
93	30,496	30,512	30,529	30,545	30,561	30,578	30,594	30,611	30,627	30,643
94	30,659	30,676	30,692	30,708	30,725	30,741	30,757	30,773	30,790	30,806
95	30,822	30,838	30,855	30,871	30,887	30,903	30,919	30,935	30,952	30,968
96	30,984	31,000	31,016	31,032	31,048	31,064	31,081	31,097	31,113	31,129
97	31,145	31,161	31,177	31,193	31,209	31,225	31,241	31,257	31,273	31,289
98	31,305	31,321	31,337	31,353	31,369	31,385	31,401	31,417	31,433	31,448
99	31,464	31,480	31,496	31,512	31,528	31,544	31,560	31,575	31,591	31,607
n	0	1	2	3	4	5	6	7	8	9

Beispiele: g) $\sqrt{91,7} \sim 9{,}5760$

h) $\sqrt{8539} = 10 \cdot \sqrt{85{,}39} \sim 10 \cdot 9{,}2405 \sim 92{,}405$

i) $\sqrt{853{,}9} \sim 29{,}221$

Kubikzahlen

(Abgekürzt auf 5 Stellen)

n	0	1	2	3	4	5	6	7	8	9
10	10000	10303	10612	10927	11249	11576	11910	12250	12597	12950
11	13310	13676	14049	14429	14815	15209	15609	16016	16430	16852
12	17280	17716	18158	18609	19066	19531	20004	20484	20972	21467
13	21970	22481	23000	23526	24061	24604	25155	25714	26281	26856
14	27440	28032	28633	29242	29860	30486	31121	31765	32418	33079
15	33750	34430	35118	35816	36523	37239	37964	38699	39443	40197
16	40960	41733	42515	43307	44109	44921	45743	46575	47416	48268
17	49130	50002	50884	51777	52680	53594	54518	55452	56398	57353
18	58320	59297	60286	61285	62295	63316	64349	65392	66447	67513
19	68590	69679	70779	71891	73014	74149	75295	76454	77624	78806
20	80000	81206	82424	83654	84897	86151	87418	88697	89989	91293
21	92610	93939	95281	96636	98003	99384	10078	10218	10360	10503
22	10648	10794	10941	11090	11239	11391	11543	11697	11852	12009
23	12167	12326	12487	12649	12813	12978	13144	13312	13481	13652
24	13824	13998	14172	14349	14527	14706	14887	15069	15253	15438
25	15625	15813	16003	16194	16387	16581	16777	16975	17174	17374
26	17576	17780	17985	18191	18400	18610	18821	19034	19249	19465
27	19683	19903	20124	20346	20571	20797	21025	21254	21485	21718
28	21952	22188	22426	22665	22906	23149	23394	23640	23888	24138
29	24389	24642	24897	25154	25412	25672	25934	26198	26464	26731
30	27000	27271	27544	27818	28094	28373	28653	28934	29218	29504
31	29791	30080	30371	30664	30959	31256	31554	31855	32157	32462
32	32768	33076	33386	33698	34012	34328	34646	34966	35288	35611
33	35937	36265	36594	36926	37260	37595	37933	38273	38614	38958
34	39304	39652	40002	40354	40708	41064	41422	41782	42144	42508
35	42875	43244	43614	43987	44362	44739	45118	45499	45883	46268
36	46656	47046	47438	47832	48229	48627	49028	49431	49836	50243
37	50653	51065	51479	51895	52314	52734	53157	53583	54010	54440
38	54872	55306	55743	56182	56623	57067	57512	57961	58411	58864
39	59319	59776	60236	60698	61163	61630	62099	62571	63045	63521
n	0	1	2	3	4	5	6	7	8	9

Beispiele: a) $16^3 = 4096$

b) $49^3 = 4{,}9^3 \cdot 10^3 \sim 117{,}65 \cdot 1000 \sim 117\,650$

c) $0{,}91^3 = \dfrac{1}{10^3} \cdot 9{,}1^3 \sim \dfrac{1}{1000} \cdot 753{,}57 \sim 0{,}753\,57$

Kubikzahlen

n	0	1	2	3	4	5	6	7	8	9
40	64 000	64 481	64 965	65 451	65 939	66 430	66 923	67 419	67 917	68 418
41	68 921	69 427	69 935	70 445	70 958	71 473	71 991	72 512	73 035	73 560
42	74 088	74 618	75 151	75 687	76 225	76 766	77 309	77 854	78 403	78 954
43	79 507	80 063	80 622	81 183	81 747	82 313	82 882	83 453	84 028	84 605
44	85 184	85 766	86 351	86 938	87 528	88 121	88 717	89 315	89 915	90 519
45	91 125	91 734	92 345	92 960	93 577	94 196	94 819	95 444	96 072	96 703
46	97 336	97 972	98 611	99 253	99 897	100 54	101 19	101 85	102 50	103 16
47	103 82	104 49	105 15	105 82	106 50	107 17	107 85	108 53	109 22	109 90
48	110 59	111 28	111 98	112 68	113 38	114 08	114 79	115 50	116 21	116 93
49	117 65	118 37	119 10	119 82	120 55	121 29	122 02	122 76	123 51	124 25
50	125 00	125 75	126 51	127 26	128 02	128 79	129 55	130 32	131 10	131 87
51	132 65	133 43	134 22	135 01	135 80	136 59	137 39	138 19	138 99	139 80
52	140 61	141 42	142 24	143 06	143 88	144 70	145 53	146 36	147 20	148 04
53	148 88	149 72	150 57	151 42	152 27	153 13	153 99	154 85	155 72	156 59
54	157 46	158 34	159 22	160 10	160 99	161 88	162 77	163 67	164 57	165 47
55	166 38	167 28	168 20	169 11	170 03	170 95	171 88	172 81	173 74	174 68
56	175 62	176 56	177 50	178 45	179 41	180 36	181 32	182 28	183 25	184 22
57	185 19	186 17	187 15	188 13	189 12	190 11	191 10	192 10	193 10	194 10
58	195 11	196 12	197 14	198 16	199 18	200 20	201 23	202 26	203 30	204 34
59	205 38	206 43	207 47	208 53	209 58	210 64	211 71	212 78	213 85	214 92
60	216 00	217 08	218 17	219 26	220 35	221 45	222 55	223 65	224 76	225 87
61	226 98	228 10	229 22	230 35	231 48	232 61	233 74	234 89	236 03	237 18
62	238 33	239 48	240 64	241 80	242 97	244 14	245 31	246 49	247 67	248 86
63	250 05	251 24	252 44	253 64	254 84	256 05	257 26	258 47	259 69	260 92
64	262 14	263 37	264 61	265 85	267 09	268 34	269 59	270 84	272 10	273 36
65	274 63	275 89	277 17	278 45	279 73	281 01	282 30	283 59	284 89	286 19
66	287 50	288 80	290 12	291 43	292 75	294 08	295 41	296 74	298 08	299 42
67	300 76	302 11	303 46	304 82	306 18	307 55	308 92	310 29	311 67	313 05
68	314 43	315 82	317 21	318 61	320 01	321 42	322 83	324 24	325 66	327 08
69	328 51	329 94	331 37	332 81	334 26	335 70	337 15	338 61	340 07	341 53
n	0	1	2	3	4	5	6	7	8	9

Beispiele: a) $453^3 = 4{,}53^3 \cdot 100^3 \sim 92{,}960 \cdot 100^3 \sim 92\,960\,000$
b) $847^3 \sim 607\,650\,000$
c) $56{,}9^3 = 10^3 \cdot 5{,}69^3 \sim 184\,220$

Kubikzahlen

n	0	1	2	3	4	5	6	7	8	9
70	34300	34447	34595	34743	34891	35040	35190	35339	35489	35640
71	35791	35943	36094	36247	36399	36553	36706	36860	37015	37169
72	37325	37481	37637	37793	37950	38108	38266	38424	38583	38742
73	38902	39062	39222	39383	39545	39707	39869	40032	40195	40358
74	40522	40687	40852	41017	41183	41349	41516	41683	41851	42019
75	42188	42356	42526	42696	42866	43037	43208	43380	43552	43725
76	43898	44071	44245	44419	44594	44770	44946	45122	45298	45476
77	45653	45831	46010	46189	46368	46548	46729	46910	47091	47273
78	47455	47638	47821	48005	48189	48374	48559	48744	48930	49117
79	49304	49491	49679	49868	50057	50246	50436	50626	50817	51008
80	51200	51392	51585	51778	51972	52166	52361	52556	52751	52948
81	53144	53341	53539	53737	53935	54134	54334	54534	54734	54935
82	55137	55339	55541	55744	55948	56152	56356	56561	56766	56972
83	57179	57386	57593	57801	58009	58218	58428	58638	58848	59059
84	59270	59482	59695	59908	60121	60335	60550	60765	60980	61196
85	61413	61630	61847	62065	62284	62503	62722	62942	63163	63384
86	63606	63828	64050	64274	64497	64721	64946	65171	65397	65623
87	65850	66078	66305	66534	66763	66992	67222	67453	67684	67915
88	68147	68380	68613	68847	69081	69315	69551	69786	70023	70260
89	70497	70735	70973	71212	71452	71692	71932	72173	72415	72657
90	72900	73143	73387	73631	73876	74122	74368	74614	74861	75109
91	75357	75606	75855	76105	76355	76606	76858	77110	77362	77615
92	77869	78123	78378	78633	78889	79145	79402	79660	79918	80177
93	80436	80695	80956	81217	81478	81740	82003	82266	82529	82794
94	83058	83324	83590	83856	84123	84391	84659	84928	85197	85467
95	85738	86009	86280	86552	86825	87098	87372	87647	87922	88197
96	88474	88750	89028	89306	89584	89863	90143	90423	90704	90985
97	91267	91550	91833	92117	92401	92686	92971	93257	93544	93831
98	94119	94408	94697	94986	95276	95567	95859	96150	96443	96736
99	97030	97324	97619	97915	98211	98507	98805	99103	99401	99700
n	0	1	2	3	4	5	6	7	8	9

Beispiele: a) $0{,}0345^3 = \dfrac{3{,}45^3}{100^3} \sim \dfrac{41{,}064}{100^3} \sim 0{,}000\,041\,064$

b) $2{,}764^3 \sim 21{,}117$

c) $112{,}93^3 \sim 1\,440\,300$

Kubikwurzeln

(Abgekürzt auf 5 Stellen)

n	0	1	2	3	4	5	6	7	8	9
0	0,0000	1,0000	1,2599	1,4422	1,5874	1,7100	1,8171	1,9129	2,0000	2,0801
1	2,1544	2,2240	2,2894	2,3513	2.4101	2,4662	2,5198	2,5713	2,6207	2,6684
2	2,7144	2,7589	2,8020	2,8439	2.8845	2,9240	2,9625	3,0000	3,0366	3,0723
3	3,1072	3,1414	3,1748	3.2075	3.2396	3,2711	3,3019	3,3322	3,3620	3,3912
4	3,4200	3,4482	3,4760	3,5034	3,5303	3.5569	3,5830	3,6088	3,6342	3,6593
5	3,6840	3,7084	3,7325	3.7563	3,7798	3,8030	3,8259	3,8485	3,8709	3,8930
6	3,9149	3,9365	3,9579	3,9791	4.0000	4,0207	4,0412	4,0615	4,0817	4,1016
7	4,1213	4,1408	4,1602	4.1793	4.1983	4,2172	4,2358	4,2543	4,2727	4,2908
8	4,3089	4,3267	4,3445	4.3621	4,3795	4,3968	4,4140	4,4310	4,4480	4,4647
9	4,4814	4,4979	4,5144	4,5307	4,5468	4,5629	4,5789	4,5947	4,6104	4,6261
10	4.6416	4,6570	4,6723	4,6875	4,7027	4,7177	4,7326	4,7475	4,7622	4,7769
11	4.7914	4,8059	4,8203	4.8346	4,8488	4,8629	4,8770	4,8910	4,9049	4,9187
12	4,9324	4,9461	4,9597	5,9732	4,9866	5,0000	5,0133	5,0265	5,0397	5,0528
13	5,0658	5,0788	5,0916	5,1045	5,1172	5,1299	5,1426	5,1551	5,1676	5,1801
14	5,1925	5,2048	5,2171	5,2293	5,2415	5,2536	5,2656	5,2776	5,2896	5,3015
15	5,3133	5,3251	5,3368	5.3485	5,3601	5,3717	5.3832	5,3947	5,4061	5,4175
16	5,4288	5,4401	5,4514	5,4626	5,4737	5,4848	5,4959	5,5069	5,5178	5,5288
17	5,5397	5,5505	5,5613	5.5721	5,5828	5,5934	5,6041	5,6147	5,6252	5,6357
18	5,6462	5,6567	5,6671	5,6774	5,6877	5,6980	5,7083	5,7185	5,7287	5,7388
19	5,7489	5,7590	5,7690	5,7790	5,7890	5,7989	5,8088	5,8186	5,8285	5,8383
20	5,8480	5,8578	5,8675	5,8771	5,8868	5,8964	5,9059	5,9155	5,9250	5,9345
21	5,9439	5,9533	5,9627	5,9721	5,9814	5,9907	6,0000	6,0092	6,0185	6,0277
22	6,0368	6,0459	6,0550	6,0641	6,0732	6,0822	6,0912	6,1002	6,1091	6,1180
23	6,1269	6,1358	6,1446	6,1534	6,1622	6,1710	6,1797	6,1885	6,1972	6,2058
24	6,2145	6,2231	6,2317	6,2403	6,2488	6,2573	6,2658	6,2743	6,2828	6,2912
25	6,2996	6,3080	6,3164	6,3247	6,3330	6,3413	6,3496	6,3579	6,3661	6,3743
26	6,3825	6,3907	6,3988	6,4070	6,4151	6,4232	6,4312	6,4393	6,4473	6,4553
27	6,4633	6,4713	6,4792	6,4872	6,4951	6,5030	6,5108	6,5187	6,5265	6,5343
28	6,5421	6,5499	6,5577	6.5654	6 5731	6 5808	6,5885	6,5962	6,6039	6,6115
29	6,6191	6,6267	6,6343	6,6419	6,6494	6,6569	6,6644	6,6719	6,6794	6,6869
n	0	1	2	3	4	5	6	7	8	9

Beispiele: a) $\sqrt[3]{7} \sim 1{,}9129$

b) $\sqrt[3]{84} \sim 4{,}3795$

c) $\sqrt[3]{726} \sim 8{,}9876$

Kubikwurzeln

n	0	1	2	3	4	5	6	7	8	9
30	6,6943	6,7018	6,7092	6,7166	6,7240	6,7313	6,7387	6,7460	6,7533	6,7606
31	6,7679	6,7752	6,7824	6,7897	6,7969	6,8041	6,8113	6,8185	6,8256	6,8328
32	6,8399	6,8470	6,8541	6,8612	6,8683	6,8753	5,8824	6,8894	6,8964	6,9034
33	6,9104	6,9174	6,9244	6,9313	6,9382	6,9451	6,9521	6,9589	6,9658	6,9727
34	6,9795	6,9864	6,9932	7,0000	7,0068	7,0136	7,0203	7,0271	7,0338	7,0406
35	7,0473	7,0540	7,0607	7,0674	7,0740	7,0807	7,0873	7,0940	7,1006	7,1072
36	7,1138	7,1204	7,1269	7,1335	7,1400	7,1466	7,1531	7,1596	7,1661	7,1726
37	7,1791	7,1855	7,1920	7,1984	7,2048	7,2112	7,2177	7,2240	7,2304	7,2368
38	7,2432	7,2495	7,2558	7,2622	7,2685	7,2748	7,2811	7,2874	7,2936	7,2999
39	7,3061	7,3124	7,3186	7,3248	7,3310	7,3372	7,3434	7,3496	7,3558	7,3619
40	7,3681	7,3742	7,3803	7,3864	7,3925	7,3986	7,4047	7,4108	7,4169	7,4229
41	7,4290	7,4350	7,4410	7,4470	7,4530	7,4590	7,4650	7,4710	7,4770	7,4829
42	7,4889	7,4948	7,5007	7,5067	7,5126	7,5185	7,5244	7,5302	7,5361	7,5420
43	7,5478	7,5537	7,5595	7,5654	7,5712	7,5770	7,5828	7,5886	7,4944	7,6001
44	7,6059	7,6117	7,6174	7,6232	7,6289	7,6346	7,6403	7,6460	7,6517	7,6574
45	7,6631	7,6688	7,6744	7,6801	7,6857	7,6914	7,6970	7,7026	7,7082	7,7138
46	7,7194	7,7250	7,7306	7,7362	7,7418	7,7473	7,7529	7,7584	7,7639	7,7695
47	7,7750	7,7805	7,7860	7,7915	7,7970	7,8025	7,8079	7,8134	7,8188	7,8243
48	7,8297	7,8352	7,8406	7,8460	7,8514	7,8568	7,8622	7,8676	7,8730	7,8784
49	7,8837	7,8891	7,8944	7,8998	7,9051	7,9105	7,9158	7,9211	7,9264	7,9317
50	7,9370	7,9423	7,9476	7,9528	7,9581	7,9634	7,9686	7,9739	7,9791	7,9843
51	7,9896	7,9948	8,0000	8,0052	8,0104	8,0156	8,0208	8,0260	8,0311	8,0363
52	8,0415	8,0466	8,0517	8,0569	8,0620	8,0671	8,0723	8,0774	8,0825	8,0876
53	8,0927	8,0978	8,1028	8,1079	8,1130	8,1180	8,1231	8,1281	8,1332	8,1382
54	8,1433	8,1483	8,1533	8,1583	8,1633	8,1683	8,1733	8,1783	8,1833	8,1882
55	8,1932	8,1982	8,2031	8,2081	8,2130	8,2180	8,2229	8,2278	8,2327	8,2377
56	8,2426	8,2475	8,2524	8,2573	8,2621	8,2670	8,2719	8,2768	8,2816	8,2865
57	8,2913	8,2962	8,3010	8,3059	8,3107	8,3155	8,3203	8,3251	8,3300	8,3348
58	8,3396	8,3443	8,3491	8,3539	8,3587	8,3634	8,3682	8,3730	8,3777	8,3825
59	8,3872	8,3919	8,3967	8,4014	8,4061	8,4108	8,4155	8,4202	8,4249	8,4296
60	8,4343	8,4390	8,4437	8,4484	8,4530	8,4577	8,4623	8,4670	8,4716	8,4763
61	8,4809	8,4856	8,4902	8,4948	8,4994	8,5040	8,5086	8,5132	8,5178	8,5224
62	8,5270	8,5316	8,5362	8,5408	8,5453	8,5499	8,5544	8,5590	8,5635	8,5681
63	8,5726	8,5772	8,5817	8,5862	8,5907	8,5952	8,5997	8,6043	8,6088	8,6132
64	8,6177	8,6222	8,6267	8,6312	8,6357	8,6401	8,6446	8,6490	8,6535	8,6579
n	0	1	2	3	4	5	6	7	8	9

Beispiele: d) $\sqrt[3]{5} \sim 1{,}71$

e) $\sqrt[3]{0{,}5} = \dfrac{1}{10} \sqrt[3]{500} \sim 0{,}7937$

f) $\sqrt[3]{0{,}05} = \dfrac{1}{10} \sqrt[3]{50} \sim 0{,}3684$

Kubikwurzeln

n	0	1	2	3	4	5	6	7	8	9
65	8,6624	8,6668	8,6713	8,6757	8,6801	8,6845	8,6890	8,6934	8,6978	8,7022
66	8,7066	8,7110	8,7154	8,7198	8,7241	8,7285	8,7329	8,7373	8,7416	8,7460
67	8,7503	8,7547	8,7590	8,7634	8,7677	8,7721	8,7764	8,7807	8,7850	8,7893
68	8,7937	8,7980	8,8023	8.8066	8,8109	8,8152	8,8194	8 8237	8,8280	8,8323
69	8,8366	8,8408	8,8451	8,8493	8,8536	8,8578	8,8621	8,8663	8,8706	8,8748
70	8,8790	8,8833	8,8875	8.8917	8,8959	8,9001	8,9043	8,9085	8,9127	8,9169
71	8,9211	8,9253	8,9295	8,9337	8,9378	8,9420	8,9462	8,9503	8,9545	8,9587
72	8,9628	8,9670	8.9711	8,9752	8,9794	8,9835	8,9876	8,9918	8,9959	9,0000
73	9,0041	9,0082	9,0123	9,0164	9,0205	9,0246	9,0287	9,0328	9,0369	9,0410
74	9,0450	9,0491	9,0532	9,0572	9,0613	9,0654	9,0694	9,0735	9,0775	9,0816
75	9,0856	9 0896	9.0937	9,0977	9,1017	9,1057	9,1098	9,1138	9,1178	9,1218
76	9,1258	9,1298	9,1338	9,1378	9.1418	9,1458	9,1498	9,1537	9,1577	9,1617
77	9,1657	9,1696	9,1736	9,1775	9,1815	9,1855	9,1894	9,1933	9,1973	9,2012
78	9,2052	9,2091	9.2130	9,2170	9,2209	9.2248	9,2287	9,2326	9,2365	9,2404
79	9,2443	9,2482	9,2521	9,2560	9,2599	9,2638	9,2677	9,2716	9,2754	9,2793
80	9,2832	9,2870	9,2909	9,2948	9,2986	9,3025	9,3063	9,3102	9,3140	9,3179
81	9,3217	9,3255	9,3294	9,3332	9,3370	9,3408	9,3447	9,3485	9,3523	9,3561
82	9,3599	9,3637	9 3675	9,3713	9,3751	9,3789	9,3827	9,3865	9,3902	9,3940
83	9,3978	9,4016	9,4053	9,4091	9,4129	9,4166	9,4204	9,4241	9,4279	9,4316
84	9,4354	9,4391	9,4429	9,4466	9,4503	9,4541	9,4578	9,4615	9,4652	9,4690
85	9,4727	9,4764	9,4801	9.4838	9,4875	9,4912	9 4949	9,4986	9,5023	9,5060
86	9,5097	9,5134	9.5171	9,5207	9,5244	9,5281	9,5317	9,5354	9,5391	9,5427
87	9,5464	9,5501	9,5537	9,5574	9,5610	9,5647	9 5683	9,5719	9 5756	9,5792
88	9,5828	9,5865	9,5901	9.5937	9,5973	9,6010	9,6046	9,6082	9,6118	9.6154
89	9,6190	9,6226	9,6262	9,6298	9,6334	9,6370	9,6406	9,6442	9,6477	9,6513
90	9,6549	9,6585	9,6620	9,6656	9,6692	9,6727	9,6763	9,6799	9,6834	9,6870
91	9,6905	9,6941	9,6976	9,7012	9,7047	9,7082	9,7118	9,7153	9,7188	9,7224
92	9,7259	9,7294	9,7329	9,7364	9,7400	9,7435	9,7470	9,7505	9,7540	9,7575
93	9,7610	9,7645	9,7680	9,7715	9,7750	9,7785	9,7819	9,7854	9,7889	9,7924
94	9,7959	9,7993	9,8028	9,8063	9,8097	9,8132	9,8167	9,8201	9,8236	9,8270
95	9,8305	9,8339	9,8374	9,8408	9,8443	9,8477	9,8511	9,8546	9,8580	9,8614
96	9,8648	9,8683	9,8717	9,8751	9,8785	9,8819	9,8854	9,8888	9,8922	9,8956
97	9,8990	9,9024	9,9058	9,9092	9,9126	9,9160	9,9194	9,9227	9,9261	9,9295
98	9,9329	9,9363	9,9396	9,9430	9,9464	9 9497	9,9531	9,9565	9,9598	9,9632
99	9,9666	9,9699	9,9733	9,9766	9,9800	9,9833	9,9866	9,9900	9,9933	9,9967
n	0	1	2	3	4	5	6	7	8	9

Beispiele: g) $\sqrt[3]{4,5} \sim 1,6487 \sim 1,65$ Interpolieren!

h) $\sqrt[3]{78,4} \sim 4,2799$. i) $\sqrt[3]{784,1} \sim 9,221$

Beim Interpolieren werden alle Werte in den letzten Stellen ungenau. Bei den Kubikwurzeln werden die Werte, bei denen interpoliert werden muß, vor allem dann ungenau, wenn die Differenz in der Tafel groß ist.

Aufzinsungsfaktoren q^n $\quad q = 1 + \dfrac{p}{100}: \ p \mathrel{\widehat{=}} \text{Zinsfuß}$

n	2%	3%	3½%	4%	4½%	5%
1	1,020000	1,030000	1,035000	1,040000	1,045000	1,050000
2	1,040400	1,060900	1,071225	1,081600	1,092025	1,102500
3	1,061208	1,092727	1,108718	1,124864	1,141166	1,157625
4	1,082432	1,125509	1,147523	1,169859	1,192519	1,215506
5	1,104081	1,159274	1,187686	1,216653	1,246182	1,276282
6	1,126162	1,194052	1,229255	1,265319	1,302260	1,340096
7	1,148686	1,229874	1,272279	1,315932	1,360862	1,407100
8	1,171659	1,266770	1,316809	1,368569	1,422101	1,477455
9	1,195093	1,304773	1,362897	1,423312	1,486095	1,551328
10	1,218994	1,343916	1,410599	1,480244	1,552969	1,628895
11	1,243374	1,384234	1,459970	1,539454	1,622853	1,710339
12	1,268242	1,425761	1,511069	1,601032	1,695881	1,795856
13	1,293607	1,468534	1,563956	1,665074	1,772196	1,885649
14	1,319479	1,512590	1,618695	1,731676	1,851945	1,979932
15	1,345868	1,557967	1,675349	1,800944	1,935282	2,078928
16	1,372786	1,604706	1,733986	1,872981	2,022370	2,182875
17	1,400241	1,652848	1,794676	1,947900	2,113377	2,292018
18	1,428246	1,702433	1,857489	2,025817	2,208479	2,406619
19	1,456811	1,753506	1,922501	2,106849	2,307860	2,526950
20	1,485947	1,806111	1,989789	2,191123	2,411714	2,653298
21	1,515666	1,860295	2,059431	2,278768	2,520241	2,785963
22	1,545980	1,916103	2,131512	2,369919	2,633652	2,925261
23	1,576899	1,973587	2,206114	2,464716	2,752166	3,071524
24	1,608437	2,032794	2,283328	2,563304	2,876014	3,225100
25	1,640606	2,093778	2,363245	2,665836	3,005434	3,386355
26	1,673418	2,156591	2,445959	2,772470	3,140679	3,555673
27	1,706886	2,221289	2,531567	2,883369	3,282010	3,733456
28	1,741024	2,287928	2,620172	2,998703	3,429700	3,920129
29	1,775845	2,356566	2,711878	3,118651	3,584036	4,116136
30	1,811362	2,427262	2,806794	3,243398	3,745318	4,321942
35	1,999890	2,813862	3,333590	3,946089	4,667348	5,516015
40	2,208040	3,262038	3,959260	4,801021	5,816365	7,039989
45	2,437854	3,781596	4,702359	5,841176	7,248248	8,985008
50	2,691588	4,383906	5,584927	7,106683	9,032636	11,467400
n	2%	3%	3½%	4%	4½%	5%

Abzinsungsfaktoren $\dfrac{1}{q^n}$ $q = 1 + \dfrac{p}{100}$: $p \mathrel{\hat{=}}$ Zinsfuß

n	2%	3%	3¹/₂%	4%	4¹/₂%	5%
1	0,980392	0,970874	0,966184	0,961538	0,956938	0,952381
2	0,961169	0,942596	0,933511	0,924556	0,915730	0,907029
3	0,942322	0,915142	0,901943	0,888996	0,876297	0,863838
4	0,923845	0,888487	0,871442	0,854804	0,838561	0,822702
5	0,905731	0,862609	0,841973	0,821927	0,802451	0,783526
6	0,887971	0,837484	0,813501	0,790315	0,767896	0,746215
7	0,870560	0,813092	0,785991	0,759918	0,734828	0,710681
8	0,853490	0,789409	0,759412	0,730690	0,703185	0,676839
9	0,836755	0,766417	0,733731	0,702587	0,672904	0,644609
10	0,820348	0,744094	0,708919	0,675564	0,643928	0,613913
11	0,804263	0,722421	0,684946	0,649581	0,616199	0,584679
12	0,788493	0,701380	0,661783	0,624597	0,589664	0,556837
13	0,773033	0,680951	0,639404	0,600574	0,564272	0,530321
14	0,757875	0,661118	0,617782	0,577475	0,539973	0,505068
15	0,743015	0,641862	0,596891	0,555265	0,516720	0,481017
16	0,728446	0,623167	0,576706	0,533908	0,494469	0,458112
17	0,714163	0,605016	0,557204	0,513373	0,473176	0,436297
18	0,700159	0,587395	0,538361	0,493628	0,452800	0,415521
19	0,686431	0,570286	0,520156	0,474642	0,433302	0,395734
20	0,672971	0,553676	0,502566	0,456387	0,414643	0,376889
21	0,659776	0,537549	0,485571	0,438834	0,396787	0,358942
22	0,646839	0,521893	0,469151	0,421955	0,379701	0,341850
23	0,634156	0,506692	0,453286	0,405726	0,363350	0,325571
24	0,621721	0,491934	0,437957	0,390121	0,347703	0,310068
25	0,609531	0,477606	0,423147	0,375117	0,332731	0,295303
26	0,597579	0,463695	0,408838	0,360689	0,318402	0,281241
27	0,585862	0,450189	0,395012	0,346817	0,304691	0,267848
28	0,574375	0,437077	0,381654	0,333477	0,291571	0,255094
29	0,563112	0,424346	0,368748	0,320651	0,279015	0,242946
30	0,552071	0,411987	0,356278	0,308319	0,267000	0,231377
35	0,500028	0,355383	0,299977	0,253415	0,214254	0,181290
40	0,452890	0,306557	0,252572	0,208289	0,171929	0,142046
45	0,410197	0,264439	0,212659	0,171198	0,137964	0,111297
50	0,371528	0,228107	0,179053	0,140713	0,110710	0,087204
n	2%	3%	3¹/₂%	4%	4¹/₂%	5%

e-Funktionswerte

(Hyperbelfunktionen, Dichte der Normalverteilung, Wahrscheinlichkeitsintegral)

x	e^x	e^{-x}	sinh x	cosh x	tanh x	coth x	e^{-x^2}	$\varphi(x)$	J (x)
0,00	1,000	1,0000	0,0000	1,000	0,0000	–	1,0000	0,3989	0,0000
0,05	1,051	0,9512	0,0500	1,001	0,04996	20,02	0,9975	0,3984	0,0399
0,10	1,105	0,9048	0,1002	1,005	0,09967	10,03	0,9900	0,3970	0,0797
0,15	1,162	0,8607	0,1506	1,011	0,1489	6,717	0,9778	0,3945	0,1192
0,20	1,221	0,8187	0,2013	1,020	0,1974	5,066	0,9608	0,3910	0,1585
0,25	1,284	0,7788	0,2526	1,031	0,2449	4,083	0,9394	0,3867	0,1974
0,30	1,350	0,7408	0,3045	1,045	0,2913	3,433	0,9139	0,3814	0,2358
0,35	1,419	0,7047	0,3572	1,062	0,3364	2,973	0,8847	0,3752	0,2737
0,40	1,492	0,6703	0,4108	1,081	0,3799	2,632	0,8521	0,3683	0,3108
0,45	1,568	0,6376	0,4653	1,103	0,4219	2,370	0,8167	0,3605	0,3473
0,50	1,649	0,6065	0,5211	1,128	0,4621	2,164	0,7788	0,3521	0,3829
0,55	1,733	0,5769	0,5782	1,155	0,5005	1,998	0,7390	0,3429	0,4177
0,60	1,822	0,5488	0,6367	1,185	0,5370	1,862	0,6977	0,3332	0,4515
0,65	1,916	0,5220	0,6967	1,219	0,5717	1,749	0,6554	0,3230	0,4843
0,70	2,014	0,4966	0,7586	1,255	0,6044	1,655	0,6126	0,3123	0,5161
0,75	2,117	0,4724	0,8223	1,295	0,6351	1,574	0,5698	0,3011	0,5467
0,80	2,226	0,4493	0,8881	1,337	0,6640	1,506	0,5273	0,2897	0,5763
0,85	2,340	0,4274	0,9561	1,384	0,6911	1,447	0,4855	0,2780	0,6047
0,90	2,460	0,4066	1,027	1,433	0,7163	1,396	0,4449	0,2661	0,6319
0,95	2,586	0,3867	1,099	1,486	0,7398	1,352	0,4056	0,2541	0,6579
1,00	2,718	0,3679	1,175	1,543	0,7616	1,313	0,3679	0,2420	0,6827
1,05	2,858	0,3499	1,254	1,604	0,7818	1,279	0,3320	0,2299	0,7063
1,10	3,004	0,3329	1,336	1,669	0,8005	1,249	0,2982	0,2179	0,7287
1,15	3,158	0,3166	1,421	1,737	0,8178	1,223	0,2665	0,2059	0,7499
1,20	3,320	0,3012	1,509	1,811	0,8337	1,200	0,2369	0,1942	0,7699
1,25	3,490	0,2865	1,602	1,888	0,8483	1,179	0,2096	0,1826	0,7887
1,30	3,669	0,2725	1,698	1,971	0,8617	1,160	0,1845	0,1714	0,8064
1,35	3,857	0,2592	1,799	2,058	0,8741	1,144	0,1616	0,1604	0,8230
1,40	4,055	0,2466	1,904	2,151	0,8854	1,129	0,1409	0,1497	0,8385
1,45	4,263	0,2346	2,014	2,249	0,8957	1,116	0,1222	0,1394	0,8529
1,50	4,482	0,2231	2,129	2,352	0,9051	1,105	0,1054	0,1295	0,8664
1,55	4,711	0,2122	2,250	2,462	0,9138	1,094	0,09049	0,1200	0,8789
1,60	4,953	0,2019	2,376	2,577	0,9217	1,085	0,07730	0,1109	0,8904
1,65	5,207	0,1920	2,507	2,700	0,9289	1,077	0,06571	0,1023	0,9011
1,70	5,474	0,1827	2,646	2,828	0,9354	1,069	0,05558	0,09405	0,9109
1,75	5,755	0,1738	2,790	2,964	0,9414	1,062	0,04677	0,08628	0,9199
1,80	6,050	0,1653	2,942	3,107	0,9468	1,056	0,03916	0,07895	0,9281
1,85	6,360	0,1572	3,101	3,259	0,9517	1,051	0,03263	0,07206	0,9357
1,90	6,686	0,1496	3,268	3,418	0,9562	1,046	0,02705	0,06562	0,9426
1,95	7,029	0,1423	3,443	3,585	0,9603	1,041	0,02231	0,05959	0,9488

Erläuterungen:

Vgl. Formelteile 6.2.5. (Definition und Näherungswert von e)
15.2. (Hyperbelfunktionen)
16.3. (Wahrscheinlichkeitsrechnung)

3 bedeutet: Ziffer 3 ist aufgerundet.

e-Funktionswerte (Fortsetzung)

x	e^x	e^{-x}	sinh x	cosh x	tanh x	coth x	e^{-x^2}	$\varphi(x)$	$J(x)$
2,00	7,389	0,1353	3,627	3,762	0,9640	1,037	0,01832	0,05399	0,9545
2,05	7,768	0,1287	3,820	3,948	0,9674	1,034	0,01496	0,04879	0,9596
2,10	8,166	0,1225	4,022	4,144	0,9705	1,030	0,01216	0,04398	0,9643
2,15	8,585	0,1165	4,234	4,351	0,9732	1,028	0,009828	0,03955	0,9684
2,20	9,025	0,1108	4,457	4,568	0,9757	1,025	0,007907	0,03547	0,9722
2,25	9,488	0,1054	4,691	4,797	0,9780	1,022	0,006330	0,03174	0,9756
2,30	9,974	0,1003	4,937	5,037	0,9801	1,020	0,005042	0,02833	0,9786
2,35	10,49	0,09537	5,195	5,290	0,9820	1,018	0,003996	0,02522	0,9812
2,40	11,02	0,09072	5,466	5,557	0,9837	1,017	0,003151	0,02239	0,9836
2,45	11,59	0,08629	5,751	5,837	0,9852	1,015	0,002473	0,01984	0,9857
2,50	12,18	0,08208	6,050	6,132	0,9866	1,014	0,001930	0,01753	0,9876
2,55	12,81	0,07808	6,365	6,443	0,9879	1,012	0,001500	0,01545	0,9892
2,60	13,46	0,07427	6,695	6,769	0,9890	1,011	0,001159	0,01358	0,9907
2,65	14,15	0,07065	7,042	7,112	0,9901	1,010	0,0008916	0,01191	0,9920
2,70	14,88	0,06721	7,406	7,473	0,9910	1,009	0,0006823	0,01042	0,9931
2,75	15,64	0,06393	7,789	7,853	0,9919	1,008	0,0005196	0,009094	0,9940
2,80	16,44	0,06081	8,192	8,253	0,9926	1,007	0,0003937	0,007915	0,9949
2,85	17,29	0,05784	8,615	8,673	0,9933	1,007	0,0002968	0,006873	0,9956
2,90	18,17	0,05502	9,060	9,115	0,9940	1,006	0,0002226	0,005953	0,9963
2,95	19,11	0,05234	9,527	9,579	0,9945	1,005	0,0001662	0,005143	0,9968
3,00	20,09	0,04979	10,02	10,07	0,9951	1,005	0,0001234	0,004432	0,9973
3,05	21,12	0,04736	10,53	10,58	0,9955	1,004	0,00009120	0,003810	0,9977
3,10	22,20	0,04505	11,08	11,12	0,9959	1,004	0,00006705	0,003267	0,9981
3,15	23,34	0,04285	11,65	11,69	0,9963	1,004	0,00004906	0,002794	0,9984
3,20	24,53	0,04076	12,25	12,29	0,9967	1,003	0,00003571	0,002384	0,9986
3,25	25,79	0,03877	12,88	12,91	0,9970	1,003	0,00002587	0,002029	0,9988
3,30	27,11	0,03688	13,54	13,57	0,9973	1,003	0,00001864	0,001723	0,9990
3,35	28,50	0,03508	14,23	14,27	0,9975	1,002	0,00001337	0,001459	0,9992
3,40	29,96	0,03337	14,97	15,00	0,9978	1,002	0,00000954	0,001232	0,9993
3,45	31,50	0,03175	15,73	15,77	0,9980	1,002	0,00000677	0,001038	0,9994
3,50	33,12	0,03020	16,54	16,57	0,9982	1,002	0,00000479	0,0008727	0,9995
3,55	34,81	0,02872	17,39	17,42	0,9984	1,002	0,00000336	0,0007317	0,9996
3,60	36,60	0,02732	18,29	18,31	0,9985	1,001	0,00000235	0,0006119	0,9997
3,65	38,47	0,02599	19,22	19,25	0,9986	1,001	0,00000164	0,0005105	0,9997
3,70	40,45	0,02472	20,21	20,24	0,9988	1,001	0,00000113	0,0004248	0,9998
3,75	42,52	0,02352	21,25	21,27	0,9989	1,001	0,00000078	0,0003526	0,9998
3,80	44,70	0,02237	22,34	22,36	0,9990	1,001	0,00000054	0,0002919	0,9999
3,85	46,99	0,02128	23,49	23,51	0,9991	1,001	0,00000037	0,0002411	0,9999
3,90	49,40	0,02024	24,69	24,71	0,9992	1,001	0,00000025	0,0001987	0,9999
3,95	51,94	0,01925	25,96	25,98	0,9993	1,001	0,00000017	0,0001633	0,9999

Dichte der Normalverteilung (siehe auch S. 159) $\varphi(x) = \dfrac{1}{\sqrt{2\pi}} \cdot e^{\frac{-x^2}{2}}$

Wahrscheinlichkeitsintegral (siehe auch S. 162) $J(x) = \dfrac{1}{\sqrt{2\pi}} \cdot \int\limits_{-x}^{+x} e^{\frac{-t^2}{2}} dt$

e-Funktionswerte (Fortsetzung)

x	e^x	e^{-x}	sinh x	cosh x	tanh x	coth x	e^{-x^2}	$\varphi(x)$	$J(x)$
4,0	54,60	0,01832	27,29	27,31	0,9993	1,001	0,00000011	0,0001338	0,9999
4,1	60,34	0,01657	30,16	30,18	0,9995	1,001	0,00000005	0,00008926	1,000
4,2	66,69	0,01500	33,34	33,35	0,9996	1,000	0,00000002	0,00005894	1,000
4,3	73,70	0,01357	36,84	36,86	0,9996	1,000	0,00000000	0,00003854	1,000
4,4	81,45	0,01228	40,72	40,73	0,9997	1,000	0,00000000	0,00002494	1,000
4,5	90,02	0,01111	45,00	45,01	0,9998	1,000	0,00000000	0,00001598	1,000
4,6	99,48	0,01005	49,74	49,75	0,9998	1,000	0,00000000	0,00001014	1,000
4,7	109,9	0,009095	54,97	54,98	0,9998	1,000	0,00000000	0,00000637	1,000
4,8	121,5	0,008230	60,75	60,76	0,9999	1,000	0,00000000	0,00000396	1,000
4,9	134,3	0,007447	67,14	67,15	0,9999	1,000	0,00000000	0,00000244	1,000
5,0	148,4	0,006738	74,20	74,21	0,9999	1,000	0,00000000	0,00000149	1,000
5,5	244,7	0,004087	122,3	122,3					
6,0	403,4	0,002479	201,7	201,7					
6,5	665,1	0,001503	332,6	332,6					
7,0	1097	0,0009119	548,3	548,3					
7,5	1808	0,0005531	904,0	904,0					
8,0	2981	0,0003355	1490	1490					
8,5	4915	0,0002035	2457	2457					
9,0	8103	0,0001234	4052	4052					
9,5	13360	0,00007485	6680	6680					
10,0	22026	0,00004540	11013	11013					

Definitionen:

$$\sinh x = \frac{e^x - e^{-x}}{2}$$

$$\cosh x = \frac{e^x + e^{-x}}{2}$$

$$\tanh x = \frac{e^x - e^{-x}}{e^x + e^{-x}}$$

$$\coth x = \frac{e^x + e^{-x}}{e^x - e^{-x}}$$

Fakultäten n! n = 0, ..., 75

n	n!	exp	n	n!	exp	n	n!	exp	n	n!	exp	n	n!	exp
1	1	0	16	2,09228	13	31	8,22284	33	46	5,50262	57	61	5,07580	83
2	2	0	17	3,55687	14	32	2,63131	35	47	2,58623	59	62	3,14700	85
3	6	0	18	6,40237	15	33	8,68332	36	48	1,24139	61	63	1,98261	87
4	2,4	1	19	1,21645	17	34	2,95233	38	49	6,08282	62	64	1,26887	89
5	1,20	2	20	2,43290	18	35	1,03331	40	50	3,04141	64	65	8,24765	90
6	7,20	2	21	5,10909	19	36	3,71993	41	51	1,55112	66	66	5,44345	92
7	5,040	3	22	1,12400	21	37	1,37638	43	52	8,06582	67	67	3,64711	94
8	4,0320	4	23	2,58520	22	38	5,23023	44	53	4,27488	69	68	2,48004	96
9	3,62880	5	24	6,20448	23	39	2,03979	46	54	2,30844	71	69	1,71122	98
10	3,62880	6	25	1,55112	25	40	8,15915	47	55	1,26964	73	70	1,19786	100
11	3,99168	7	26	4,03291	26	41	3,34525	49	56	7,10999	74	71	8,50479	101
12	4,79002	8	27	1,08889	28	42	1,40501	51	57	4,05269	76	72	6,12345	103
13	6,22702	9	28	3,04888	29	43	6,04153	52	58	2,35056	78	73	4,47012	105
14	8,71783	10	29	8,84176	30	44	2,65827	54	59	1,38683	80	74	3,30789	107
15	1,30767	12	30	2,65253	32	45	1,19622	56	60	8,32099	81	75	2,48091	109

Erläuterung: Fett gedruckte Zahlen sind genau.

Dichte der Normalverteilung $\varphi(x) = \dfrac{1}{\sqrt{2\pi}} e^{-\frac{1}{2}x^2}$

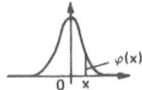

x	0	1	2	3	4	5	6	7	8	9
0,0	0, 39894	39892	39886	39876	39862	39844	39822	39797	39767	39733
0,1	39695	39654	39608	39559	39505	39448	39387	39322	39253	39181
0,2	39104	39024	38940	38853	38762	38667	38568	38466	38361	38251
0,3	38139	38023	37903	37780	37654	37524	37391	37255	37115	36973
0,4	36827	36678	36526	36371	36213	36053	35889	35723	35553	35381
0,5	35207	35029	34849	34667	34482	34294	34105	33912	33718	33521
0,6	33322	33121	32918	32713	32506	32297	32086	31874	31659	31443
0,7	31225	31006	30785	30563	30339	30114	29887	29658	29430	29200
0,8	28969	28737	28504	28269	28034	27798	27562	27324	27086	26848
0,9	26609	26369	26129	25888	25647	25406	25164	24923	24681	24439
1,0	24197	23955	23713	23471	23230	22988	22747	22506	22265	22025
1,1	21785	21546	21307	21069	20831	20594	20357	20121	19886	19652
1,2	19419	19186	18954	18724	18494	18265	18037	17810	17585	17360
1,3	17137	16915	16694	16474	16256	16038	15822	15608	15395	15183
1,4	14973	14764	14556	14350	14146	13943	13742	13542	13344	13147
1,5	12952	12758	12566	12376	12188	12001	11816	11632	11450	11270
1,6	11092	10915	10741	10567	10396	10226	10059	098925	097282	095657
1,7	0,0 94049	92459	90887	89333	87796	86277	84776	83293	81828	80380
1,8	78950	77538	76143	74766	73407	72065	70740	69433	68144	66871
1,9	65616	64378	63157	61952	60765	59595	58441	57304	56183	55079
2,0	53991	52919	51864	50824	49800	48792	47800	46823	45861	44915
2,1	43984	43067	42166	41280	40408	39550	38707	37878	37063	36262
2,2	35475	34701	33941	33194	32460	31740	31032	30337	29655	28985
2,3	28327	27682	27048	26426	25817	25218	24631	24056	23491	22937
2,4	22395	21862	21341	20829	20328	19837	19356	18885	18423	17971
2,5	17528	17095	16670	16254	15848	15449	15060	14678	14305	13940
2,6	13583	13234	12892	12558	12232	11912	11600	11295	10997	10706
2,7	10421	10143	098712	096058	093466	090936	088465	086052	083697	081398
2,8	0,00 79155	76965	74829	72744	70711	68728	66793	64907	63067	61274
2,9	59525	57821	56160	54541	52963	51426	49929	48470	47050	45666
3,0	44318	43007	41729	40486	39276	38098	36951	35836	34751	33695
3,1	32668	31669	30698	29754	28835	27943	27075	26231	25412	24615
3,2	23841	23089	22358	21649	20960	20290	19641	19010	18397	17803
3,3	17226	16666	16122	15595	15084	14587	14106	13639	13187	12748
3,4	12322	11910	11510	11122	10747	10383	10030	096886	093577	090372
3,5	0,000 87268	84263	81352	78534	75807	73166	70611	68138	65745	63430
3,6	61190	59024	56928	54901	52941	51046	49214	47443	45731	44077
3,7	42478	40933	39440	37998	36605	35260	33960	32705	31494	30324
3,8	29195	28105	27053	26037	25058	24113	23201	22321	21473	20655
3,9	19866	19105	18371	17664	16983	16326	15693	15083	14495	13928
4,0	13383	12858	12352	11864	11395	10943	10509	10090	096870	092993
4,1	0,000 0 89262	85672	82218	78895	75700	72626	69670	66828	64095	61468
4,2	58943	56516	54183	51942	49788	47719	45731	43821	41988	40226
4,3	38535	36911	35353	33856	32420	31041	29719	28449	27231	26063
4,4	24942	23868	22837	21848	20900	19992	19121	18286	17486	16719

Binomialverteilung kumulativ

$$\sum_{i=0}^{k} \binom{n}{i} p^i (1-p)^{n-i}$$

n	k \ p	0,05	0,10	0,15	0,20	0,25	0,30	0,35	0,40	0,45	0,50	
3	0	0,85738	72900	61412	51200	42188	34300	27463	21600	16637	12500	2
	1	0,99275	97200	93925	89600	84375	78400	71825	64800	57475	50000	1
	2	0,99988	99900	99662	99200	98437	97300	95712	93600	90887	87500	0
4	0	0,81451	65610	52201	40960	31641	24010	17851	12960	09151	06250	3
	1	0,98598	94770	89048	81920	73828	65170	56298	47520	39098	31250	2
	2	0,99952	99630	98802	97280	94922	91630	87352	82080	75852	68750	1
	3	0,99999	99990	99949	99840	99609	99190	98499	97440	95899	93750	0
5	0	0,77378	59049	44371	32768	23730	16807	11603	07776	05033	03125	4
	1	0,97741	91854	83521	73728	63281	52822	42841	33696	25622	18750	3
	2	0,99884	99144	93739	94208	89648	83692	76483	68256	59313	50000	2
	3	0,99997	99954	99777	99328	98437	96922	94598	91296	86878	81250	1
	4		99999	99992	99968	99902	99757	99475	98976	98155	96875	0
6	0	0,73509	53144	37715	26214	17798	11765	07542	04666	02768	01563	5
	1	0,96723	88573	77648	65536	53394	42017	31908	23328	16357	10938	4
	2	0,99777	98415	95266	90112	83057	74431	64709	54432	44152	34375	3
	3	0,99991	99873	99411	98304	96240	92953	88258	82080	74474	65625	2
	4		99994	99960	99840	99536	98906	97768	95904	93080	89063	1
	5			99999	99994	99976	99927	99816	99590	99170	98438	0
7	0	0,69834	47830	32058	20972	13348	08235	04902	02799	01522	00781	6
	1	0,95562	85031	71658	57672	44495	32942	23380	15863	10242	06250	5
	2	0,99624	97431	92623	85197	75641	64707	53228	41990	31644	22656	4
	3	0,99981	99727	98790	96666	92944	87396	80015	71021	60829	50000	3
	4	0,99999	99982	99878	99533	98712	97120	94439	90374	84707	77344	2
	5		99999	99993	99963	99866	99621	99099	98116	96429	93750	1
	6				99999	99994	99978	99936	99836	99626	99219	0
8	0	0,66342	43047	27249	16777	10011	05765	03186	01680	00837	00391	7
	1	0,94276	81310	65718	50332	36708	25530	16913	10638	06318	03516	6
	2	0,99421	96191	89479	79692	67854	55177	42781	31539	22013	14453	5
	3	0,99963	99498	97865	94372	88618	80590	70640	59409	47696	36328	4
	4	0,99998	99998	99715	98959	97270	94203	89391	82633	73962	63672	3
	5			99976	99877	99577	98871	97468	95019	91154	85547	2
	6			99999	99992	99962	99871	99643	99148	98188	96484	1
	7					99998	99993	99977	99934	99832	99609	0
9	0	0,63025	38742	23162	13422	07508	04035	02071	01008	00461	00195	8
	1	0,92879	77484	59948	43621	30034	19600	12109	07054	03852	01953	7
	2	0,99164	94703	85915	73820	60068	46283	33727	23179	14950	08984	6
	3	0,99936	99167	96607	91436	83427	72966	60889	48261	36138	25391	5
	4	0,99997	99911	99437	98042	95107	90119	82828	73343	62142	50000	4
	5		99994	99937	99693	99001	97471	94641	90065	83418	74609	3
	6			99995	99969	99866	99571	98882	97497	95023	91016	2
	7				99998	99989	99957	99860	99620	99092	98047	1
	8						99998	99992	99974	99924	99805	0
n		0,95	0,90	0,85	0,80	0,75	0,70	0,65	0,60	0,55	0,50	k / p

$$1 - \sum_{i=0}^{k} \binom{n}{i} p^i (1-p)^{n-i} = \sum_{i=k+1}^{n} \binom{n}{i} p^i (1-p)^{n-i}$$

Fehlende Zahlen sind größer als 0,999995 oder kleiner als 0,000005.

Binomialverteilung kumulativ (Fortsetzung)

$$\sum_{i=0}^{k} \binom{n}{i} p^i (1-p)^{n-i}$$

n	k	0,05	0,10	0,15	0,20	0,25	0,30	0,35	0,40	0,45	0,50	
10	0	0,59874	34868	19687	10737	05631	02825	01346	00605	00253	00098	9
	1	0,91386	73610	54430	37581	24403	14931	08595	04636	02326	01074	8
	2	0,98850	92981	82020	67780	52559	38278	26161	16729	09956	05469	7
	3	0,99897	98720	95003	87913	77588	64961	51383	38228	26604	17188	6
	4	0,99994	99837	99013	96721	92187	84973	75150	63310	50440	37695	5
	5		99985	99862	99363	98027	95265	90507	83376	73844	62305	4
	6		99999	99987	99914	99649	98941	97398	94524	89801	82813	3
	7			99999	99992	99958	99841	99518	98771	97261	94531	2
	8					99997	99986	99946	99832	99550	98926	1
	9						99999	99997	99990	99966	99902	0
15	0	0,46329	20589	08735	03518	01336	00475	00156	00047	00013	00003	14
	1	0,82905	54904	31859	16713	08018	03527	01418	00517	00169	00049	13
	2	0,96380	81594	60423	39802	23609	12683	06173	02711	01065	00369	12
	3	0,99453	94444	82266	64816	46129	29687	17270	09050	04242	01758	11
	4	0,99939	98728	93829	83577	68649	51549	35194	21728	12040	05923	10
	5	0,99995	99775	98319	93895	85163	72162	56428	40322	26076	15088	9
	6		99969	99639	98194	94338	86886	75484	60981	45216	30362	8
	7		99997	99939	99576	98270	94999	88677	78690	65350	50000	7
	8			99992	99922	99581	98476	95781	90495	81824	69638	6
	9			99999	99989	99921	99635	98756	96617	92307	84912	5
	10				99999	99988	99933	99717	99005	97453	94077	4
	11					99999	99991	99952	99807	99367	98242	3
	12						99999	99994	99972	99889	99631	2
	13								99997	99988	99951	1
	14									99999	99997	0
20	0	0,35849	12158	03876	01153	00317	00080	00018	00004	00001	00000	19
	1	0,73584	39175	17556	06918	02431	00764	00213	00052	00011	00002	18
	2	0,92452	67693	40490	20608	09126	03548	01212	00361	00093	00020	17
	3	0,98410	86705	64773	41145	22516	10709	04438	01596	00493	00129	16
	4	0,99743	95683	82985	62965	41484	23751	11820	05095	01886	00591	15
	5	0,99967	98875	93269	80421	61717	41637	24540	12560	05533	02069	14
	6	0,99997	99761	97806	91331	78578	60801	41663	25001	12993	05766	13
	7		99958	99408	96786	89819	77227	60103	41589	25201	13159	12
	8		99994	99867	99002	95907	88667	76238	59560	41431	25172	11
	9		99999	99975	99741	98614	95204	87822	75534	59136	41190	10
	10			99996	99944	99606	98286	94683	87248	75071	58810	9
	11				99990	99906	99486	98042	94347	86924	74828	8
	12				99998	99982	99872	99398	97897	94197	86841	7
	13					99997	99974	99848	99353	97859	94234	6
	14						99996	99969	99839	99357	97931	5
	15						99999	99995	99968	99847	99409	4
	16							99999	99995	99972	99871	3
	17								99999	99996	99980	2
	18										99998	1
	19											0
n		0,95	0,90	0,85	0,80	0,75	0,70	0,65	0,60	0,55	0,50	p / k

$$1 - \sum_{i=0}^{k} \binom{n}{i} p^i (1-p)^{n-i} = \sum_{i=k+1}^{n} \binom{n}{i} p^i (1-p)^{n-i}$$

Fehlende Zahlen sind größer als 0,999995 oder kleiner als 0,000005.

Normalverteilung $\Phi(x) = \frac{1}{\sqrt{2\pi}} \int_{-\infty}^{x} e^{-\frac{1}{2}t^2}\,dt$

x	0	1	2	3	4	5	6	7	8	9
0,0	0, 50000	50399	50798	51197	51595	51994	52392	52790	53188	53586
0,1	53983	54380	54776	55172	55567	55962	56356	56749	57142	57535
0,2	57926	58317	58706	59095	59483	59871	60257	60642	61026	61409
0,3	61791	62172	62552	62930	63307	63683	64058	64431	64803	65173
0,4	65554	65910	66276	66640	67003	67364	67724	68082	68439	68793
0,5	69146	69497	69847	70194	70450	70884	71226	71566	71904	72240
0,6	72575	72907	73237	73565	73891	74215	74537	74857	75175	75490
0,7	75804	76115	76424	76730	77035	77337	77637	77935	78230	78524
0,8	78814	79103	79389	79673	79955	80234	80511	80785	81057	81327
0,9	81594	81859	82121	82381	82639	82894	83147	83398	83646	83891
1,0	84134	84375	84614	84850	85083	85313	85543	85769	85993	86214
1,1	86433	86650	86864	87076	87286	87493	87698	87900	88100	88298
1,2	88493	88686	88877	89065	89251	89435	89617	89796	89973	901475
1,3	0,9 03200	04902	06582	08241	09877	11492	13085	14657	16207	17736
1,4	19243	20730	22196	23641	25066	26471	27855	29219	30563	31888
1,5	33193	34478	35745	36992	38220	39429	40620	41792	42947	44083
1,6	45201	46301	47384	48449	49497	50529	51543	52540	53521	54486
1,7	55435	56367	57284	58185	59070	59941	60796	61636	62462	63273
1,8	64070	64852	65620	66375	67116	67843	68557	69258	69946	70621
1,9	71283	71933	72571	73197	73810	74412	75002	75581	76148	76705
2,0	77250	77784	78308	78822	79325	79818	80301	80774	81237	81691
2,1	82136	82571	82997	83414	83823	84222	84614	84997	85371	85738
2,2	86097	86447	86791	87126	87455	87776	88089	88396	88696	88989
2,3	89276	89556	89830	900969	903581	906133	908625	911060	913437	915758
2,4	0,99 18025	20237	22397	24506	26564	28572	30531	32443	34309	36128
2,5	37903	39634	41323	42969	44574	46139	47664	49151	50600	52012
2,6	53388	54729	56035	57308	58547	59754	60930	62074	63189	64274
2,7	65330	66358	67359	68333	69280	70202	71099	71972	72821	73646
2,8	74449	75229	75988	76726	77443	78140	78818	79476	80116	80738
2,9	81342	81929	82498	83052	83589	84111	84618	85110	85588	86051
3,0	86501	86938	87361	87772	88171	88558	88933	89297	89650	89992
3,1	0,999 03240	06456	09574	12597	15526	18365	21115	23781	26362	28864
3,2	31286	33633	35905	38105	40235	42297	44294	46226	48096	49906
3,3	51658	53352	54991	56577	58111	59594	61029	62416	63757	65054
3,4	66307	67519	68689	69821	70914	71971	72991	73977	74929	75849
3,5	76737	77595	78423	79222	79994	80738	81457	82151	82820	83466
3,6	84089	84690	85270	85829	86368	86888	87389	87872	88338	88787
3,7	89220	89637	900389	904260	907990	911583	915043	918376	921586	924676
3,8	0,999 9 27652	30517	33274	35928	38483	40941	43306	45582	47772	49878
3,9	51904	53852	55726	57527	59259	60924	62525	64064	65542	66963
4,0	68329	69641	70901	72112	73274	74391	75464	76493	77482	78431
4,1	79342	80217	81056	81862	82635	83376	84088	84770	85425	86052
4,2	86654	87231	87785	88315	88824	89311	89779	902264	906553	910663
4,3	0,999 99 14601	18373	21985	25445	28759	31931	34969	37877	40660	43325
4,4	45875	48315	50650	52883	55021	57065	59020	60890	62678	64388

Physikalische Größen und Formeln

Basisgrößen, Basiseinheiten

Größen	Einheit	Definition der Basiseinheit[1]
Länge l	1 m (Meter)	1 m ist das 1 650 763,73-fache der Wellenlänge der von Atomen des Nuklids ^{86}Kr beim Übergang vom Zustand $5d_5$ zum Zustand $2p_{10}$ im Vakuum ausgesandten Strahlung.
Masse m	1 kg (Kilogramm)	1 kg ist die Masse des Internationalen Kilogrammprototyps.
Zeit t	1 s (Sekunde)	1 s ist das 9 192 631 770-fache der Periodendauer der dem Übergang zwischen den beiden Hyperfeinstrukturniveaus des Grundzustandes von Atomen des Nuklids ^{133}Cs entsprechenden Strahlung.
Stromstärke I	1 A (Ampere)	1 A ist die Stärke eines konstanten Gleichstromes, der durch zwei im Abstand von 1 m parallele, geradlinige, unendlich lange, vernachlässigbar dünne Leiter im Vakuum fließt und zwischen diesen eine Kraft von $2 \cdot 10^{-7}$ N je Meter Länge hervorruft.
Temperatur ϑ	1 K (Kelvin)	1 K ist der 273,16te Teil der thermodynamischen Temperatur des Tripelpunktes des Wassers.
Stoffmenge	1 mol	1 mol ist die Stoffmenge eines Systems bestimmter Zusammensetzung, das aus ebenso vielen Teilchen besteht, wie Atome in 0,012 kg des Nuklids ^{12}C enthalten sind.
Lichtstärke	1 cd (Candela)	1 cd ist die Lichtstärke, mit der $1,\overline{6} \cdot 10^{-6}$ m^2 der Oberfläche eines Schwarzen Strahlers bei der Temperatur des beim Druck 101 325 N/m^2 erstarrenden Platins senkrecht zu seiner Oberfläche leuchtet.

[1] Nach „Gesetz über Einheiten im Meßwesen" vom 2.7.69/72 (verkürzt)

Umrechnung der SI-Einheiten in einige noch gebrauchte Einheiten[2]

Geschwindigkeit:	1 m/s = 3,6 km/h;	1 km/h = 0,2778 m/s		
Kraft:	1 N = 0,102 kp;	1 kp = 9,80665 N		

Energie:	J	kp m	kcal	eV
1 J = 1 Nm = 1 W s =	1	0,102	$2,39 \cdot 10^{-4}$	$6,24 \cdot 10^{18}$
1 kp m =	9,80665	1	$2,34 \cdot 10^{-3}$	$6,12 \cdot 10^{19}$
1 kcal =	$4,19 \cdot 10^{3}$	427	1	$2,61 \cdot 10^{22}$
1 eV =	$1,602 \cdot 10^{-19}$	$1,63 \cdot 10^{-20}$	$3,83 \cdot 10^{-23}$	1

Leistung:	1 W = $1,36 \cdot 10^{-3}$ PS;	1 PS = 736 W	

Druck:	N/m^2	at	Torr
1 N/m^2 = 10^{-2} mbar = 1 Pa =	1	$1,02 \cdot 10^{-5}$	$7,50 \cdot 10^{-3}$
1 at = 1 kp/cm^2 =	$9,80665 \cdot 10^{4}$	1	736
1 Torr = 1 mm Hg = $\frac{1}{760}$ atm =	133,3	$1,36 \cdot 10^{-3}$	1

[2] Die farbigen Zahlen sind genau.

Weitere Größen, Einheiten, Formeln, Gesetze

Lineare Bewegung, Druck, Energie, Gravitation

Geschwindigkeit	$\vec{v}$	1 m/s	$\vec{v} = \dfrac{d\vec{s}}{dt}$; $\vec{v}$ konstant: $\vec{s} = \vec{v} \cdot t$
Beschleunigung	$\vec{a}$	1 m/s²	$\vec{a} = \dfrac{d\vec{v}}{dt}$; $\vec{a}$ konstant: $\vec{s} = \dfrac{\vec{a}}{2} \cdot t^2$, $\vec{v} = \vec{a} \cdot t$, $v = \sqrt{2 a \cdot s}$
Kraft	$\vec{F}$	1 kg m/s² = 1 N (Newton)	$\vec{F} = m \cdot \vec{a}$
Druck	p	1 N/m² = 1 Pa (Pascal)	$p = \dfrac{F}{A}$
Arbeit	W	1 N m = 1 J (Joule)	$W = \vec{F} \cdot \vec{s} = F \cdot s \cdot \cos\alpha = \dfrac{1}{2} m \cdot v^2$ ($\alpha = \measuredangle\,(\vec{F}, \vec{s})$)
Leistung	P	1 N m/s = 1 W (Watt)	$P = \dfrac{W}{t}$
Energie	W	1 N m = 1 J (Joule)	$W_{pot} = m \cdot g \cdot h$; $W_{kin} = \dfrac{1}{2} m \cdot v^2$; $W_{spann} = \dfrac{1}{2} D \cdot l^2$
Impuls	$\vec{p}$	1 kg m/s	$\vec{p} = m \cdot \vec{v}$; $\vec{F} = \dfrac{d\vec{p}}{dt}$
Gravitationsgesetz			$F = \gamma \cdot \dfrac{M \cdot m}{r^2}$

Kreisbewegung

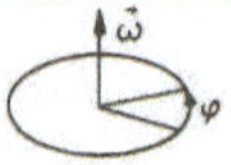

Umlaufzeit	T	1 s	
Frequenz	f	1 s⁻¹ = 1 Hz (Hertz)	$f = \dfrac{1}{T} = \dfrac{n}{t}$
Winkelgeschwindigkeit (Kreisfrequenz)	$\vec{\omega}$	1 Hz	$\omega = \dfrac{d\varphi}{dt}$; $\vec{\omega}$ konstant: $\omega = \dfrac{\varphi}{t} = \dfrac{2\pi}{T} = 2\pi f$
Winkelbeschleunigung	$\vec{\beta}$	1 s⁻² = 1 Hz²	$\vec{\beta} = \dfrac{d\vec{\omega}}{dt}$; $\vec{\beta}$ konstant: $\varphi = \dfrac{1}{2}\beta \cdot t^2$
Bahngeschwindigkeit	$\vec{v}$	1 m/s	$\vec{v} = \vec{\omega} \times \vec{r}$, $v = \dfrac{2\pi r}{T} = 2\pi r \cdot f = r \cdot \omega$
Zentralbeschleunigung	$\vec{a}$	1 m/s²	$\vec{a} = -\dfrac{v^2}{r^2} \cdot \vec{r}$
Zentralkraft	$\vec{Z}$	1 N	$\vec{Z} = m \cdot \vec{a} = -m \cdot \dfrac{v^2}{r^2} \cdot \vec{r}$
Energie	W	1 J	$W_{rot} = \dfrac{1}{2} m \cdot r^2 \cdot \omega^2 = \dfrac{1}{2} J \cdot \omega^2$
Trägheitsmoment	J	1 kg m²	$J = m \cdot r^2 \left(= \displaystyle\int_{r=r_1}^{r=r_2} r^2\,dm\right)$
Drehimpuls	$\vec{b}$	1 kg m²/s	$\vec{b} = J \cdot \vec{\omega}$
Drehmoment	$\vec{M}$	1 kg m²/s²	$\vec{M} = \vec{r} \times \vec{F} = \dfrac{d\vec{b}}{dt}$; $\vec{M} = J \cdot \vec{\beta}$

Schwingungen

Harmonische Schwingungen			$y = r \sin \omega t;\ v = r \cdot \omega \cos \omega t;$ $a = -r \cdot \omega^2 \sin \omega t = -\omega^2 \cdot y$
Differentialgleichung			$m \cdot \ddot{y} + D \cdot y = 0;\ \omega = \dfrac{2\pi}{T} = \sqrt{\dfrac{D}{m}}\ \left(\text{Pendel:} = \sqrt{\dfrac{g}{l}}\right)$
Energie	W	1 J	$W = \tfrac{1}{2} D \cdot r^2$
Wellengleichung			$y = r \sin 2\pi \left(\dfrac{t}{T} - \dfrac{x}{\lambda}\right)$
Wellenlänge	λ	1 m	$\lambda = v \cdot T$ (v: Ausbreitungsgeschw. der Welle)

Thermodynamik

Längenausdehnungskoeffizient	α	1 K^{-1}	$\alpha = \dfrac{\Delta l}{\Delta \vartheta} \cdot \dfrac{1}{l_0};\ l = l_0 \cdot (1 + \alpha \cdot \vartheta)$
Raumausdehnung			$V = V_0 \cdot (1 + \beta \cdot \vartheta);\ \beta = 3\alpha$
Raumausdehnung für Gase			$V = V_0 \cdot \left(1 + \dfrac{\vartheta}{273}\right),$ falls p konstant
Wärmemenge	Q	1 J	
spez. Wärme	c	1 J/kg K	$c = \dfrac{\Delta Q}{\Delta \vartheta} \cdot \dfrac{1}{m};\ c_v$: V konstant; c_p: p konstant
Gasgleichung für ideale Gase			$\dfrac{p \cdot V}{T} = \dfrac{p_0 \cdot V_0}{T_0} = n \cdot R$ (n: Anzahl der Kilomole, R: Gaskonstante)
Gasgleichung für reale Gase (van-der-Waalssche Gleichung)			$\left(p + \dfrac{a}{V^2}\right) \cdot (V - n \cdot b) = n \cdot R \cdot T$ (a, b Eigenschaften des Gases, n: Anzahl der Kilomole, R: Gaskonstante)

Optik

Brechungsgesetz			$\dfrac{\sin \alpha}{\sin \beta} = \dfrac{c_1}{c_2} = \dfrac{n_2}{n_1}$ (n_1, n_2: Brechungsindex, c_1, c_2: Geschwindigkeit)
Linsengleichung			$\dfrac{1}{g} + \dfrac{1}{b} = \dfrac{1}{f}$ (g: Gegenstands-, b: Bild-, f: Brennweite)
Brechkraft	B	1 m^{-1} = 1 D (Dioptrie)	$B = \dfrac{1}{f};\ B = B_1 + B_2$ bei Hintereinanderschaltung von Linsen
Beugung am Spalt			Minima: $\sin \alpha = \dfrac{2n}{d} \cdot \dfrac{\lambda}{2}$ Maxima: $\sin \alpha = \dfrac{2n+1}{d} \cdot \dfrac{\lambda}{2}$ (d: Breite des Spaltes)
Beugung am Gitter			Maxima: $\sin \alpha = \dfrac{2n}{a} \cdot \dfrac{\lambda}{2}$ (a: Gitterkonstante) a = Abstand der Mitten der Öffnungen

Elektrisches Feld

Ladung	Q	1 A s = 1 C (Coulomb)	$Q = I \cdot t$
elektrische Feldstärke	$\vec{E}$	1 N/A s = 1 V/m	$\vec{E} = \frac{\vec{F}}{Q}$; um Punktladung: $\vec{E} = \frac{Q}{\epsilon_r \cdot \epsilon_0 \cdot 4\pi r^3} \cdot \vec{r}$
elektrische Verschiebungsdichte	$\vec{D}$	1 A s/m²	$D = \frac{Q}{A}$; $\vec{D} = \epsilon_r \cdot \epsilon_0 \cdot \vec{E}$ (ϵ_r: relative Dielektrizitätszahl, ϵ_0: el. Feldkonstante)
Spannung	U	1 N m/A s = 1 V (Volt)	$U = \frac{W}{Q} = \vec{E} \cdot \vec{d}$
Coulombsches Gesetz			$F = \frac{1}{4\pi\epsilon_0} \cdot \frac{Q_1 \cdot Q_2}{r^2}$
Kapazität	C	1 A s/V = 1 F (Farad)	$C = \frac{Q}{U} = \epsilon_r \cdot \epsilon_0 \cdot \frac{A}{d}$
Reihenschaltung von Kapazitäten			$\frac{1}{C} = \frac{1}{C_1} + \frac{1}{C_2} + \ldots$
Parallelschaltung von Kapazitäten			$C = C_1 + C_2 + \ldots$
Energie des Kondensators	W	1 A V s = 1 J	$W = \frac{1}{2} C \cdot U^2 = \frac{1}{2} Q \cdot U = \frac{1}{2} \frac{Q^2}{C}$

Magnetisches Feld

magnetische Feldstärke	$\vec{H}$	1 A/m	$H = I \cdot \frac{w}{l}$ (w: Windungszahl, l: Länge, I: Strom der Spule)
magnetische Flußdichte	$\vec{B}$	1 N/Am = 1 Vs/m² = 1 T (Tesla)	$B = \frac{F}{I \cdot l}$ (F: Kraft, I: Strom, l: Länge des Leiterstücks, $F \perp I \perp B \perp F$) $\vec{B} = \mu_r \cdot \mu_0 \cdot \vec{H}$ (μ_r: relative Permeabilität, μ_0: magnetische Feldkonstante)
Lorentzkraft	$\vec{F}$	1 N	$\vec{F} = Q \cdot \vec{v} \times \vec{B}$; $F = Q \cdot v \cdot B$ (falls $v \perp B$) (v: Geschwindigkeit von Q)
magnetischer Fluß	Φ	1 Vs = 1 Wb (Weber)	$\Phi = B \cdot A \cos\varphi$ (A: Fläche der Spule, $\varphi = \sphericalangle(\vec{A}, \vec{B})$)
Induktionsspannung	U	1 V	$U_{ind} = w \cdot \frac{d\Phi}{dt}$ (w: Anzahl der Windungen der Spule) $U_{ind} = B \cdot v \cdot L$ (v: Geschwindigkeit, L: Länge des bewegten Leiters)
Induktivität	L	1 V s/A = 1 Hy (Henry)	$L = \frac{U_{ind}}{\frac{dI}{dt}} = \mu_r \cdot \mu_0 \cdot \frac{w^2 \cdot A}{l}$
Energie der Spule	W	1 J	$W = \frac{1}{2} L \cdot I^2$

Stromkreis

Ohmsches Gesetz			$U \sim I$	
Ohmscher Widerstand	R_O	$1\frac{V}{A} = 1\,\Omega$	$R_O = \frac{U}{I} = \rho \cdot \frac{l}{A}$	(l: Länge, A: Querschnitt, ρ: spez. Widerstand des Drahtes)
Reihenschaltung			$R_O = R_{O1} + R_{O2}$;	$U_1 : U_2 = R_1 : R_2$
Parallelschaltung			$\frac{1}{R_O} = \frac{1}{R_{O1}} + \frac{1}{R_{O2}}$;	$I = I_1 + I_2$
Elektr. Arbeit	W	$1\,AVs = 1\,J$	$W = I \cdot U \cdot t$	
Wechselspannung	U	$1\,V$	$U = U_m \sin \omega t$;	$U_{eff} = \frac{U_m}{\sqrt{2}}$
Wechselstrom	I	$1\,A$	$I = I_m \sin \omega t$;	$I_{eff} = \frac{I_m}{\sqrt{2}}$
kapazitiver Widerstand	R_C	$1\,\Omega$	$R_C = \frac{1}{\omega \cdot C}$	
induktiver Widerstand	R_L	$1\,\Omega$	$R_L = \omega \cdot L$	
Gesamtwiderstand	R	$1\,\Omega$	$R = \sqrt{R_O^2 + (R_L - R_C)^2}$	
Phasenwinkel			$\tan \varphi = \frac{R_L - R_C}{R_O}$	
Leistung	P	$1\,AV = 1\,W$	$P = U_{eff} \cdot I_{eff} \cos \varphi$	
Differentialgleichung im Schwingkreis			$L \cdot \ddot{Q} + \frac{1}{C} \cdot Q = 0$	($\ddot{Q} = \dot{I}$)
Schwingungsdauer	T	$1\,s$	$T = 2\pi \sqrt{L \cdot C}$	

Atomphysik

Energie der Strahlung	W	$1\,J$	$W = h \cdot f$	(h: Plancksches Wirkungsquantum, f: Frequenz)
Wellenlänge (de Broglie)	λ	$1\,m$	$\lambda = \frac{h}{m \cdot v}$	(m: Masse, v: Geschwindigkeit des Teilchens)
Frequenz der von einem Atom ausgestrahlten Lichtquanten	f	$1\,Hz$	$f = c \cdot Ry \cdot \left(\frac{1}{m^2} - \frac{1}{n^2}\right)$ $n > m$; ganze Zahlen	(c: Lichtgeschwindigkeit)
Aktivität	A	$1\,s^{-1}$ $1\,Ci = 3{,}7 \cdot 10^{10}$ Zerfallsakte/s (Curie)	$A = \frac{dN}{dt}$	
Absorptionsgesetz Zerfallsgesetz			$N = N_0 \cdot e^{-kd}$ $N = N_0 \cdot e^{-\lambda t}$	(k: Absorptionskonstante) (λ: Zerfallskonstante)
Halbwertszeit	T_H	$1\,s$	$T_H = \frac{1}{\lambda} \ln 2$	($N = \frac{1}{2} N_0$)

Elektromagnetische Wellen

Stefan-Boltzmannsches Gesetz

$P = \sigma \cdot A \cdot T^4$ (σ: Strahlungskonstante;
P: Leistung, A: Fläche,
T: abs. Temperatur des Strahlers)

Wiensches Verschiebungsgesetz

$\lambda_{max} \cdot T = const.$ (λ_{max}: Maximum der Wellenlänge der Strahlung,
T: abs. Temperatur)

Lichtgeschwindigkeit im Vakuum

$$c_0 = \frac{1}{\sqrt{\mu_0 \cdot \epsilon_0}}$$

Skala des elektromagnetischen Spektrums ➡

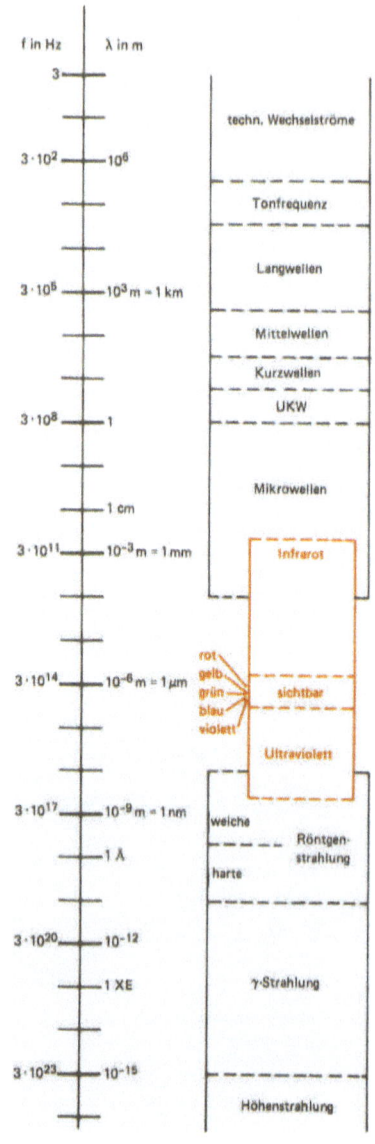

Druck des gesättigten Wasserdampfes		
ϑ °C	p 10^{-3} bar	Torr
-10	2,6	1,95
0	6,1	4,58
5	8,7	6,53
10	12,3	9,23
15	17,1	12,8
20	23,4	17,6
25	31,7	23,8
30	42,4	31,8
50	123,3	92,48
70	311,6	233,7
90	701,1	525,9
97	909,4	682,1
98	943,0	707,3
99	977,5	733,2
100	1013,2	760
110	1432	1074
120	1985	1489
150	4760	3570
200	15550	11660
300	85920	64450
374	220550	165400

Eigenschaften einiger Elemente	rel. Molekulargew.	Molvolumen bei 20 °C (*0 °C, 760 T.) m^3/kmol	spez. Wärme bei 20 °C (* c_p [1]) kcal/K kg
Al	27,0	0,010	0,214
Pb	207,2	0,024	0,031
Fe	55,8	0,0072	0,108
Diamant		0,0034	0,12
Graphit		0,0055	0,17
Cu	63,5	0,0071	0,092
Pt	195,2	0,0091	0,032
Ag	107,9	0,010	0,056
Si	28,1	0,012	0,168
U	238,1	0,013	0,028
Zn	65,4	0,0092	0,093
H_2O	18	0,018	0,999
C_6H_6	78	0,089	0,41
Hg	201	0,015	0,033
H_2	2,016	22,4 *	0,420*
He	4,003	22,4 *	1,250*
Ne	20,183	22,4 *	0,244*
N_2	28,015	22,4 *	0,248*
O_2	31,999	22,4 *	0,219*
CO_2	44,011	22,2 *	0,200*

[1]) bei konstantem Druck

Elektrochem. Äquivalente für 1 As	
	mg
Ag	1,1180
Al	0,0932
Cu	0,3293
Cl	0,367
H	0,01045
Hg	1,0395
Ni	0,305
O	0,08291

spez. Wärme c_v bei konst. Volumen kcal/K kg	
H_2	2,426
He	0,767
Ne	0,149
N_2	0,177
O_2	0,157
CO_2	0,155

Physikalische Konstanten

Fallbeschleunigung	$g = 9,80665$ m/s^2
Gravitationskonstante	$\gamma = 6,670 \cdot 10^{-11}$ N m^2/kg^2
Avogadro-Konstante	$N_A = 6,02252 \cdot 10^{26}$ 1/kmol
Gaskonstante	$R = 8,3143 \cdot 10^3$ J/K · kmol
Boltzmannsche Konstante	$k = 1,38054 \cdot 10^{-23}$ J/K
absolute Temperatur	0 K $\hat{=}$ $-273,15$ °C
Elementarladung	$e = 1,60210 \cdot 10^{-19}$ A s
Faraday-Konstante	$F = 9,64870 \cdot 10^7$ A s/kcal
elektrische Feldkonstante	$\varepsilon_0 = 8,85419 \cdot 10^{-12}$ A s/V m
magnetische Feldkonstante	$\mu_0 = 1,2566 \cdot 10^{-6}$ V s/A m = $4\pi \cdot 10^{-7}$ V s/A m
Lichtgeschwindigkeit im Vakuum	$c_0 = 2,997925 \cdot 10^8$ m/s
Strahlungskonstante	$\sigma = 5,67 \cdot 10^{-8}$ W/m^2 K^4
Rydberg-Konstante (H-Atom)	$Ry_H = 1,0967758 \cdot 10^7$ m^{-1}
Plancksches Wirkungsquantum	$h = 6,6256 \cdot 10^{-34}$ J s
Masse des Elektrons	$m_e = 9,1091 \cdot 10^{-31}$ kg
Masse des Protons	$m_p = 1,67252 \cdot 10^{-27}$ kg = 1836 m_e
Masse des Neutrons	$m_n = 1,67482 \cdot 10^{-27}$ kg = 1836 m_e

Periodensystem der Elemente 1. Teil

Periode	Schale	Hauptgr. Ia	Hauptgr. IIa	Nebengr. IIIb
1	K	1 1,00797 -252,7 **H** -259,2 Wasserstoff BS K: 1 — 2,1		
2	K L	3 6,939 1330 **Li** 180,5 Lithium B K: 2 — 1,0 L: 1	4 9,0122 2770 **Be** 1277 Beryllium BS K: 2 — 1,5 L: 2	
3	K L M	11 22,990 892 **Na** 97,8 Natrium B K: 2 — 0,9 L: 2 6 M: 1	12 24,312 1107 **Mg** 650 Magnesium B K: 2 — 1,2 L: 2 6 M: 2	
4	K L M N	19 39,102 760 **K** 63,7 Kalium B K: 2 — 0,8 L: 2 6 M: 2 6 N: 1	20 40,08 1440 **Ca** 838 Calcium B K: 2 — 1,0 L: 2 6 M: 2 6 N: 2	21 44,956 2730 **Sc** 1539 Scandium B K: 2 — 1,3 L: 2 6 M: 2 6 1 N: 2

Erläuterungen:

1. Ordnungszahl
2. Atomgewicht, bezogen auf 1/12 der Masse des Kohlenstoffisotops $^{12}_{6}C$ der auf der Erde vorkommenden Isotopenmischung.
3. Die Punkte machen Angaben über die Dichte der Elemente: $\cdot$: $\varrho<5$; $\cdot\cdot$: $5<\varrho<10$; $\cdot\cdot\cdot$: $10<\varrho<15$; $\cdot\cdot\cdot\cdot$: $15<\varrho<20$; $\cdot\cdot\cdot\cdot\cdot$: $20<\varrho$ (jeweils in kg/dm³).
4. Ein* bedeutet, daß das Element nur künstlich erzeugt werden kann.
5. Siedepunkt in °C
6. Schmelzpunkt in °C (**As** sublimiert bei 613 °C und 760 Torr)
7. Ist das Elementsymbol farbig eingetragen, so sind alle Isotope radioaktiv.
8. Ist der Name des Elementes farbig gedruckt, so handelt es sich um ein Edelmetall: (**Cu, Hg**: Halbedelmetalle).
9. Es bedeutet:
   B (B): Elemente mit (stark) basischen Oxiden
   S (S): Elemente mit (stark) sauren Oxiden
   BS : Elemente mit basischen und sauren bzw. amphoteren Oxiden
10. Die Punkte bedeuten Wertigkeiten, und zwar ein schwarzer Punkt eine Hauptwertigkeit, ein farbiger die wichtigste Wertigkeit. Die Striche dienen nur dem Abzählen: Vom größeren mittleren Strich aus ist nach oben positiv, nach unten negativ zu zählen.
11. Elektronegativität (nach L. Pauling)
12. Elektronenverteilung. Sie entspricht dem Grundzustand. Farbig angegebene Elektronen sind für das chemische Verhalten maßgeblich.

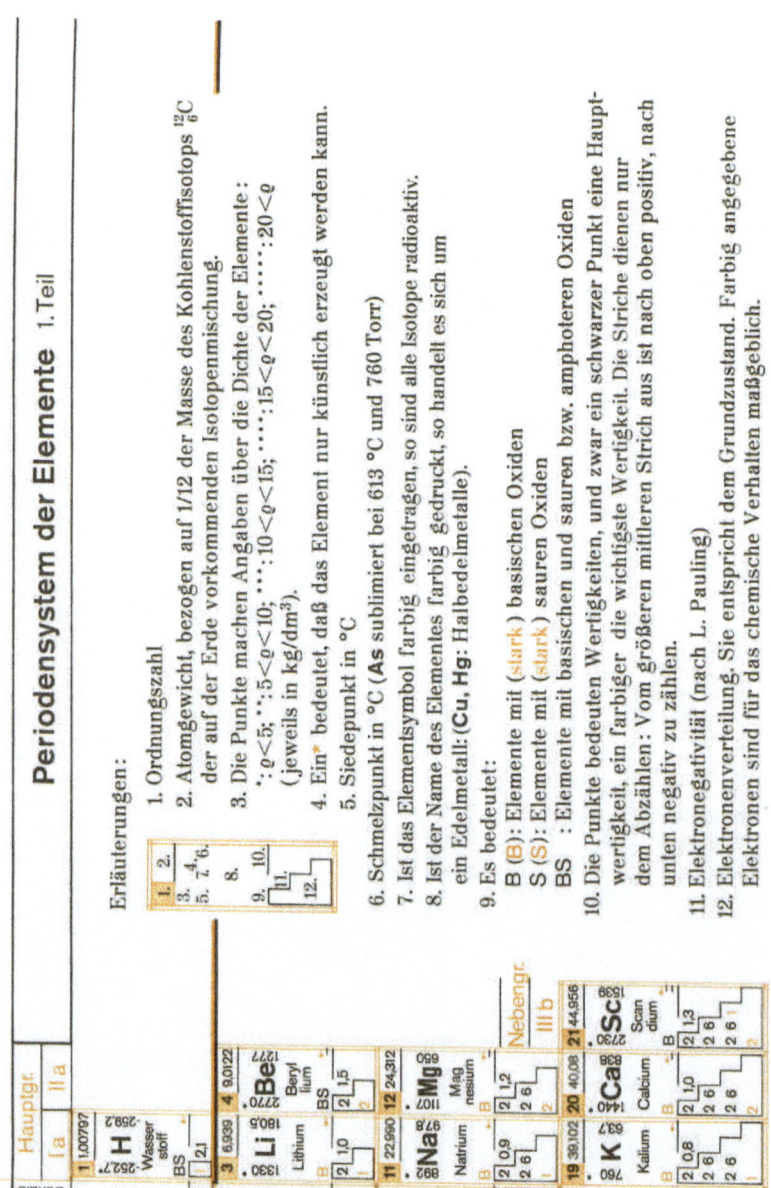

13. Die schwarze Linie bedeutet die Grenze zwischen Metallen und Nichtmetallen. Sie spaltet sich bei den Halbmetallen auf. Angegeben sind jeweils die wichtigsten Modifikationen (z.B. gilt für **C**: Graphit: Halbmetall, Diamant: Nichtmetall).

14. Die farbige Linie bedeutet die Grenze zwischen (bei 20 °C) gasförmigen und festen Elementen (mit zwei Ausnahmen: **Br, Hg** sind flüssig).

5	37	85,47	688	Rb	38,9	Rubidium	B	2	0,8	2 6	2 6 10	2 6	1		
5	38	87,62	1380	Sr	768	Strontium	B	2	1,0	2 6	2 6 10	2 6	2		
5	39	88,905	2927	Y	1509	Yttrium	B	2	1,3	2 6	2 6 10	2 6 1	2		
6	55	132,90	690	Cs	28,7	Cäsium	B	2	0,7	2 6	2 6 10	2 6 10	2 6	1	
6	56	137,34	1640	Ba	714	Barium	B	2	0,9	2 6	2 6 10	2 6 10	2 6	2	
6	57	138,91	3470	La	920	Lanthan	B	2	1,1	2 6	2 6 10	2 6 10	2 6 1	2	
6	58	140,12	3468	Ce	795	Cer	B	2	1,1	2 6	2 6 10	2 6 10 2	2 6	2	
6	59	140,91	3127	Pr	1024	Praseodym	B	2	1,1	2 6	2 6 10	2 6 10 3	2 6	2	
6	60	144,24	3027	Nd	1024	Neodym	B	2	1,2	2 6	2 6 10	2 6 10 4	2 6	2	
6	61	–		Pm*		Promethium	B	2	–	2 6	2 6 10	2 6 10 5	2 6	2	
6	62	150,35	1900	Sm	1072	Samarium	B	2	1,2	2 6	2 6 10	2 6 10 6	2 6	2	
6	63	151,96	1439	Eu	826	Europium	B	2	–	2 6	2 6 10	2 6 10 7	2 6	2	
6	64	157,25	3000	Gd	1312	Gadolinium	B	2	1,1	2 6	2 6 10	2 6 10 7	2 6 1	2	
6	65	158,92	2800	Tb	1356	Terbium	B	2	1,2	2 6	2 6 10	2 6 10 9	2 6	2	
6	66	162,50	2600	Dy	1407	Dysprosium	B	2	–	2 6	2 6 10	2 6 10 10	2 6	2	
6	67	164,93	2600	Ho	1461	Holmium	B	2	1,2	2 6	2 6 10	2 6 10 11	2 6	2	
6	68	167,26	2900	Er	1497	Erbium	B	2	1,2	2 6	2 6 10	2 6 10 12	2 6	2	
6	69	168,93	1727	Tm	1545	Thulium	B	2	1,2	2 6	2 6 10	2 6 10 13	2 6	2	
6	70	173,04	1427	Yb	824	Ytterbium	B	2	1,1	2 6	2 6 10	2 6 10 14	2 6	2	
6	71	174,97	3327	Lu	1652	Lutetium	B	2	1,2	2 6	2 6 10	2 6 10 14	2 6 1	2	
7	87	–		Fr	27	Francium	B	2	0,7	2 6	2 6 10	2 6 10 14	2 6 10	2 6	1
7	88	–		Ra	700	Radium	B	2	0,9	2 6	2 6 10	2 6 10 14	2 6 10	2 6	2
7	89	–		Ac	1050	Actinium	B	2	1,1	2 6	2 6 10	2 6 10 14	2 6 10	2 6 1	2
7	90	232,04	3850	Th	1750	Thorium	B	2	1,3	2 6	2 6 10	2 6 10 14	2 6 10	2 6 2	2
7	91	–		Pa		Proctatinium	B	2	1,5	2 6	2 6 10	2 6 10 14	2 6 10 2	2 6 1	2
7	92	238,03	3818	U	1132	Uran	BS	2	1,7	2 6	2 6 10	2 6 10 14	2 6 10 3	2 6 1	2
7	93	–		Np*		Neptunium	BS	2	1,3	2 6	2 6 10	2 6 10 14	2 6 10 4	2 6 1	2
7	94	–	3235	Pu*	640	Plutonium	BS	2	1,3	2 6	2 6 10	2 6 10 14	2 6 10 5	2 6 1	2
7	95	–		Am*		Americium	–	2	–	2 6	2 6 10	2 6 10 14	2 6 10 7	2 6	2
7	96	–		Cm*		Curium	–	2	–	2 6	2 6 10	2 6 10 14	2 6 10 7	2 6 1	2
7	97	–		Bk*		Berkelium	–	2	–	2 6	2 6 10	2 6 10 14	2 6 10 8	2 6 1	2
7	98	–		Cf*		Californium	–	2	–	2 6	2 6 10	2 6 10 14	2 6 10 9	2 6 1	2
7	99	–		Es*		Einsteinium	–	2	–	2 6	2 6 10	2 6 10 14	2 6 10 10	2 6 1	2
7	100	–		Fm*		Fermium	–	2	–	2 6	2 6 10	2 6 10 14	2 6 10 11	2 6 1	2
7	101	–		Md*		Mendelevium	–	2	–	2 6	2 6 10	2 6 10 14	2 6 10 12	2 6 1	2
7	102	–		No*		Nobelium	–	2	–	2 6	2 6 10	2 6 10 14	2 6 10 13	2 6 1	2
7	103	–		Lw*		Lawrencium	–	2	–	2 6	2 6 10	2 6 10 14	2 6 10 14	2 6 1	2

Lanthanide und Actinide

Schalen: K, L, M, N, O, P, Q

Zustand: s p d f

Periodensystem der Elemente 2. Teil

Hauptgruppen: IIIa, IVa, Va, VIa, VIIa, ° (Edelgase)

Nebengruppen: IVb, Vb, VIb, VIIb, VIIIb, Ib, IIb

gasförmig — Nichtmetall

Halbmetall

fest bei 20° C (Ausnahme: Br, Hg: flüssig) — Metall

Periode	Gruppe	2	4,0026	He	Helium	-268,9	-269,7			K: 2
2	IIIa	5	10,811	B	Bor	3927	2030	S	2,0	K: 2; L: 2 1
2	IVa	6	12,011	C	Kohlenstoff	4830	3727	S	2,5	K: 2; L: 2 2
2	Va	7	14,007	N	Stickstoff	-195,8	-210	S	3,0	K: 2; L: 2 3
2	VIa	8	15,999	O	Sauerstoff	-183	-218,8		3,5	K: 2; L: 2 4
2	VIIa	9	18,998	F	Fluor	-188,2	-219,6		4,0	K: 2; L: 2 5
2	°	10	20,183	Ne	Neon	-246	-248,6			K: 2; L: 2 6
3	IIIa	13	26,982	Al	Aluminium	2450	660	BS	1,5	K: 2; L: 2 6; M: 2 1
3	IVa	14	28,086	Si	Silicium	2680	1410	S	1,8	K: 2; L: 2 6; M: 2 2
3	Va	15	30,974	P	Phosphor	280	44,2	S	2,1	K: 2; L: 2 6; M: 2 3
3	VIa	16	32,064	S	Schwefel	444,6	119,0	S	2,5	K: 2; L: 2 6; M: 2 4
3	VIIa	17	35,453	Cl	Chlor	-34,7	-101,0	S	3,0	K: 2; L: 2 6; M: 2 5
3	°	18	39,948	Ar	Argon	-185,8	-189,4			K: 2; L: 2 6; M: 2 6
4	IVb	22	47,90	Ti	Titan	3260	1668	S	1,5	K: 2; L: 2 6; M: 2 6 2; N: 2
4	Vb	23	50,942	V	Vanadin	3450	1900	BS	1,6	K: 2; L: 2 6; M: 2 6 3; N: 2
4	VIb	24	51,996	Cr	Chrom	2665	1875	S	1,6	K: 2; L: 2 6; M: 2 6 5; N: 1
4	VIIb	25	54,938	Mn	Mangan	2150	1245	S	1,5	K: 2; L: 2 6; M: 2 6 5; N: 2
4	VIIIb	26	55,847	Fe	Eisen	3000	1536	BS	1,8	K: 2; L: 2 6; M: 2 6 6; N: 2
4	VIIIb	27	58,933	Co	Kobalt	2900	1495	BS	1,8	K: 2; L: 2 6; M: 2 6 7; N: 2
4	VIIIb	28	58,71	Ni	Nickel	2730	1453	B	1,8	K: 2; L: 2 6; M: 2 6 8; N: 2
4	Ib	29	63,54	Cu	Kupfer	2595	1083	B	1,9	K: 2; L: 2 6; M: 2 6 10; N: 1
4	IIb	30	65,37	Zn	Zink	906	419,5	BS	1,6	K: 2; L: 2 6; M: 2 6 10; N: 2
4	IIIa	31	69,72	Ga	Gallium	2237	29,8	BS	1,6	K: 2; L: 2 6; M: 2 6 10; N: 2 1
4	IVa	32	72,59	Ge	Germanium	2830	937,4	BS	1,8	K: 2; L: 2 6; M: 2 6 10; N: 2 2
4	Va	33	74,922	As	Arsen	613	s	S	2,0	K: 2; L: 2 6; M: 2 6 10; N: 2 3
4	VIa	34	78,96	Se	Selen	685	217	S	2,4	K: 2; L: 2 6; M: 2 6 10; N: 2 4
4	VIIa	35	79,909	Br	Brom	58	-7,2	S	2,8	K: 2; L: 2 6; M: 2 6 10; N: 2 5
4	°	36	83,80	Kr	Krypton	-152	-157,3			K: 2; L: 2 6; M: 2 6 10; N: 2 6

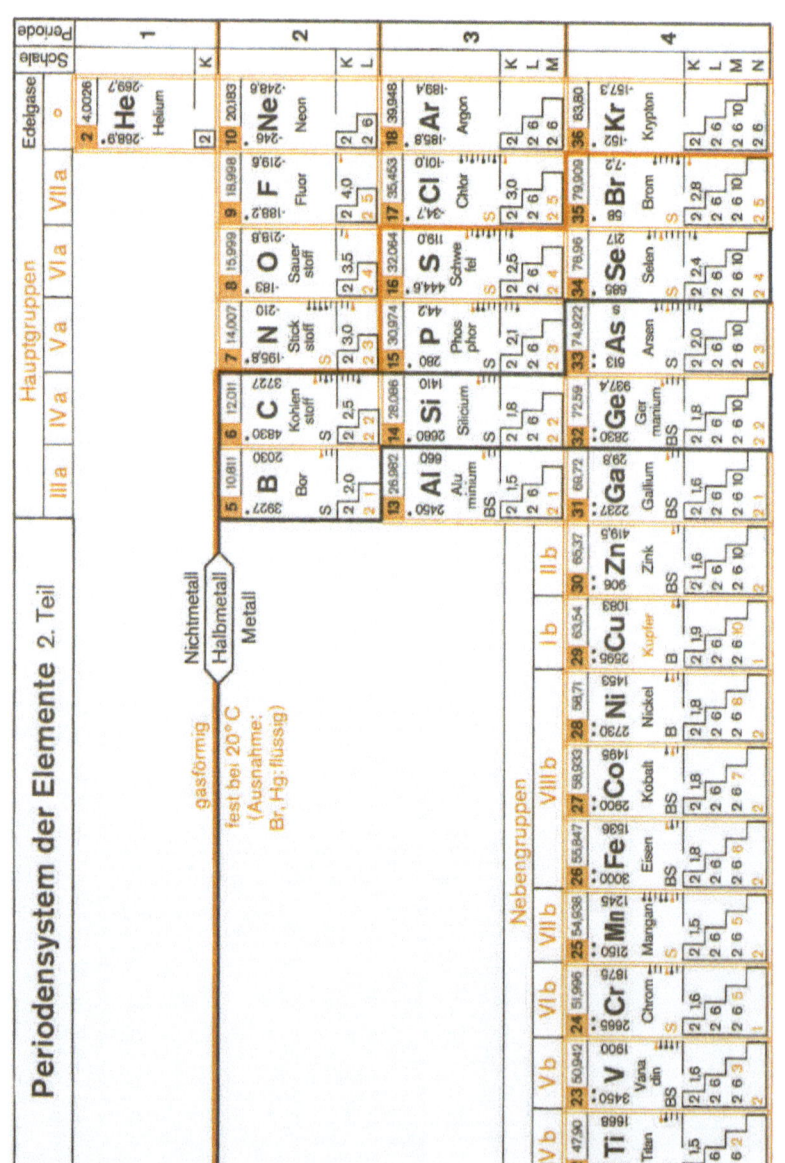

Nr.	Atommasse	Symbol	Name					K	L	M	N	O	P	Periode
40	91,22	Zr	Zirkonium	3580	1852	BS	1,4	2	2 6	2 6 10	2 6 2	2		5
41	92,906	Nb	Niob	3300	2468	S	1,6	2	2 6	2 6 10	2 6 4	1		5
42	95,94	Mo	Molybdän	5560	2610	S	1,8	2	2 6	2 6 10	2 6 5	1		5
43		Tc*	Technetium		2200	S	1,9	2	2 6	2 6 10	2 6 5	2		5
44	101,07	Ru	Ruthenium	4900	2500	S	2,2	2	2 6	2 6 10	2 6 7	1		5
45	102,90	Rh	Rhodium	4500	1966	BS	2,2	2	2 6	2 6 10	2 6 8	1		5
46	106,4	Pd	Palladium	3980	1552	S	2,2	2	2 6	2 6 10	2 6 10			5
47	107,87	Ag	Silber	2210	960,8	BS	1,9	2	2 6	2 6 10	2 6 10	1		5
48	112,40	Cd	Cadmium	765	320,9	BS	1,7	2	2 6	2 6 10	2 6 10	2		5
49	114,82	In	Indium	2000	156,2	BS	1,7	2	2 6	2 6 10	2 6 10	2 1		5
50	118,69	Sn	Zinn	2270	231,9	BS	1,8	2	2 6	2 6 10	2 6 10	2 2		5
51	121,75	Sb	Antimon	1380	630,5	S	1,9	2	2 6	2 6 10	2 6 10	2 3		5
52	127,60	Te	Tellur	989,8	449,5	S	2,1	2	2 6	2 6 10	2 6 10	2 4		5
53	126,90	J	Jod	183	113,7	S	2,5	2	2 6	2 6 10	2 6 10	2 5		5
54	131,30	Xe	Xenon	-108,0	-111,9			2	2 6	2 6 10	2 6 10	2 6		5
72	178,49	Hf	Hafnium	5400	2222	BS	1,3	2	2 6	2 6 10	2 6 10 14	2 6 2	2	6
73	180,95	Ta	Tantal	5425	2996	S	1,5	2	2 6	2 6 10	2 6 10 14	2 6 3	2	6
74	183,85	W	Wolfram	5930	3410	S	1,7	2	2 6	2 6 10	2 6 10 14	2 6 4	2	6
75	186,2	Re	Rhenium	5900	3180	S	1,9	2	2 6	2 6 10	2 6 10 14	2 6 5	2	6
76	190,2	Os	Osmium	5500	2700	S	2,2	2	2 6	2 6 10	2 6 10 14	2 6 6	2	6
77	192,2	Ir	Iridium	5300	2454	B	2,2	2	2 6	2 6 10	2 6 10 14	2 6 7	2	6
78	195,09	Pt	Platin	4530	1769	B	2,2	2	2 6	2 6 10	2 6 10 14	2 6 9	1	6
79	196,97	Au	Gold	2970	1063	BS	2,4	2	2 6	2 6 10	2 6 10 14	2 6 10	1	6
80	200,59	Hg	Quecksilber	357	-38,4	B	1,9	2	2 6	2 6 10	2 6 10 14	2 6 10	2	6
81	204,37	Tl	Thallium	1457	303	B	1,8	2	2 6	2 6 10	2 6 10 14	2 6 10	2 1	6
82	207,19	Pb	Blei	1725	327,4	BS	1,8	2	2 6	2 6 10	2 6 10 14	2 6 10	2 2	6
83	208,98	Bi	Wismut	1560	271,3	S	1,9	2	2 6	2 6 10	2 6 10 14	2 6 10	2 3	6
84	–	Po	Polonium	965	254	BS	2,0	2	2 6	2 6 10	2 6 10 14	2 6 10	2 4	6
85	–	At	Astat	380	302		2,2	2	2 6	2 6 10	2 6 10 14	2 6 10	2 5	6
86	–	Rn	Radon	-61,8	-71			2	2 6	2 6 10	2 6 10 14	2 6 10	2 6	6
104	–	Ku*	Kurtschatovium											7
105														7
106														7
107														7
108														7
109														7
110														7
111														7
112														7
113														7
114														7
115														7
116														7
117														7
118														7

s p d f – Zustand

Elementsymbole, alphabetisch

Ac	Ag	Al	Am	Ar	As	At	Au	B	Ba	Be	Bi	Bk	Br	C	Ca	Cd	Ce	Cf	Cl	Cm	Co	Cr	Cs	Cu	Dy
89	47	13	95	18	33	85	79	5	56	4	83	97	35	6	20	48	58	98	17	96	27	24	55	29	66
Er	Es	Eu	F	Fe	Fm	Fr	Ga	Gd	Ge	H	He	Hf	Hg	Ho	In	Ir	J	K	Kr	Ku	La	Li	Lr	Lu	Md
68	99	63	9	26	100	87	31	64	32	1	2	72	80	67	49	77	53	19	36	104	57	3	103	71	101
Mg	Mn	Mo	N	Na	Nb	Nd	Ne	Ni	No	Np	O	Os	P	Pa	Pb	Pd	Pm	Po	Pr	Pt	Pu	Ra	Rb	Re	Rh
12	25	42	7	11	41	60	10	28	102	93	8	76	15	91	82	46	61	84	59	78	94	88	37	75	45
Rn	Ru	S	Sb	Sc	Se	Si	Sm	Sn	Sr	Ta	Tb	Tc	Te	Th	Ti	Tl	Tm	U	V	W	Xe	Y	Yb	Zn	Zr
86	44	16	51	21	34	14	62	50	38	73	65	43	52	90	22	81	69	92	23	74	54	39	70	30	40

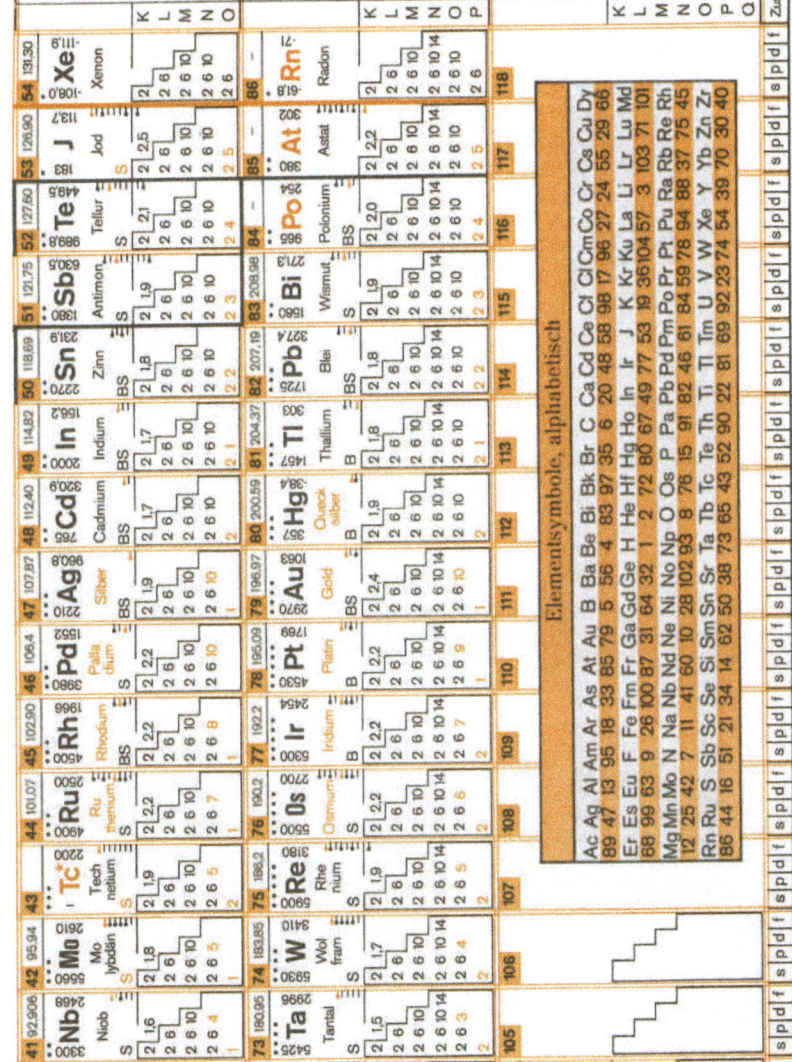

Chemische Elemente (alphabetisch), Dichte, langlebigste radioaktive Isotope

Element	Symbol	Ordnungszahl	Dichte kg/dm³ bei 20 °C (* g/dm³ bei 0 °C, 760 Torr)	\multicolumn{3}{c}{langlebigstes radioaktives Isotop:}		
				Atommasse	Zerfallsart [5])	Halbwertszeit
Actinium	Ac	89	–	227	β^-	21,8 a
Aluminium	Al	13	2,70	26	β^+	$7,4 \cdot 10^5$ a
Americium	Am	95	11,7	243	α	7950 a
Antimon	Sb	51	6,62	125	β^-	2,7 a
Argon	Ar	18	1,784*	39	β^-	269 a
Arsen	As	33	5,72	73	e	76 d
Astatin	At	85	–	210	e	8,3 h
Barium	Ba	56	3,5	133	e	10,7 a
Berkelium	Bk	97	–	247	α	1380 a
Beryllium	Be	4	1,85	10	β^-	$2,7 \cdot 10^6$ a
Blei	Pb	82	11,34	205	e	$3 \cdot 10^7$ a
Bor	B	5	2,34	8	$\beta^+, 2\alpha$	0,77 s
Brom	Br	35	3,12	77	e	56 h
Cadmium	Cd	48	8,65	113	e	470 d
Cäsium	Cs	55	1,87	135	β^-	$2,0 \cdot 10^6$ a
Calcium	Ca	20	1,55	41	e	$8 \cdot 10^4$ a
Californium	Cf	98	–	251	α	892 a
Cer	Ce	58	6,67	144	α	$5 \cdot 10^{15}$ a
Chlor	Cl	17	3,214*	36	β^-	$3,1 \cdot 10^5$ a
Chrom	Cr	24	7,19	51	e	27,8 d
Curium	Cm	96	–	247	α	$1,6 \cdot 10^7$ a
Dysprosium	Dy	66	8,54	154	α	$2 \cdot 10^{14}$ a
Einsteinium	Es	99	–	254	α	276 d
Eisen	Fe	26	7,86	60	β^-	10^5 a
Erbium	Er	68	9,05	169	β^-	9,5 d
Europium	Eu	63	5,26	154	β^-	16 a
Fermium	Fm	100	–	253	e	5 d
Fluor	F	9	1,696*	18	β^+	1,8 h
Francium	Fr	87	–	223	β^-	22 min
Gadolinium	Gd	64	7,89	152	α	$1,1 \cdot 10^{14}$ a
Gallium	Ga	31	5,91	67	e	78 h
Germanium	Ge	32	5,32	68	e	275 d
Gold	Au	79	19,3	195	e	183 d
Hafnium	Hf	72	13,1	174	α	$2 \cdot 10^{15}$ a
Helium	He	2	0,1785*	6	β^-	0,8 s
Holmium	Ho	67	8,80	163	β^-	$1 \cdot 10^3$ a
Indium	In	49	7,36	115	β^-	$6 \cdot 10^{14}$ a
Iridium	Ir	77	22,4	192	β^-	74 d
Jod	J	53	4,94	129	β^-	$1,7 \cdot 10^7$ a
Kalium	K	19	0,86	40	β^-	$1,27 \cdot 10^9$ a
Kobalt	Co	27	8,9	60	β^-	5,26 a
Kohlenstoff	C	6	2,24 [2])	14	β^-	5730 a

[2]) Für Graphit

[5]) e: Elektroneneinfang

Chemische Elemente (Fortsetzung)

Element	Symbol	Ordnungszahl	Dichte kg/dm³ bei 20 °C (* g/dm³ bei 0 °C, 760 Torr)	langlebigstes radioaktives Isotop: Atommasse	Zerfallsart [5]	Halbwertszeit
Krypton	Kr	36	3,744*	81	e	$2,1 \cdot 10^5$ a
Kupfer	Cu	29	8,96	64	$\epsilon, \beta^+, \beta^-$	12,8 h
Kurtschatovium	Ku	104	–	260		0,3 s
Lanthan	La	57	6,17	138	ϵ, β^-	$1,1 \cdot 10^{11}$ a
Lawrencium	Lr	103	–	257	α	8 s
Lithium	Li	3	0,53	8	β^-	0,85 s
Lutetium	Lu	71	9,84	176	β^-	$3 \cdot 10^{10}$ a
Magnesium	Mg	12	1,74	28	β^-	21,3 h
Mangan	Mn	25	7,43	53	e	$1,9 \cdot 10^6$ a
Mendelevium	Md	101	–	256	e	1,5 h
Molybdän	Mo	42	10,2	93	e	> 100 a
Natrium	Na	11	0,97	22	β^+	2,6 a
Neodym	Nd	60	7,00	144	α	$2,1 \cdot 10^{15}$ a
Neon	Ne	10	0,900*	24	β^-	3,4 min
Neptunium	Np	93	19,5	237	α	$2,14 \cdot 10^6$ a
Nickel	Ni	28	8,9	59	e	$7,5 \cdot 10^4$ a
Niob	Nb	41	8,4	94	β^-	$2 \cdot 10^4$ a
Nobelium	No	102	–	253	α	~ 10 min
Osmium	Os	76	22,6	194	β^-	6,0 a
Palladium	Pd	46	12,0	107	β^-	$7 \cdot 10^6$ a
Phosphor	P	15	1,82 [3]	33	β^-	25 d
Platin	Pt	78	21,4	190	α	$6 \cdot 10^{11}$ a
Plutonium	Pu	94	–	244	α	$8,2 \cdot 10^7$ a
Polonium	Po	84	–	208	α	3 a
Praseodym	Pr	59	6,77	143	β^-	13,6 d
Promethium	Pm	61	–	145	e	17,7 a
Protactinium	Pa	91	15,4	231	α	$3,2 \cdot 10^4$ a
Quecksilber	Hg	80	13,546	203	β^-	47 d
Radium	Ra	88	5,0	226	α	1600 a
Radon	Rn	86	–	222	α	3,8 d
Rhenium	Re	75	21,0	187	β^-	$5 \cdot 10^{10}$ a
Rhodium	Rh	45	12,4	105	β^-	36 h
Rubidium	Rb	37	1,53	87	β^-	$4,7 \cdot 10^{10}$ a
Ruthenium	Ru	44	12,2	106	β^-	371 d
Samarium	Sm	62	7,54	147	α	$1,1 \cdot 10^{11}$ a
Sauerstoff	O	8	1,429*	15	β^+	2,03 min
Scandium	Sc	21	3,0	46	β^-	84 d
Schwefel	S	16	2,07	35	β^-	88 d
Selen	Se	34	4,79	79	β^-	$6,5 \cdot 10^4$ a
Silber	Ag	47	10,5	108 [1]	e	≈ 100 a
Silicium	Si	14	2,33	32	β^-	280 a
Stickstoff	N	7	1,25*	13	β^+	9,96 min
Strontium	Sr	38	2,6	90	β^-	28 a

[1] Metastabiles Isomer (angeregter Zustand)

[3] weißer Phosphor

[5] e: Elektroneneinfang

Chemische Elemente (Fortsetzung)

Element	Symbol	Ordnungszahl	Dichte kg/dm³ bei 20 °C (* g/dm³ bei 0 °C, 760 Torr)	langlebigstes radioaktives Isotop: Atommasse	Zerfallsart [5]	Halbwertszeit
Tantal	Ta	73	16,6	179	β^-	115 d
Technetium	Tc	43	11,5	97	e	$2,6 \cdot 10^6$ a
Tellur	Te	52	6,24	123	e	$1,2 \cdot 10^{13}$ a
Terbium	Tb	65	8,27	158	e	150 a
Thallium	Tl	81	11,85	204	β^-	3,8 a
Thorium	Th	90	11,7	232	α	$1,39 \cdot 10^{10}$ a
Thullium	Tm	69	9,33	171	β^-	1,9 a
Titan	Ti	22	4,51	44	e	47,3 a
Uran	U	92	19,07	238	α	$4,5 \cdot 10^9$ a
				236	α	$2,4 \cdot 10^7$ a
				235	α	$7,1 \cdot 10^8$ a
				234	α	$2,5 \cdot 10^5$ a
				233	α	$1,6 \cdot 10^6$ a
Vanadin	V	23	6,1	49	e	330 d
Wasserstoff	H	1	0,0899*	3	β^-	12,35 a
Wismut	Bi	83	9,8	210[1]	α	$2,6 \cdot 10^6$ a
Wolfram	W	74	19,3	181	e	130 d
Xenon	Xe	54	5,897*	127	e	36,4 d
Ytterbium	Yb	70	6,98	169	e	32 d
Yttrium	Y	39	4,47	88[1]	e	108 a
Zink	Zn	30	7,14	65	e	245 d
Zinn	Sn	50	7,30[4]	126	β^-	$2 \cdot 10^5$ a
Zirkonium	Zr	40	6,49	93	β^-	$1,1 \cdot 10^6$ a

[1] Metastabiles Isomer (angeregter Zustand)

[4] Zinn β

[5] e: Elektroneneinfang

Die Tafeln S. 142–153 wurden von Dr. Georg Wolff, Düsseldorf, die Tafeln S. 156–176 von Dr. Friedrich Kemnitz und Rainer Engelhard, Braunschweig, zusammengestellt.

63., verbesserte Auflage 1978

Alle Rechte vorbehalten
© Friedr. Vieweg & Sohn Verlagsgesellschaft mbH, Braunschweig 1978
Die Vervielfältigung und Übertragung einzelner Textabschnitte, Zeichnungen oder Bilder, auch für Zwecke der Unterrichtsgestaltung, gestattet das Urheberrecht nur, wenn sie mit dem Verlag vorher vereinbart wurden. Im Einzelfall muß über die Zahlung einer Gebühr für die Nutzung fremden geistigen Eigentums entschieden werden. Das gilt für die Vervielfältigung durch alle Verfahren einschließlich Speicherung und jede Übertragung auf Papier, Transparente, Filme, Bänder, Platten und andere Medien. Dieser Vermerk umfaßt nicht die in den §§ 53 und 54 URG ausdrücklich erwähnten Ausnahmen.

ISBN 978-3-528-44873-8   ISBN 978-3-322-84211-4 (eBook)
DOI 10.1007/978-3-322-84211-4

Zeichenerklärungen

3   bedeutet: die Ziffer 3 ist aufgerundet

*030   bedeutet: vor 030 sind die beiden Vorziffern (bzw. ist die eine Vorziffer) der **nächsten** Zeile zu setzen

N.   bedeutet Numerus, d. h. die zu logarithmierende Zahl

L.   bedeutet Logarithmus

P.P.   heißt pars proportionalis, es bedeutet Interpolationstafel

D/1'   heißt Differenz pro Minute

D/1"   heißt Differenz pro Sekunde

MIX
Papier aus verantwortungsvollen Quellen
Paper from responsible sources
FSC® C105338

If you have any concerns about our products,
you can contact us on
ProductSafety@springernature.com

In case Publisher is established outside the EU,
the EU authorized representative is:
Springer Nature Customer Service Center GmbH
Europaplatz 3, 69115 Heidelberg, Germany

Printed by Libri Plureos GmbH
in Hamburg, Germany